中央高校教育教学改革基金（本科教学工程）资助
中国地质大学（武汉）"土木工程实践系列教材建设"项目资助

TUMU GONGCHENG ZHUANYE BIYE SHEJI ZHIDAOSHU
DAOLU QIAOLIANG GONGCHENG FENCE

土木工程专业毕业设计指导书
道路桥梁工程分册

周小勇　主　编
李田军　李　娜　副主编

中国地质大学出版社
ZHONGGUO DIZHI DAXUE CHUBANSHE

内容摘要

本书针对土木工程专业桥梁方向的毕业设计需要,介绍了毕业设计流程、工程制图要求、桥型方案比选以及简支 T 梁桥和 PC 连续箱梁桥的设计实例,通过手算和电算相结合,重点阐述了两座桥梁的上部结构、下部结构、桩基础和附属结构的设计方法和步骤。

全书内容分为 5 章:绪论、工程制图要求、桥型方案比选、PC 简支 T 梁设计、PC 连续箱梁设计。采用计算机辅助绘图和进行结构分析是桥梁毕业设计的难点。为此,本书详细论述了规范化制图格式要求和方法,以及 Midas Civil 软件从建模到查看结果的操作方法。

本书供土木工程专业桥梁方向的师生使用,亦可供桥梁工程的教学人员、设计人员和有关工程技术人员参考。

图书在版编目(CIP)数据

土木工程专业毕业设计指导书　道路桥梁工程分册/周小勇主编. —武汉:中国地质大学出版社,2017.10 (2019.6重印)

(中国地质大学(武汉)土木工程实践系列丛书)

ISBN 978-7-5625-4107-3

Ⅰ.①土…

Ⅱ.①周…

Ⅲ.①土木工程-毕业设计-高等学校-教学参考资料②道路工程-毕业设计-高等学校-教学参考资料③桥梁工程-毕业设计-高等学校-教学参考资料

Ⅳ.①TU②U44

中国版本图书馆 CIP 数据核字(2017)第 222454 号

土木工程专业毕业设计指导书　道路桥梁工程分册	周小勇	主　编
	李田军　李　娜	副主编

责任编辑:彭　琳			责任校对:张咏梅
出版发行:中国地质大学出版社(武汉市洪山区鲁磨路388号)			邮编:430074
电　　话:(027)67883511	传　真:(027)67883580		E-mail:cbb@cug.edu.cn
经　　销:全国新华书店			http://cugp.cug.edu.cn
开本:787 毫米×1092 毫米 1/16		字数:470 千字	印张:18.375
版次:2017 年 10 月第 1 版		印次:2019 年 6 月第 2 次印刷
印刷:湖北睿智印务有限公司		印数:501-1500 册	
ISBN 978-7-5625-4107-3			定价:39.00 元

如有印装质量问题请与印刷厂联系调换

中国地质大学(武汉)土木工程实践系列教材编委会

主　　任：唐辉明

副 主 任：焦玉勇　陈建平

参编人员：(按出书的先后顺序)

　　　　　周小勇　陈保国　蒋　楠　孙金山

　　　　　李田军　李　娜　徐　方　李雪平

　　　　　罗学东　程　瑶　左昌群

前　言

毕业设计是大学生走出校门进入工作岗位前的一次综合考查,是高等院校本科教育不可或缺的重要实践环节,是学生全面运用所学基础理论、专业知识和技能,对实际问题进行设计或研究的综合性训练,对加强学生的知识综合运用能力、培养独立工作能力、团队合作能力具有重要意义。

桥梁工程的毕业设计应区别于毕业论文,一般包含论文与图纸两大部分,既强调理论知识的运用(论文部分),又注重实践能力的培养(图纸部分)。通过毕业设计的训练,为从学生到工程师的角色转换搭起一座桥梁。

编者多年从事土木工程专业理论和实践教学工作,主持过多座桥梁工程项目,在指导学生进行毕业设计时,深感他们多注重教科书理论知识的运用,而对专业分析软件和绘图软件的应用较为生疏,忽视了对国家规范标准的参考,工作流程杂乱无章。因此,需要一本区别于传统教科书和规范标准的参考书作为指导,为此,我们编写了《土木工程专业毕业设计指南——桥梁工程篇》。

全书分为5章。第一章为概述,介绍桥梁工程毕业设计的目的和意义、基本要求、毕业设计流程等;第二章为工程制图、结构计算和构造要求,介绍桥梁工程施工图纸的编制深度、绘图格式、CAD绘图规范化要求和具体操作方法,桥梁结构计算应包含的主要计算验算内容和结构构造要求;第三章为桥型方案比选,介绍了几种主要桥型结构的特点,提供多座简支、连续梁、连续刚构、拱桥、斜拉桥、悬索桥的桥跨布置、上部结构、下部结构等技术参数,并列举一个实际工程的方案比选实例;第四章为PC[①]简支T梁桥设计;第五章为PC连续箱梁桥设计。第四章和第五章是桥梁设计实例,在第四章中,根据现行规范要求,对桥梁上部结构(桥面板、主梁、局部承压等)、下部结构(桥墩、桥台、桩基础)、支座及附属结构(支座、栏杆、人行道板)按照规范要求进行了详细的计算及验算,并提供了相应结构的施工图纸;第五章着重介绍专业软件的应用,用专业软件Midas Civil对一座连续箱梁桥上部结构从建模到后期处理的完整过程作了介绍。附录部分包括新桥梁通用规范主要修订内容、钢筋运用新规定通知。

本书第一章由李田军编写,第三章、第四章和第五章由周小勇编写,华中科技大学文华学院李娜编写第二章。研究生潘勋、余佳干、孟城参与了资料查阅、算例审核和编制图表工作。

感谢阅读本书的读者！恳请读者惠予批评指正,也祝广大学子顺利完成毕业设计。

编　者
2017年1月

---

① PC为Prestressed Concrete的简称,意为预应力混凝土。

目　　录

第一章　概　述 (1)
第一节　桥梁工程毕业设计的目的和意义 (1)
第二节　桥梁工程毕业设计的基本要求 (1)
第三节　桥梁工程毕业设计的流程 (10)
第四节　毕业设计的文件组成 (10)
第五节　毕业答辩的流程 (11)

第二章　工程制图、结构计算和构造要求 (12)
第一节　桥梁工程制图 (12)
第二节　结构计算和构造要求 (35)

第三章　桥型方案比选 (73)
第一节　基础资料 (73)
第二节　相关规范及标准 (74)
第三节　桥型方案拟定及比选 (75)
第四节　桥梁方案比选实例 (92)

第四章　设计示例1：PC简支T梁桥设计 (106)
第一节　桥梁基本资料 (106)
第二节　桥型布置图 (108)
第三节　上部结构计算 (111)
第四节　下部结构计算 (153)
第五节　支座及附属设施计算 (214)

第五章　设计示例2：PC连续箱梁桥设计 (231)
第一节　桥梁基本资料 (231)
第二节　桥型布置图 (232)
第三节　上部结构计算 (234)

主要参考文献 (286)

第一章 概 述

第一节 桥梁工程毕业设计的目的和意义

毕业设计工作是工科专业本科教学过程的最后阶段所采用的一种总结性的重要实践教学环节,是本科生毕业实习成果的集中体现,是培养学生知识水平、工作作风、科学探索和创新思维等方面综合素质的基本训练,也是本科生申请学士学位的主要依据。其目的是总结检查学生在校期间的专业学习成果。通过毕业设计,可以培养和训练学生综合运用所学的各种理论知识和技能,进行全面、系统、严格的技术及基本能力的练习,获得独立分析和解决实际问题的能力。

桥梁工程专业强调解决实际工程问题,故建议本科毕业论文"以设计为主,论文撰写为辅"。桥梁工程毕业设计要求学生针对某一课题,综合运用本专业有关理论和技术,通过方案拟定对比,建模分析计算,并结合国家规范标准,做出能解决实际问题的设计成果,使学生对自己的专业有更深入、系统的了解和熟悉,培养综合运用已有条件、已有知识独立解决工程问题的能力。毕业设计也是本专业学生走上桥梁建设岗位前的一次重要实习,更重要的是通过毕业设计的集中强化训练,树立理性的工程意识,建立正确的设计概念,学会各类专业工具,养成良好的工作作风,搭起学校与社会的桥梁。

第二节 桥梁工程毕业设计的基本要求

孟子曰:"不以规矩,无以成方圆。""合规"即是符合规范、按照规章办事。为提高桥梁工程专业本科生的毕业设计质量和写作质量,进一步促进本科生毕业设计的规范化,笔者从选题、内容、撰写、绘图、答辩等方面提出基本要求以供参考,做到"有法可依,有法必依"。

一、选题要求

选题是毕业设计的第一步,很大程度上决定了论文的质量甚至完成与否。选题应以专业培养目标的要求为原则,理论联系实际,最好与科研和生产实际相结合。即,选题应达到本专业毕业设计大纲对知识、能力的要求,符合本专业培养目标,与本专业培养目标无关的选题不能作为毕业设计题目;选题不应过空、过大、过偏,要求具有一定的理论水平或实用价值,并具有一定的创新性。

选题可遵循以下 3 个原则。

1. 主体性

学生是毕业设计的主体,教师只能进行指导而不能越俎代庖,只有学生的主体地位得到足够的尊重,他们才能主动投入到设计中,积极思考,勇于探索,在设计过程中得到全面的锻炼,保证任务的顺利完成。

在毕业设计题目的选择上,应该尊重学生个人的兴趣,鼓励多读深思,敢于质疑,主动发现问题,寻找解决问题的途径。选题前,教师应当根据学生的兴趣并结合今后他们的工作方向给出相关书目,有条件时可提供各类型桥梁结构的施工图纸,帮助他们克服各种困难,引导他们在思考问题时关注实际工程,关注热点工程。如有学生在生产实习中接触到了拱桥并对该桥型有深入学习的意愿,就可重点关注拱桥,查阅拱桥的受力特点、结构类型、施工措施、拱轴系数等相关知识,培养学生怀疑、类比、转换、深入探究等思维习惯,最终选定题目;还有的学生可能已经知道今后的工作岗位就是进行连续箱梁桥的施工管理,则可以让他们专门针对连续箱梁桥查阅资料,对该桥型的方案布置、结构构造、施工方案等有初步了解,最终在教师与自己的共同协商下确定毕业设计题目。

尊重学生的主体性地位还要从学生的客观条件出发,对他们的能力作理性的评判。如就选题的新颖性来说,由于大学生本身知识储备不够丰富,加之毕业设计本身的基础性和训练性,学生的选题缺少新意是个不得不接受的客观现实,创新是只有极少数学生才能做到的,不应对绝大多数学生过分苛责。从学生主体性地位的角度出发,毕业设计应侧重于学生的进步而非设计本身的价值。对于桥梁工程专业,不强调所作的设计题材是否为真实项目,是否会应用于实际桥梁的施工作业。"真题真做"是最理想的,但不一定是最合适的,也可以"真题假做",即用真实的工程背景资料做成不同的桥梁结构类型进行计算分析、图纸设计,甚至可以"假题假做",即模拟工程背景,如地形、地貌、地质条件,在此基础上开展后续工作。

2. 可行性

实际桥梁工程一般要进行可行性研究,评审后才能进行初步设计和施工图设计。对于毕业设计,可行性同样是一个重要原则。在选题过程中要把是否具备桥梁设计需要的条件作为可行性分析的重要内容,既要考虑学生的理论水平、知识储备、兴趣、特长等主观因素,也要考虑毕业设计过程中所需具备的设备软件、时间、研究资料等客观条件,只有作好充分的估计,才能选定符合实际情况的论题,学生通过努力后方能完成该任务。简而言之,学生个人的主观条件和客观条件是论题可行性的两个基点,前者已在尊重学生主体性地位方面进行了论述,论题的客观条件则可以从题目大小是否适当,资料(设备)是否易于收集、整理、使用等方面进行思考。

毕业设计要求在较短时间内完成,一般为 2～4 个月。在考虑选题时必须考虑学生的学习程度及时间要求,避免出现学生本人无法完成或时间不够等问题。选定的题目应当有一定的难度,学生通过自己的努力能够在规定的时间内完成,所以应当选择大小适当的题目。对大学本科生来说,选题宁小勿大,不可能面面俱到,能对某一种桥型从方案拟定到计算分析、图纸绘制、计算书整理的全过程保质保量地完成,可以说已达到了本科毕业设计的要求和目的。

在实践当中,适宜作为毕业设计的题目举例如下:
《湖北省咸宁市城关桥设计(3×20m 简支梁)》
《随岳高速张巷村 5 号小桥设计》

《马莲河桥加固设计》
《汉孝城际铁路 48＋80＋48m 连续箱梁桥上部结构设计》
《陇南市成县水泉桥上部结构设计(4×30m 连续 T 梁-简支转连续)》
《武汉市长青路人行天桥设计》
《某铁路客运专线 32＋48＋32m 预应力砼连续梁桥下部结构设计》
《十堰市天马大桥方案拟定及振型分析》
《宜昌点军双堰口中桥施工图设计》
《某铁路连续梁桥栈桥及钢围堰施工设计》
《茹河大桥体外预应力加固设计》
不宜作为本科毕业设计的题目举例如下：
《鹦鹉洲三塔四跨钢板结合梁悬索桥施工图设计》
《沪蓉高速铁罗坪特大桥设计(主跨 322m 双塔双索面斜拉桥)》
《九畹溪特大桥设计(钢管混凝土上承式拱桥)》

这些题目有一个共同点就是题目过大，桥型复杂，以在读本科生的专业知识很难在规定的时间内完成桥梁的设计分析和图纸绘制。如果学生对于斜拉桥、悬索桥或者大跨径连续钢构、拱桥等桥型非常感兴趣，有意向深入学习，可以针对某一个部分开展毕业设计。如：只针对斜拉桥的索力调整进行计算分析和主要结构图纸的绘制工作；对于大跨径连续钢构桥型，仅对上部结构的应力和线型进行计算分析，侧重于学习分节段施工桥梁的施工监控方法。

3. 专业性

专业是指根据学科分类和社会职业分工需要分门别类地进行高深的专门知识教学的基本单位。高等院校所从事的这种高层次、前沿的教育并非杂乱无章，而是以学科为依据，与职业相适应。因此，专业有明确的人才培养所应达到的基本素质和业务规格。即将毕业的桥梁专业学生应当具备这些基本素质和业务规格，必须在毕业设计中展现相应的专业知识、理论、技能。而毕业设计的题目决定了设计的基本内容，所以学生在选题时必须选择与自己的专业相关的题目，如此才能体现自己的专业素养。

总之，在选题过程中，师生双方应该多沟通，遵守包括以上"主体性""可行性"及"专业性"的选题原则，最终确定学生感兴趣的、能够完成并且符合专业要求的题目，保证毕业设计/论文的顺利完成。

二、内容要求

桥梁工程专业的毕业设计成果应包含两大部分的内容，即图纸绘制和计算书/论文撰写，而且这两个部分不分伯仲。图纸绘制部分按照行业习惯，建议绘制成 A3 或者 A3 加长图幅，并且单独成册；计算书部分不仅仅是计算结果，而应该是完整的论文，是对整个毕业设计的过程记录，包括封面、扉页、目录、正文、致谢、参考文献。

1. 封面

封面是毕业设计的外表面，对设计成果起装潢和保护作用，并提供相关的信息。毕业设计封面使用学校统一规定的封面，具有明显的可识别特性，也有传承性和保持自己风格的"血统性"。

封面中除已固定的内容外,其他需要填写的内容要求如下。

分类号:采用《中国图书馆分类法》(第4版)或《中国图书资料分类法》(第4版)标注。

UDC:按《国际十进分类法》进行标注(可登陆 www.udcc.org,点击 outline 进行查询)。

密级:按《文献保密等级代码与标识》(GB/T 7156—2003)标注。公开毕业设计可以标注"公开",也可不标注。非公开毕业设计须经申请、批准方能标注毕业设计书的密级,同时还应注明相应的保密年限,如"保密★2年"。

毕业设计题目:不宜超过25个字,必要时可加副标题。毕业设计题目通常由名词性短语构成,避免使用不常用缩略词、首字母缩写字、字符、代号和公式等。当毕业设计题目内容层次很多,难以简化时,可采用毕业设计题目和毕业设计副标题相结合的方法,其中副标题起补充、阐明题目的作用。

学科专业:一级学科名称为土木工程,二级学科填写道路与桥梁工程。

学号:填写本科生学号。

姓名:填写本科生姓名。

指导教师:填写导师姓名,后附导师职称("教授""研究员"等),一般只写一名指导教师。

培养单位:填写所在学院。

时间:填写完成时间,如二〇一五年十二月。

2. 题名页

题名页包含毕业设计书全部书目信息,单独成页。主要内容如下。

学校代码:按照教育部批准的学校代码标注。

本科生学号:如实填写。

题名(即毕业设计书题目)和副题名(即毕业设计书副标题):题名要求同毕业设计书题目,应中英文对照。英文题名在中文题名下方。题名和副题名在整篇毕业设计中的不同地方出现时,应保持一致。

责任者:责任者包括毕业设计书作者姓名,指导教师姓名、职称等。如责任者姓名有必要附注汉语拼音时,遵照《汉语拼音正词法基本规则》(GB/T 16159—1996)著录。

学科专业:道路与桥梁工程。

专业学位类型(领域):工科学士。

培养单位:所在学院。

时间:填写完成时间,如二〇一五年十二月。

3. 本科生毕业设计原创性声明

本部分放在题名页之后另起页,提交时须有作者亲笔签名。

4. 毕业设计使用授权书

本部分放在毕业设计原创性声明之后另起页,提交时须有作者亲笔签名。

5. 中文摘要

中文摘要是毕业设计内容的简要陈述,是一篇具有独立性和完整性的短文,一般以第三人称语气写成,不加评论和补充的解释。摘要具有独立性和自含性,即不阅读毕业设计书的全文,就能获得必要的信息。

摘要内容应包括与毕业设计等同的主要信息,供读者确定有无必要阅读全文,也可供二次文献采用。

摘要应说明设计工作的目的、设计方法、设计成果和结论,要突出本毕业设计书的创造性成果。中文摘要力求语言精炼准确,篇幅以一页为宜。摘要中不可出现图、表、化学方程式、非公知公用的符号和术语。

关键词在摘要内容后另起一行标明,一般 3～5 个,之间用空格(或分号)隔开。关键词是为了便于做文献索引和检索工作而从毕业设计书中选取出来用以表示全文主题内容信息的单词或术语,应体现毕业设计书特色,具有语义性,在毕业设计中有明确出处。应尽量采用《汉语主题词表》或桥梁工程专业主题词表提供的规范词。

6. 英文摘要(Abstract)

英文摘要内容与中文摘要相对应,一般不少于 300 个英文实词,篇幅以一页为宜。

7. 目录

目录另起页,是毕业设计书各章节标题的顺序列表,附有起始页码。建议到三级小标题即可。

8. 图和表清单

桥梁工程专业的毕业设计书中图表较多,可以分别列出清单置于目录页之后。图的清单应有序号、图题目和页码。表的清单应有序号、表题目和页码。

9. 正文

正文是毕业设计的主体部分,每一章应另起页,一般包括以下几个方面。

引言或绪论(第一章):包括毕业设计的目的和意义、问题的提出、选题的背景、文献综述、设计方法、毕业设计书的结构安排等。

具体章节:本部分是毕业设计书作者的研究内容,是毕业设计书的核心。各章之间互相关联,符合逻辑顺序。

引文标注:遵照《文后参考文献著录规则》(GB/T 7714—2005)执行。

结论(最后一章):是毕业设计最终和总体的结论,应明确、精练、完整、准确,而不是正文中各段的小结的简单重复。毕业设计书的结论应包括毕业设计书的核心观点,着重阐述作者的创造性工作及所取得的设计成果在本领域的地位、作用和意义,交代设计工作的局限,提出未来工作的意见或建议。

毕业设计字数:建议毕业设计一般不少于 2 万字。

10. 致谢

致谢是作者对该毕业设计的形成做出贡献的组织或个人予以感谢的文字记载,语言要诚恳、恰当、简短。致谢的对象包括:资助设计工作的基金、合同单位,资助或支持的企业、组织或个人;协助完成设计工作和提供便利条件的组织或个人;在设计工作中提出建议和提供帮助的人;给予转载和引用权的资料、图片、文献、研究和调查的所有者;其他应感谢的组织和个人。

11. 参考文献

必须列出参考文献表。参考文献表是文中引用的有具体文字来源的文献集合,著录项目和著录格式遵照《文后参考文献著录规则》(GB/T 7714—2005)的规定执行。参考文献表中列出的一般应限于作者直接阅读过被引用的、发表在正式出版物上的文献。私人通信和未公开发表的资料,一般不宜列入参考文献表,可紧跟在引用的内容之后注释或标注在该页的下方。

12. 附录

有些材料编入设计主体会有损编排的条理性和逻辑性，或影响设计书结构的紧凑性和主题思想的突出性等，可将这些材料作为附录编排于全文的末尾。

三、撰写要求

桥梁工程毕业设计的撰写要求：概念清楚、内容正确、条理分明、文字通顺、语言流畅、图表整齐、布局合理、结构严谨、不出现错别字。

各种名词、数据、单位应符合国家标准规定，所列数据必须科学、真实、准确、有说服力。

1. 文字、标点符号和数字

毕业设计应用汉字书写，汉字的使用应严格执行国家的有关规定，除特殊需要外，不得使用已废除的繁体字、异体字等不规范汉字。标点符号的用法应该以《标点符号用法》(GB/T 15834—1995)为准。数字用法应该以《出版物上数字用法的规定》(GB/T 15835—1995)为准。

2. 章、节（层次标题）

设计书正文可以根据需要划分为不同数量的章、节，章、节的划分可以参照《科技书刊的章节编号方法》(CY/T 35—2001)的相关规定。章、节标题要简短、明确，同一层次的标题应尽可能"排比"，即词（或词组）类型相同（或相近），意义相关，语气一致。多层次标题用阿拉伯数字连续编号；不同层次的数字之间用小圆点"."相隔，末位数字后面不加点号，如"3.1.2"；一级节标题的序号居中起排，其他多层次标题的序号左顶格起排，与标题间隔1个字距。

3. 页眉和页码

页眉从第一章开始到设计书最后一页均需设置。正文页眉内容：印制的设计书，奇数页居中对齐为"×××大学学士学位毕业设计"，偶数页居中对齐为"作者姓名：设计书题目"。页码在外侧，从第一章（引言）开始按阿拉伯数字(1,2,3,…)连续编排。打印字号为5号宋体，页眉之下有一下划线。

4. 图、表、表达式

设计书中图、表、表达式应注明出处，自制的图、表应说明资料、数据来源。

图包括曲线图、构造图、示意图、框图、流程图、记录图、地图、照片等。

图序号与图题目：建议按章节排序编号，不要全文统一排序编号，以便于修改增减，如第三章第2个图的图序号为"图3-2"，第四章第6个图的图序号为"图4-6"。

表一般随文排，先见相应文字，后见表。表中参数标明量和单位的符号。

表序号与表题目：与图原则一致，按章节排序编号为宜。如第三章第5个表的表序号为"表3-5"；表题目置于表序号之后，表序号和表题目之间空1个字距，居中置于表的上方。表的编排建议采用国际通用的三线表，一般是内容和测试项目由左至右横读，数据依序竖读。如果需要转页接排时，在随后的各页上应重复表序号。表序号后跟表题目和"（续）"，居中置于表上方，续表均应重复表头。

5. 参考文献

参考文献建议采用顺序编码制，不采用著者-出版年制。

顺序编码制:按正文中引用的文献出现的先后顺序连续编码,并将序号置于正文中引用参考文献的部位方括号中(上标)。

著者-出版年制:引用的文献按文种集中。中文参考文献在前,外文参考文献在后,按著者字顺和出版年排序。文献作者不超过3位时,全部列出;超过3位时,只列前3位,后面加",等"或相应的外文;作者姓名之间用","分开。

6. 量和单位

量和单位要执行 GB 3100~3102—1993(国家技术监督局 1993-12-27 发布,1994-07-01 实施)的规定。量的符号一般为单个拉丁字母或希腊字母,并一律采用斜体(pH 例外)。为区别不同情况,可在量符号上附加角标。当表达量值时,在公式、图、表和文字叙述中,一律使用单位的国际符号,且用正体。

四、格式要求

每个学校都有自己的风格,体现一定的"血统性",当没有具体要求时,可参考本小节的内容执行。

1. 纸张要求及页面设置

表 1-1 纸张规格和页面设置要求

	格式要求
纸　张	学校无具体规定时可采用 A4(210mm×297mm),幅面白色
页面设置	上、下 3cm,左、右 3cm,页眉 2.5cm,页脚 2.0cm,装订线 0cm
页　眉	宋体 10.5 磅(或五号)居中 Abstract 部分用 Times New Roman 字体 10.5 磅(或五号)
页　码	宋体 10.5 磅(或五号)

2. 中文封面格式要求

表 1-2 中文封面格式要求

	格式要求
设计书题目	黑体 22 磅(或二号)加粗居中(可分两行),单倍行距
学　号	Times New Roman 体 16 磅(或三号)加粗
设计书作者	宋体 16 磅(或三号)加粗
学科专业/企业导师	宋体 16 磅(或三号)加粗
指导教师	宋体 16 磅(或三号)加粗
培养单位	宋体 16 磅(或三号)加粗
日　期	宋体 16 磅(或三号)汉字居中,不用阿拉伯数字

3. 中文题名页格式要求

表 1-3 中文题名页格式要求

学校代码	宋体 16 磅（或三号）
本科生学号	宋体 16 磅（或三号）居中
大学毕业设计	宋体 26 磅（或一号）加粗
设计书题目	黑体 22 磅（或二号）加粗居中（可分两行），单倍行距
学　号	Times New Roman 体 16 磅（或三号）
设计书作者	宋体 16 磅（或三号）
指导教师/企业导师	宋体 16 磅（或三号）
学科专业	宋体 16 磅（或三号）
培养单位	宋体 16 磅（或三号）
日　期	宋体 16 磅（或三号）汉字居中，不用阿拉伯数字

4. 中、英文摘要格式要求

表 1-4 中、英文摘要格式要求

	中文摘要格式要求	英文摘要格式要求
标题	摘要：黑体 18 磅（或小二）加粗居中，单倍行距	Abstract：Times New Roman 字体 18 磅（或小二）加粗居中，单倍行距
段落文字	宋体 12 磅（或小四） 固定值行距 20 磅，段前段后 0 磅	Times New Roman 字体 12 磅（或小四） 固定值行距 20 磅，段前段后 0 磅
关键词	"关键词"三字加粗 宋体 12 磅（或小四）	"Key Words"两词加粗 Times New Roman 字体 12 磅（或小四）

5. 目录格式要求

表 1-5 目录格式要求

	示例	格式要求
标题	目录	黑体 16 磅（或三号）加粗居中，单倍行距
各章目录	第一章 格式要求×××	宋体 14 磅（或四号），固定值行距 20 磅，两端对齐，页码右对齐
一级节标题目录	1.5×××	宋体 12 磅（或小四），固定值行距 20 磅，两端对齐，页码右对齐，左缩进 1 个汉字符
二级节标题目录	1.5.1×××	宋体 12 磅（或小四），固定值行距 20 磅，两端对齐，页码右对齐，左缩进 2 个汉字符

6. 正文格式要求

表1-6　正文格式要求

	示例	格式要求
各章标题	第一章×××	黑体16磅(或三号)加粗居中,单倍行距,上、下空2行,章序号与章题目间空1个汉字符
一级节标题	1.1×××	黑体14磅(或四号)加粗居中,单倍行距,上、下空1行,序号与题名之间空1个汉字符
二级节标题	1.1.1×××	黑体12磅(或小四)居左,单倍行距,上、下空1行,序号与题名之间空1个汉字符
正文段落文字	×××××××××××××××××××××××	宋体12磅(或小四),英文用Times New Roman字体12磅(或小四),两端对齐书写,段落首行左缩进2个汉字符。固定值行距20磅(段落中有数学表达式时,可根据表达需要设置该段的行距),段前0磅,段后0磅
图序号、图名	图2.1×××	置于图的下方,宋体10.5磅(或五号)居中,单倍行距,图序号与图题目文字之间空1个汉字符宽度
表序号、表名	表3.1×××	置于表的上方,宋体10.5磅(或五号)居中,单倍行距,表序号与表题目文字之间空1个汉字符宽度
表达式	……(3.2)	序号加圆括号,Times New Roman10.5磅(或五号),右对齐

7. 其他部分格式要求

表1-7　其他部分格式要求

	格式要求
作者简介	标题要求同各章标题,正文部分:宋体12磅(或小四),行距20磅,段前段后0磅
致谢	标题要求同各章标题,正文部分:宋体12磅(或小四),行距20磅,段前段后0磅
参考文献	标题要求同各章标题,正文部分:宋体12磅(或小四,英文用Times New Roman字体12磅),行距20磅,段前段后0磅
附录	标题要求同各章标题,正文部分:宋体12磅(英文用Times New Roman字体12磅),两端对齐书写,段落首行左缩进2个汉字符。行距20磅(段落中有数学表达式时,可根据表达需要设置该段的行距),段前0磅,段后0磅

五、印刷及装订要求

设计书自中文摘要起双面印刷,之前部分单面印刷。当设计书因页码过少而不能印刷书脊时,可以单面印刷。设计书必须用线装或热胶装订,不能使用金属钉装订。

第三节　桥梁工程毕业设计的流程

为使本科毕业设计工作更具有可操作性,工作流程可按下图执行。

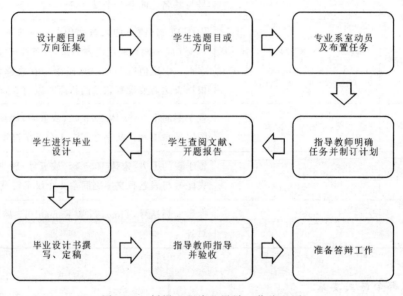

图 1-1　桥梁工程毕业设计工作流程图

第四节　毕业设计的文件组成

答辩后学生的毕业设计资料要按照规定整理归档。毕业设计不同于毕业论文,它的资料组成部分不只是一篇学术论文,一般包括:
(1)毕业设计(论文)任务书;
(2)毕业设计(论文)成绩评定书;
(3)毕业论文或毕业设计说明书,包括封面、中外文摘要或设计总说明(包括关键词)、目录、正文、谢辞、参考文献、附录;
(4)译文及原文复印件;
(5)图纸、软盘等。

第五节　毕业答辩的流程

毕业设计资料应分别装入专用的资料袋中,内容包括毕业设计书全文及软盘、毕业设计任务书、教师指导毕业设计书(设计)情况登记表、导师评语、评阅人评语、毕业设计答辩记录及评定表等。

答辩前,每个学生应提交开题报告、设计任务书、指导记录表和答辩评分表,并提交3份毕业设计说明书和设计绘图。

答辩后,每个学生提交2份定稿、1份毕业设计过程管理手册(包括封面、开题报告、设计任务书、指导记录表和答辩评分表)、1张光盘(包含毕业设计说明书、毕业设计过程管理手册、毕业设计项目源文件、答辩演示文稿PPT,设计绘图等)。

毕业答辩的流程如下(图1-2)。

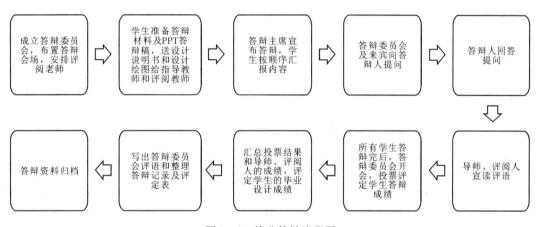

图1-2　毕业答辩流程图

第二章 工程制图、结构计算和构造要求

第一节 桥梁工程制图

在校期间学生对专业理论的学习比较重视,但很大程度上弱化甚至忽视了对工程制图能力的培养。此处引用一个比喻:很多大学生都会提笔写字和写作文,但忽视了"书法"。对于工科专业,计算机制图工具就是笔,会制图不代表能制好图,好图的标准不仅强调"内容","形式"也非常重要。没有统一的制图要求,没有系统的制图训练,图纸会杂乱无章,不利于"观瞻"。因此,应重视毕业设计阶段的强化训练,按标准来绘制工程图。

一、桥梁工程制图步骤

1. 确定图幅、比例、投影图数量

一张桥梁构造图和钢筋图都包括立面图、平面图和剖面图。立面图和平面图通常一半画外形,一半画剖面。图样的比例为图形与实物相对应的线性尺寸之比,比例的大小是指比值的大小。绘图比例的选择,应根据图面布置合理、匀称、美观的原则,按图形大小及图面复杂程度确定。由于各类图样的要求不同,大小不同,构件的复杂程度也不同,因此采用的比例也不同(表 2-1)。图幅、比例、投影图数量确定后,首先画好图框线和标题栏。

表 2-1 桥梁工程图常用比例参考表

图名	说明	常用比例
桥位图	表示桥位及路线的位置,地形、地物情况,用示意符号画出桥梁、房屋及农作物等	1:500~1:2000
桥位地质断面图	表示桥位的河床、地质断面及水文情况(高度与水平不同是为使河床起伏更清晰)	高度方向1:100~1:500 水平方向1:500~1:2000
桥梁总体布置图	表示桥梁的全貌、长度、高度尺寸、通航高度、各构件配置情况	1:50~1:500
构件详图	表示桥梁、桥台、桥墩、人行道、桥栏杆等细部构造	1:10~1:50

2. 画出各主要构件（墩台）定位线

根据图幅及选定的比例把立面图、平面图中主要构件的定位线准确地布置在图框内，可布置在同一张图内，也可分开画在另外的图纸上，比例尽量一致。在布置立面图和平面图时要考虑在各个投影图之间留有标注尺寸、注写图名及说明的位置，是否需要说明则要根据具体情况而定。立面图的定位线为各桥墩的对称线，平面图的定位线为桥面路线中心线，横剖面图的定位线为两个半剖面的分界线。各投影图之间的定位线一定要符合投影关系。

3. 画构件轮廓线（底稿线）

画构件轮廓线要从立面图入手，高度方向以梁底标高作为基线定位。平面图的比例与立面图相同，横剖面图的比例可根据桥梁构造复杂程度适当选取，画出各个构件的轮廓底稿线。

4. 画构件细部结构（底稿线）

依次画出各个构件细部结构的投影（底稿线），注意投影关系的对应和某些构件的习惯画法。

5. 完成标注

标注尺寸、剖面符号、坡度符号、标高符号等。

6. 完成全图

加粗图线，注意分清线型，检查及改错（或上墨线），完成全图。

二、桥梁工程制图编排顺序

（一）图纸编制深度

根据《市政公用工程设计文件编制深度规定（2013年版）》中关于桥梁工程施工图设计文件编制深度的要求，施工图设计文件应包含五大部分：设计说明书、施工图预算、工程数量和材料用量表、设计图纸、主要基础资料。

本书以桥梁工程设计为主，不涉及工程概预算内容，相关资料可参考《建设工程造价咨询规范 GB/T 51095—2015》和《建设工程工程量清单计价规范 GB 50500—2013》，不再累述。其中工程数量和材料用量表是指全桥工程汇总表，设计说明书和设计图纸应该包含的内容建议如下，读者可根据毕业设计基础资料适当增减。

设计说明书主要包含以下内容。

（1）概述：

①设计依据，即初步设计的批复意见，对初步设计内容作调整的应说明依据及理由、初步设计文件、委托设计合同及其他有关文件；②主要测设经过；③工程概况，即规模及主要工程内容。

（2）地质、水文、航运、地震等基础资料描述。

（3）设计技术标准，即本设计所依据和参考的国家现行规范，为方便查阅，截至2016年12月，与桥梁工程设计相关的国家现行规范标准见表2-9。

（4）主要设计参数选取。

(5)材料、设备及产品采用的技术指标或标准。

(6)桥梁结构设计,简要描述上、下部结构尺寸和钢筋配置方法。

(7)桥梁耐久性设计。

(8)附属构筑物设计。针对伸缩缝、支座、栏杆等进行简要描述。

(9)施工方案及注意事项。

(二)施工图的编排顺序

一般遵守的原则为:基本图在前,详图在后;总图在前,局部图在后;主要部分在前,次要部分在后;构造图在前,钢筋图在后。

一般常用的排列顺序是:图纸目录、设计总说明、总平面图、桥型布置图、基础图、承台图、桥墩、桥台图、桥面系图、附属结构图。

毕业设计(论文)阶段施工图的组成和内容包括:

(1)桥型布置图。表明桥梁结构的总体概貌(桥梁的形式、跨径、总体尺寸、各主要构件的相互位置关系、桥梁的各部分标高、材料数量及总的技术说明等),包括立面图、立剖面图、横断面图、平面图及基础平面图等。立面图和平面图通常一半画外形,一半画剖面。

(2)工程地质剖面图(柱状图)。描述钻孔钻进深度范围内土层、土质类别的分布,即各土层的土质类别、标高、地下水位标高、钻孔编号、孔口标高、钻孔深度等。

(3)施工步骤示意图。反映结构的整体施工过程。

(4)基础立面布置图。反映基础底部与持力层的相对位置关系。它包括基础立面布置、基底标高等。

(5)基础构造配筋图。准确反映基础的具体构造布置和配筋情况。它包括基础具体构造布置和配筋的各个相关立面部剖面图及材料工程数量,以及平面、侧面、细部等。

(6)承台构造配筋图。反映基础、承台、桥墩的相互关系及承台的具体构造布置和配筋情况。它包括具体构造布置和配筋布置的各个相关立面、平面、侧面、细部剖面图及材料工程数量等。

(7)桥墩构造配筋图。反映桥墩台的具体构造布置和配筋情况及上部与上部结构支承的相互关系。它包括具体构造布置和配筋布置的各个相关立面、平面、侧面、细部剖面图及材料工程数量等。

(8)桥台构造配筋图。反映桥台的具体构造布置和配筋情况,以及桥台与上部结构、引道的相互关系。它包括具体构造布置和配筋布置的各个相关立面、平面、侧面、细部剖面图,以及材料工程数量,桥台与上部结构、引道的相互关系图等。

(9)主梁构造图。反映上部承重结构的构造布置与施工方法有关的设计细节。它包括具体构造布置和配筋布置的各个相关立面、平面、侧面、细部剖面图。

(10)主梁普通钢筋配筋图。反映主梁构造及配置的钢筋情况。它包括主梁配筋情况的各个相关立面、平面、侧面细部剖面图及材料工程数量。

(11)主梁预应力钢束布置图。反映预应力钢束的布置情况。它包括主梁的预应力束布置及张拉顺序(前期束、后期束、合龙束、备用束、顶板束、腹板束、底板束)的各个相关立面、平面、侧面、细部剖面图及材料工程数量。

三、绘图格式要求

(一)图幅、图框及图层

桥梁工程图纸的幅面及图框尺寸应符合表2-2的规定。

表2-2 图幅与图框尺寸　　　　　　　　　　　　　　　　　　　单位:mm

尺寸代号＼图幅代号	A0	A1	A2	A3	A4
$b \times l$	841×1189	594×841	420×594	297×420	210×297
a	35	35	35	25	25
c	10	10	10	10	10

注:b、l分别表示图幅短边与长边尺寸,a为图幅与图框左侧间距,c为图幅与图框上边、下边和右侧间距。

当采用加长图幅时,短边不加长,长边加长,但应符合表2-3的规定。

表2-3 图纸长边加长后的尺寸　　　　　　　　　　　　　　　　单位:mm

幅面代号	长边尺寸	长边加长后的尺寸
A0	1189	1486、1635、1783、1932、2080、2230、2378
A1	841	1051、1261、1471、1682、1892、2102
A2	594	743、891、1041、1189、1338、1486、1635、1783、1932、2080
A3	420	630、841、1051、1261、1471、1682、1892

在图纸的标题栏中,应有工程名称、设计单位名称、图名、图号、设计号以及设计人、绘图人、审核人等的签名和日期等。

桥梁工程毕业设计建议全部采用标准A3图幅,并统一采用外部参照形式插入图纸文件,图框由指导教师、学院或者班级统一制作,统一命名为TK.dwg。具体操作过程如下:

(1)将TK.dwg放入工程文件夹;

(2)打开Auto CAD 2008,按照下拉菜单路径"插入—DWG参照(R)...",进入"外部参照"对话框(图2-1);

(3)点击"浏览"选择图框文件,路径类型选择"相对路径"(图2-2);

(4)插入图框后,根据图纸绘制的范围大小调整标准图框,建议按照整数倍进行缩放,直至大小合适,并记录缩放比例。

采用图框引用的好处是格式统一,修改方便,只要修改TK.dwg里面的内容,所有引用图框文件的图纸都会相应变化。

需要强调的是,图纸绘制一定按照实际比例,仅进行图框大小的缩放,这样便于设计和修

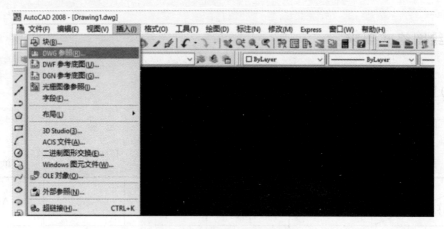

图 2-1 插入 DWG 参照

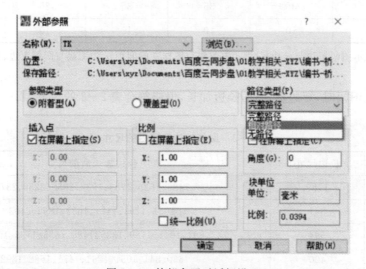

图 2-2 外部参照对话框设置

改,千万不要缩放图纸内容,强行放入 1∶1 的标准图框中。

同时,养成良好的绘图习惯,引入图层管理,采用不同图层区分结构线、钢筋线、标注等,方便电子图型的管理和修改,可参照表 2-4 执行。

表 2-4 图纸内容与图层名称

图纸内容	图层名称
构造线	Main
钢筋线	Bar
标注	Dim
图内标题、表格及说明文字	Text
布局视口及绘图用辅助线	Defpoints

(二)字体、字高及字宽

图纸上所需书写的文字、数字或符号等,均应做到笔画清晰、字体端正、间隔均匀、排列整齐,标点符号应清楚正确。

一般情况下,文字的字高应从 2、2.5、3、3.5、4、4.5、5mm 系列值中选用。汉字的字高不得小于 3.5mm,在图样及说明中,宜采用长仿宋体,在大标题、图册封面、地形图等中,也可书写成其他字体,但应易于辨认。长仿宋体的宽度与高度比值建议采用 0.75 或 0.8。

字母和数字的字高应不小于 2.5mm,可以写成斜体和直体,斜体字字头向右倾斜,与水平基准线成 75°,斜体字的高度、宽度应与相应的直体字相同,符合表 2-5 的规定。

表 2-5 拉丁字母、阿拉伯数字与罗马数字书写规定

书写格式	一般字体	窄字体
大写字母高度	h	h
小写字母高度(上、下均无延伸)	$7/10h$	$10/14h$
小写字母伸出的头部或尾部	$3/10h$	$4/14h$
笔画宽度	$1/10h$	$1/14h$
字母间距	$2/10h$	$2/14h$
上、下行基准线最小间距	$15/10h$	$21/14h$
词间距	$6/10h$	$6/14h$

用 AutoCAD 软件绘图时,初学者很难控制好字体高度,以至于打印出来的图纸字体大小不一,整套图纸看起来像草稿图,而且修改起来费时费力。

为便于读者实际使用,在绘制标准 A3 图框(297mm×420mm)内的图纸时,文字(图框除外)可采用 3、4、5mm 字高标准,这样便于记忆,图纸效果也非常好,尺寸对应的内容如下。

(1)图内标题(视图图名):5mm。
(2)图内引出(例如各种标高,水位、桥梁中心线、路面铺装等):采用 3mm 字高。
(3)表格文字:分别采用 3mm 字高。
(4)标注文字:采用 3mm 字高。
(5)附注文字:统一用"注:"标示,采用 3mm 字高。
(6)剖切文字:采用 4mm 字高。
(7)上标、下标:0.5 倍正文高度。

对于毕业设计来说,字体可采用系统自带的"仿宋"或者"仿宋_GB2312",最容易保证全班或者整个系的字体风格统一,有条件的可用优化后的字体 fsdb_e.shx 和 fsdb.shx。对于整套图纸应保持风格一致,字体设置如图 2-3 所示。

新建一个字体样式,在 SHX 字体下拉菜单中选择需要的字体,"高度"框保持默认的 0,真正的字高在图中设定,标注字高在标注设置中指定,如在此处设置高度,会使后面尺寸标注中

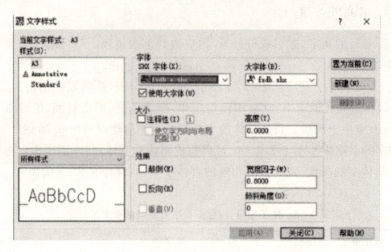

图 2-3 字体设置

的字体高度无法修改,这一点初学者必须注意。在"宽度因子"框填入 0.8 或 0.75,为字体高宽比,"倾斜角度"框不建议修改。

被切物体断面的位置及编号可用标有英文字母或罗马数字的剖切线表示。剖面的剖切线还应标明剖切后物体的投影方向。

对于说明及图内注释,凡等式或计算式,一律采用"="号,不建议用破折号"—";而表明性质或指标的,一律用破折号"—",不用"="号;表明数字范围的符号一律采用"～"号,不用破折号"—"。例如:

"土壤内摩擦角＝30°"应为"土壤内摩擦角—30°";

"土壤内摩擦角 φ—30°"应为"土壤内摩擦角 φ＝30°";

"跨径＝ 20m"应为"跨径—20m";

"$L-k+b+c+60$"应为"$L=k+b+c+60$";

"桥长 120—130m"应为"桥长 120～130m"。

(三)图线

采用不同的线宽可以突显出图纸的层次分明,而不是主次不分、一潭死水。在桥梁工程中一般使用 3 种线宽,即粗线、中粗线、细线,3 种线宽的比例为 1∶0.5∶0.25,粗线宜从线宽系列 2.0、1.4、1.0、0.7、0.5、0.35mm 中选取。同一张图纸内,相同比例的各图样,应选用相同的线宽组。

同样,为方便记忆和使用,建议如下标准:构造图中构造线、钢筋构造图中钢筋等主要线的线宽采用 0.35mm(如钢筋过密可根据实际情况减小线宽或以示意图的形式适当删减钢筋),其他线采用默认线宽,默认线宽采用 0.15mm。

线宽的控制可利用颜色加以区分,并设置相应的"打印样式表"用来出图打印。这时所见不一定即所得,在电脑屏幕看到的图形与打印出来的图形线条宽度会有区别,而真正的成果是打印后装订的图纸,即要保证打印出来的图纸满足上述要求。可参考规则如下。

(1)红色(颜色 1)或蓝色(颜色 5)——加粗线:构造图的外尺寸线、钢筋图中的钢筋、表格外框线等。

(2)灰色(颜色8)或灰色(颜色252)——淡显线:地形图、地层剖面图等。

(3)其他所有颜色——默认线宽。

图纸的图框和标题栏线,可采用表2-6的线宽。

表2-6 图纸图框线和标题线线宽　　　　　　　　　　　单位:mm

图纸幅面	图框线	标题栏外框线	标题栏分格线
A0、A1	1.4	0.7	0.35
A2、A3、A4	1.0	0.7	0.35

图名下的横线是一条粗横线,粗度应与本图中的粗实线一致,长度应以图名所占长度为准,与图名文字的间隔一般不宜大于2mm。

Auto CAD软件打印样式设置方法如图2-4所示。

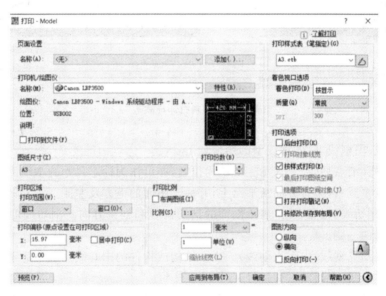

图2-4 打印设置

如图2-4所示,打开"打印"对话框,点击右上角"打印样式表"的下拉菜单,新建一个打印样式"A3.ctb",点击下拉菜单右侧编辑对话框,如图2-5所示。

在打印样式表编辑器中对自定义的"A3.ctb"进行设定,首先将"打印样式"中所有颜色选中,在"特性—颜色"中选择黑色,即将绘制的彩色图打印成黑白工程图,再选中"颜色1"和"颜色5",定义"线宽"为0.35mm。如果图中有地形图需要作为背景打印成淡显模式,可选中"颜色8",将"特性—淡显"调整为70或者80,设置完成后保存退出。按该规则设置后,图纸绘制一定要按该规则执行,同一张图在不同的电脑下打印,如果打印设置有区别,打印后的图纸效果会区别非常大。所以,当需要在外打印时,建议全部图纸转换成PDF格式后,再去打印出图。

此外,设计图中常用的线条种类有中心线、尺寸线、引出线、定位线、剖面的剖切线、折断

图 2-5　编辑打印样式表

线、虚线、波浪线、图框线等,各种线型的用途如下:

(1)定位轴线(细点划线)。表示主要结构位置,亦可作为标志尺寸的基线。定位轴线的编号在水平方向从左至右,紧直方向从下至上,并标于图面的下方及左侧。

(2)剖面的剖切线(粗实线)。表示剖面的剖切位置和剖视方向。剖切线的编号根据剖视方向标于剖切线的一侧。

(3)中心线(细点划线、中粗点划线)。表示结构或构件的中心线。有时为了省略对称部分的图面,在图的中心线上绘制对称符号。

(4)尺寸线(细实线)。表示各部分的实际尺寸。在钢筋略图中,单线条用粗实线。

(5)引出线(细实线)。对图纸上的某一部分作文字说明。

(6)折断线(细实线)。省略不必要的部分。

(7)虚线(细线、中粗线)。表示结构物看不见的背面和内部的轮廓线。

(8)波浪线(细实线、中粗实线)。表示构件等局部构造的层次。

(9)图框线(粗实线)。表示每张图纸的外框。

(10)阴影线(细实线)。表示剖切的断面。

在桥梁工程制图中,行业的实线、虚线、点划线形式与建筑制图略有区别,其中线型图例可对应选择"Continuous""DASHED"和"CENTER",如图 2-6 所示。

在图 2-6 中,"线型管理器"中的"全局比例因子"设置为 0.2,"当前对象缩放比例"保持默认的 1.0000。如果对图框大小进行了缩放,"全局比例因子"进行对应缩放。

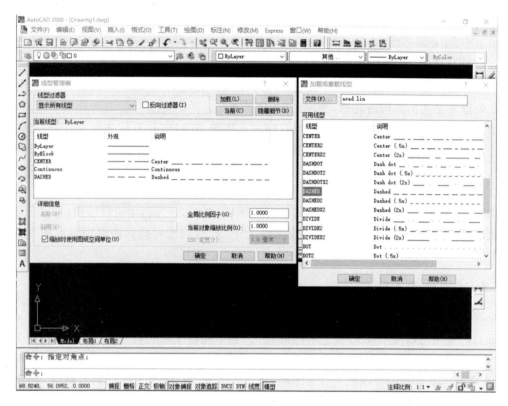

图 2-6 线型管理器设置

图线间的净距不应小于 0.7mm，这样打印的成果易出现重叠。出现这种情况时，应考虑改变图框比例，或者考虑主次结构，删除部分线条。

（四）比例

在运用 Auto CAD 绘制图形时，常用的比例绘图方式有 3 种：一是所有图纸绘制在模型空间的标准 A3 图框内，缩放绘图内容；二是保持绘图内容按照十进制比例绘制，缩放标准 A3 图框（Model 模式）；三是按照十进制比例绘图，缩放布局空间比例（Layout 模式），采用 A3 标准图框。

第 1 种模式直观、容易理解，初学者上手较快，但不利于图纸修改和团队协作，因此不建议使用。

按照第 2 种模式，当插入图框后，根据图纸内容进行图框的放大和缩小，此时对应的标准图框字体高度也应该进行相应的放大和缩小。即图纸内容按照十进制比例绘制，图框根据绘图范围缩放，字体高度以及尺寸标注也相应缩放，可保证在打印成 A3 图册时，所有图纸的绘图风格统一，也便于后期修改完善。

按照第 3 种模式，点击进入"布局空间"，调整布局空间中"Viewport"设定，同样采用引用形式插入标准图框，此时的标准图框无需缩放，最为便捷灵活。现在大多数设计院要求掌握和使用这种方式。

3种模式都可以达到我们的绘图目标,但从项目管理、图形修改、协同合作的原则上看,最好的是第3种模式。这种模式对软件操作要求较高,详细操作过程如图2-7(a)~(c)所示。

第1步:在模型空间绘制图纸,先绘制图纸的主要框架轮廓,再确定绘图比例。图2-7(a)按照mm单位绘制,需要布满30倍的标准A3图框,比例确定后,图中文字、标注部分均按A3图框绘图标准进行缩放,如标注文字应为$3\times30=90$字高,图内标题文字应为$5\times30=150$字高。此阶段务必遵循先构造轮廓,再定比例,最后确定标注的顺序。

第2步:用鼠标点击"布局1"从模型空间进入图纸布局空间,鼠标选中视口外框线,在左侧属性对话框中修改"Viewpoint"相关参数,如图2-7(b)所示。模型空间需要放大30倍,则"custom scale"(用户比例)框中应填写1/30,调整合适后可设置"Display locked"为"是"来进行视口的比例锁定。

第3步:用前面所述方法插入准备好的标准图框,在图2-7(c)中可以看出,标准图框插入之后无需进行比例缩放,X,Y的比例缩放值均为1。此时修改对应的图名即可完成一张桥梁图纸的整个绘制工作。

(五)工程计量单位

标高以米(m)计,里程以千米(km)计,百米桩以百米(hm)计,钢筋直径及钢结构尺寸以毫米(mm)计,其余均以厘米(cm)或毫米(mm)计。当不按以上单位应用时,应在图纸中予以说明。当带有阿拉伯数字的计量单位在文字、表格或公式中出现时,须采用符号,如:重量为150t,不应写作重量为150吨或一百五十吨;桥长312.66米,应写为桥长312.66m。

工程数量或主要材料数量的计算均应根据四舍五入的原则处理,特殊情况除外,如特别小

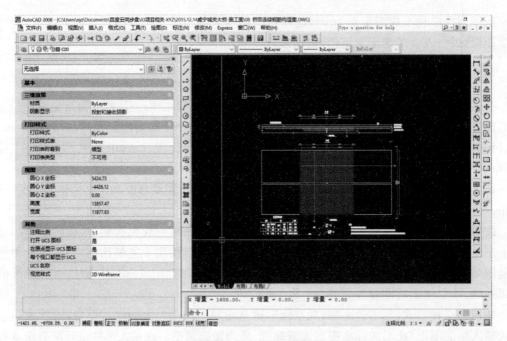

(a) 模型空间(Model)绘制图纸

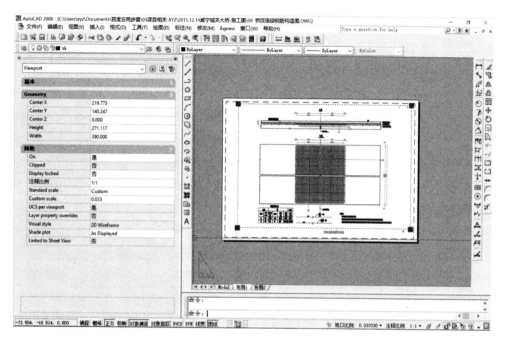

(b) 布局空间(Layout)设置"Viewpoint"

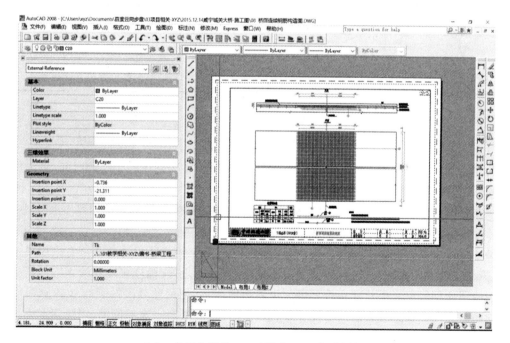

(c) 布局空间(Layout)插入1∶1标准图框

图 2-7 第 3 种模式的详细操作过程

的工程量按四舍五入处理舍成零时,应增加位数显示或进位处理。例如:挡块混凝土 $0.03m^3$,汇总时不能显示为 0,而应为 $0.03m^3$ 或 $0.1m^3$,位数可按表 2-7 采用。

表 2-7 工程计量单位取用位数表

工程材料项目	单位	取用位数	
		明细表	汇总表
混凝土、砖石	m³	123.45	123.5
土方、石方	m³	123	123
钢筋长度	m	12.34	12.3
钢筋重量	kg	234.5	235
钢材重量	kg	234.5	235
预应力钢筋长度	m	345.6	356
预应力钢筋重量	kg	123.4	123
防水层	m²	234	234
桩号、路线长度	m	K1+234.567	K1+234.567
高程	m	123.456	123.456
伸缩缝	m	23.4	46.8
支座	套	24	24
锚具	套	12	12
桥梁构造尺寸	m/cm/mm	根据需要自定,一般精确到 mm 和 cm	

(六)尺寸标注

尺寸标注是工程制图中工程量较大的部分,通常要占整个制图的 1/3 的时间,复杂构造的制图的标注时间将更长。

但在制图学习和毕业设计中,尺寸标注往往被忽视,致使原本美观的图纸变得十分难看。尺寸标注是采用计算机绘图时必须掌握的技能。

尺寸标注由尺寸界限、尺寸线、尺寸起止符和尺寸数字组成。尺寸起止符宜采用单边箭头表示,箭头在尺寸界限的右边时,应标注在尺寸线之上,反之,应标注在尺寸线之下。箭头的大小可按绘图比例取值。尺寸起止符也可采用斜短线表示,把尺寸界限按顺时针转 45°,作为斜短边的倾斜方向。在连续表示的小尺寸中,也可在尺寸界限同一水平位置,用黑圆点表示起止符。尺寸标注的一般要求:

(1)尺寸应标注在视图醒目的位置。尺寸数字宜标注在尺寸线上方中部。当标注位置不足时,可采用方向箭头。最外边的尺寸数字可标注在尺寸界限外侧箭头的上方,中部相邻的尺寸数字可错开标注。计量时,以标注的尺寸数字为准。

(2)尺寸界限、尺寸线均采用细实线。尺寸界限的一端应靠近所标注的图形轮廓线,另一端宜超出尺寸线1～3mm。图形轮廓线、中心线也可作为尺寸界限。尺寸界限宜与被标注长度垂直；当标注有困难时，也可不垂直，但尺寸界限应互相平行。

(3)尺寸线必须与被标注长度平行，不应超出尺寸界限。在任何情况下，图形不得穿过尺寸数字，相互平行的尺寸线应从被标注的图形轮廓线由近向远排列，平行尺寸线间的间距可在5～15mm之间。分尺寸线应离轮廓线近，总尺寸线应离轮廓线远。

当用大图样表示较小且复杂的图形时，放大范围，应在原图中采用细实线绘制圆形或将较规则的圆形圈出，并用引出线标注。

引出线的斜线与水平线应采用细实线，其交角 α 可按 90°、120°、135°、150°绘制。当视图需要文字说明时，可按文字说明标注在引出线的水平线上。当斜线有一条及以上时，各斜线宜平行或交于一点。

确定绘图比例后进行尺寸设定，尺寸设定菜单路径为"格式—标注样式"，或者在命令行输入"D"回车进入"标注样式管理器"。

读者可按照图2-8(a)～(g)的顺序，根据图中参数进行设置，养成习惯，将所有图纸的标注调整成标准格式，仅在图2-8(f)修改标注样式——调整中调整全局比例，而这个全局比例就是标准A3图框缩放倍数。

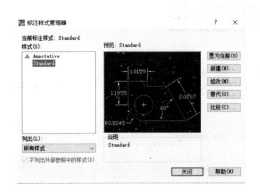

(a) 标注样式管理器

(b) 创建新标注样式

(c) 修改标注样式——线

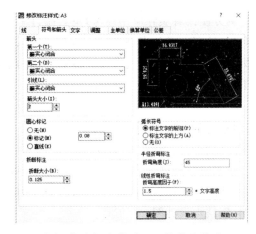

(d) 修改标注样式——符号和箭头

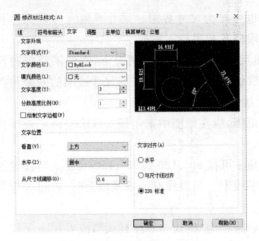

(e) 修改标注样式——文字　　　　(f) 修改标注样式——调整

(g) 修改标注样式——主单位

图 2-8　图纸的标准调整顺序

为方便读者实际应用参考，笔者制订了一套常用的针对标准 A3 图幅的制图标准，将 AutoCAD 绘图元素如表格、标注、线型、附注、图名、剖断线等汇总在图 2-9 中。如果严格按照该标准进行制图，相信读者在经过几个月的毕业设计上机操作后，可以绘制出相对专业的整套桥梁施工图。

四、图纸绘制原则及示例

桥梁设计图纸除满足上述绘图格式要求外，针对主要的几张桥梁施工图还应遵循以下要求，这些图纸包括：桥位平面图、桥型布置图、结构一般构造图、普通钢筋构造图、预应力钢束构造图、钢结构设计图。

(一) 桥位平面图

将桥梁的设计结果用图例的形式绘制在测绘的地形图上，所得到的图样称为桥位平面图

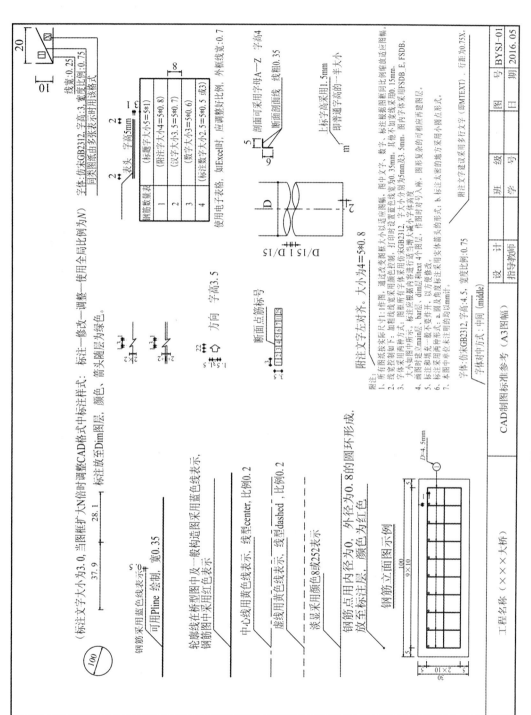

图 2-9 AutoCAD 制图标准参考

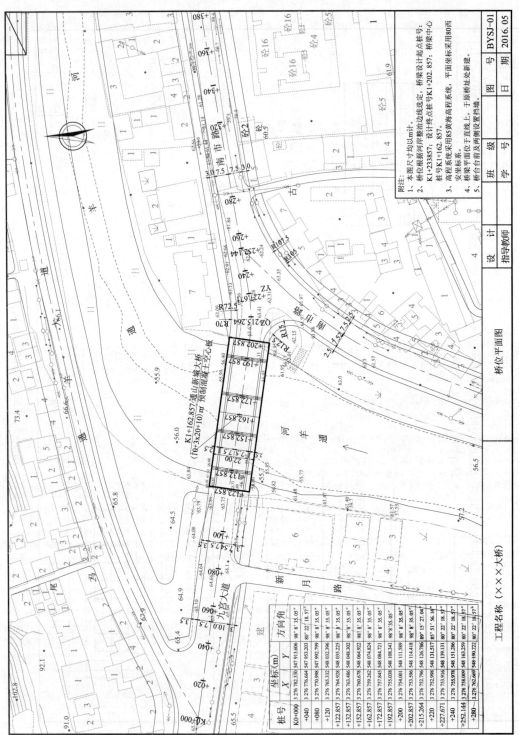

图 2-10 桥位平面图

(图 2-10)。主要表达桥梁在路线中的具体位置及桥梁周边地形、地物的情况。主要内容包括：桥位处的地形、地物、水准点、钻孔位置信息；不良工程地质现象的分布位置，如滑坡、断层等；桥梁与河流或相交道路间的平面关系；桥梁的桥跨布置、桥型描述及历程桩号等信息。

桥位平面图应按照路线前进方向从左侧向右侧绘制，右上角应绘制指北针或风玫瑰，右下角应绘制图注，图注的内容应包括本图比例、单位和其他信息（如改河、改路的描述）。桥位平面图中应明确：

(1) 改河或改路应在桥位平面图中绘制平面示意，包含原位置、改后位置；
(2) 与河流相交应标注河流名称、水流方向，绘制出河坝位置，上、下游调治构造物；
(3) 与道路交路应标注被交路名称、被交路前进后退方向地名、桥梁与被交路交角等基本信息。

(二) 桥型布置图

桥型布置图包括立面图、平面图、剖面图3个视图，以及数据表和说明部分。立面图常采用半立面图和半纵剖面图相结合的方式绘制，以便在一个投影图上一半表示外形，另一半表示内部结构，并习惯将纵剖面图绘制在右边。平面图常采用从左至右分段揭层的画法表达。平面图的左半部分为桥梁护栏及桥面部分的半平面图，右半部分为桥墩与桥台平面图。横剖面图是由各绘一半的两个剖面图合成的，一个剖面图的剖切位置在两桥墩之间（左半部分），以便清楚地表示桥墩的构造；另一个剖面图的剖切位置在桥墩与桥台之间且靠近桥台（右半部分），以便清楚地表示桥台的构造。

1. 绘制立面图

立面图包括桥台、桥墩、扩大基础、梁盖、主梁、栏杆、桥面铺装、搭板、锥坡、地面线、地质剖面图等内容。

注意：在绘图过程中应结合桥台图、桥墩图、主梁一般构造图、附属结构图来确定结构具体的尺寸。

2. 绘制平面图

平面图包括桥面系、盖梁、支座、扩大基础、桥台、桥墩、锥坡、道路边坡等在平面的投影图。常采用半平面、半剖面的方式绘制。

3. 绘制横断面剖面图

在总体布置图中，需要绘制出1~2个典型横断面图。横断面图主要确定桥面宽度、主体结构的构造。

4. 标注及注解

总体图中除了标注构造尺寸外，还需标注桥梁的起止桩号，当桥梁桥面有竖曲线时，还需注明竖曲线半径、切线长度、偏距以及竖曲线变坡点桩号位置。平面图中有弯道时，应给出弯道半径、曲线起止桩号、曲线特征点位置（ZH点、HY点、QZ点、YH点、HZ点）。

尺寸标注工作量大，究竟是先绘制完全部构造，再逐个标注尺寸，还是边绘制边标注，依个人习惯而定。通常，绘制完一部分内容后就标注尺寸，如立面图绘制后紧接着标注尺寸，再绘制平面图、标注尺寸，然后绘制横断面图、标注尺寸。

为了保证所有的选择点都在同一高度上,可以先作一条辅助水平直线,然后打开对象捕捉中的"延伸"命令,将选择点都落在辅助线上。

在绘图及标注图形时,可结合使用视图缩放功能,如实时缩放、平移、鸟瞰视图。

5. 文字说明

在每张图纸中还应有必要的说明,说明的具体内容与图纸有关,一般是图纸中难以注明或用文字说明更能够表达设计思想,或者是需要特别强调的要求。

在总体布置中,需要说明单位尺寸、设计标准、构造特点、地基要求等;在构造图中,需要说明单位尺寸、注意事项,必要时钢筋应注明焊接或绑扎要求等;在桥梁设计图中,里程桩号、高程以米(m)为单位,钢筋、钢材以毫米(mm)为单位,其余一般以厘米(cm)为单位。

桥型总体布置图是所有桥梁细部构造设计的依据,因此,要反复检查、校核,否则会增加设计难度。当然,也会遇到细部构造涉及局部尺寸调整的情况,这时应及时修改总体图,保证总体与细部构造的一致。总体布置图主要表明的内容如下(图2-11)。

(1)桥梁的主要形式、跨径、孔数、总体尺寸。
(2)主要构件相互位置关系:上部结构、下部结构和附属结构。
(3)河床地质情况:地层分布、地质土名称、钻孔位置。
(4)水文情况:设计周期内的最高洪水位、常水位。
(5)各墩台的位置桩号。
(6)桥面、主要构件的设计标高。
(7)视图名称、剖面位置标注。
(8)各主要构件的尺寸标注。
(9)高程标尺。
(10)桥梁来往去向标注。
(11)桥梁总的设计技术说明、材料数量。

(三)桥梁结构图

在总体布置图中,桥梁的构件没有详细、完整地表达出来,因此,单凭总体布置图是不能进行制作和施工的。必须根据总体布置图采用较大的比例把构件的形状、大小完整地表达出来,才能作为施工的依据,这种图称为构件结构图,如主梁、桥台图和栏杆图等。

1. 桥梁上部结构图

桥梁上部结构图一般也包括立面图、平面图、横截面图三部分(图2-12)。
(1)立面图的绘制包括翼缘板、肋板、横隔板、马蹄在跨中和边缘的大小及过度方式、理论支撑线的位置等。
(2)平面图的绘制包括翼缘板的湿接缝、桥面、肋板、横隔梁在平面上的投影。
(3)横断面图的绘制包括主梁、横隔梁、桥面铺装层、湿接缝、混凝土防撞护栏、主梁端部的封头部分。

2. 桥梁下部结构图

桥梁下部结构图一般包括桥墩、桥台和基础。
(1)桥墩构造图包括立面图、平面图和侧面图三部分(图2-13)。立面图包括盖梁、桥墩、

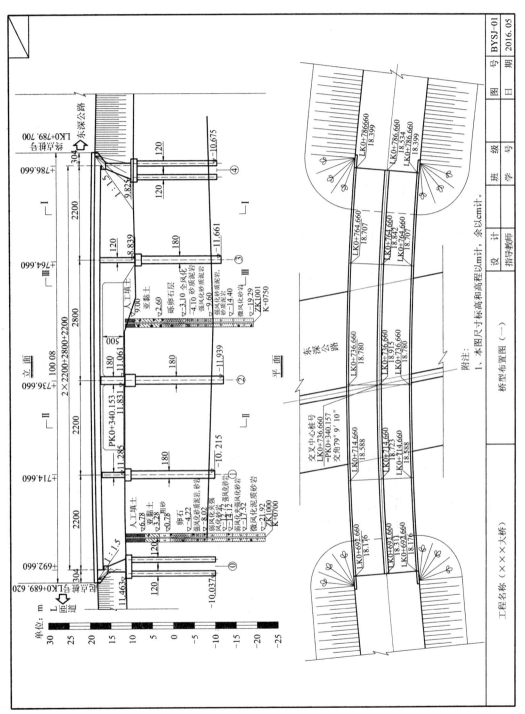

图 2-11(a) 桥型布置图（一）

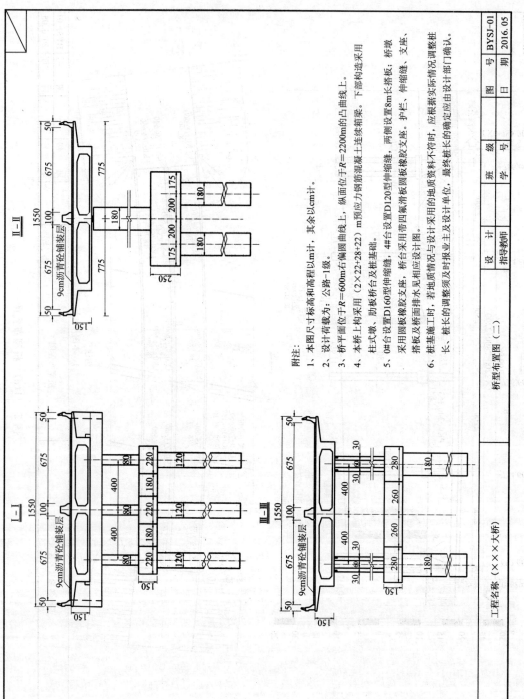

图 2-11(b) 桥型布置图(二)

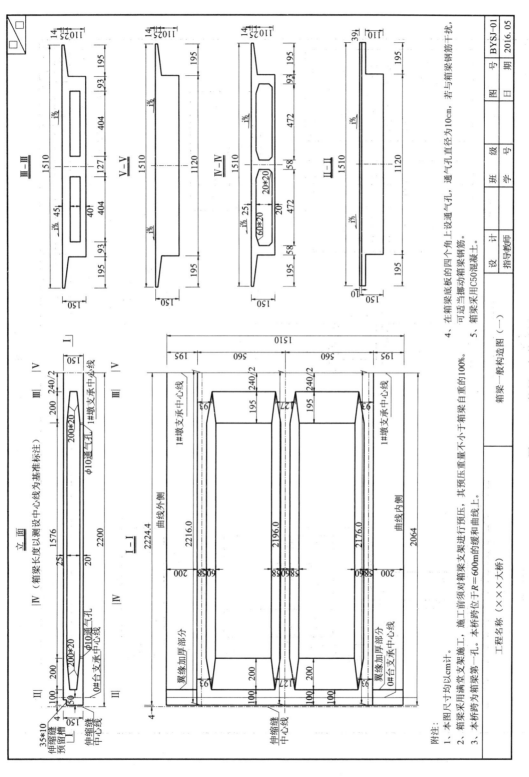

图 2-12 箱梁一般构造图

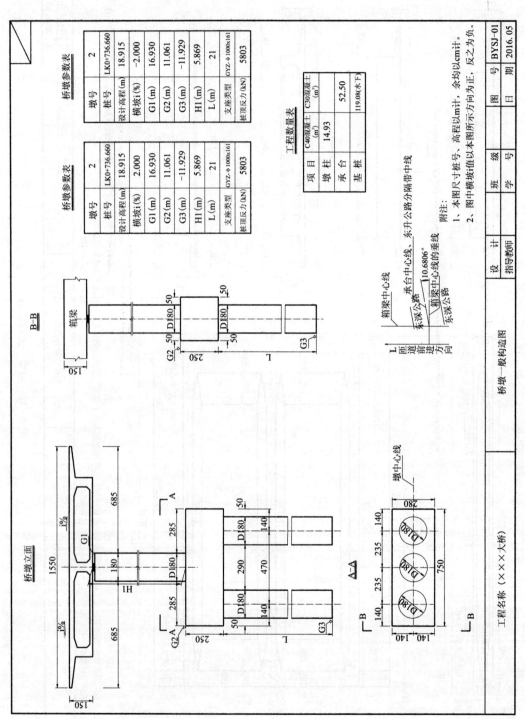

图 2-13 桥墩一般构造图

钻孔桩、挡块。平面图包括全桥、盖梁、桥墩、钻孔桩、支座的中心线。侧面图包括盖梁、桥墩、钻孔桩和挡块等。

(2)桥台构造图包括盖梁、背墙、耳墙、搭板、挡块、支座垫石、肋板、扩大基础、材料数量表、注解(在绘制桥台图时,将台前、台后的土体视为透明,图 2-14)。

(3)基础是桥墩和桥台底部的奠定部分,承担了从桥墩和桥台传来的全部荷载,并且要保证上部结构设计要求能产生一定的变位。

3. 桥梁附属设施图

桥梁附属设施包括桥梁与路堤衔接处的桥头搭板(图 2-15)和锥板护坡(图 2-16)等。

(1)锥体护坡又称锥坡,是当桥台布置不能完全挡土或采用埋置式、桩式、柱式桥台时,为了保护桥两端路堤坡稳定、防止冲刷所设置的锥形护坡。

(2)锥坡的横桥向坡度与路堤变坡一致,顺桥向坡度应根据填土高度、土质情况,结合淹水情况和铺砌与否决定。

(四)桥梁钢筋图

在钢筋图中,构造轮廓线以细实线表示,钢筋以粗实线表示。同时应绘制每根钢筋的大样图,标注长度、编号、直径等,并在图中给出所有钢筋的数量明细表。本书列出了桥梁设计中常见的结构钢筋图(图 2-17～图 2-24),供读者参考。

第二节 结构计算和构造要求

在做毕业设计时,结构设计计算及验算,一般仅针对推荐方案进行,也可根据教学要求对某一指定方案进行设计。在这一阶段的设计主要是训练学生正确拟定构造尺寸,进行上、下部结构的力学分析,构件的截面设计、配筋设计与验算、连接计算,桥面板、墩台等局部设计,以及全桥的强度、整体刚度与稳定性验算。这个阶段工作的目的是要求学生全面利用已经学到的基础理论和专业知识,应用有关的设计规范和标准(表 2-9),进行实桥的设计,最后要求绘制结构详图(包括配筋、构造,相当于施工图)。

这一阶段的工作特点是量大面广,独立性很强。学生除接受指导教师的辅导外,还应不断查阅各种参考资料和文献,全面地考虑构造设计、结构分析、验算和施工等环节的相关问题。

在结构计算中,应根据所选桥型的复杂程度来选择计算方式,但原则上要求能通过手算完成的应采用手算,复杂结构(如拱桥、斜拉桥等)则采用电算。计算中应明确所依据的规范、标准、规程或其他参考资料。结构设计计算后应形成设计计算说明书。

本阶段的设计计算完成后,要求学生绘制结构详图数张,内容包括上部结构(桥梁主体)、下部结构(桥墩和桥台)和各类基础。结构详图应采用手绘与计算机绘图结合的方式绘制。桥梁毕业设计由于结构体系繁多,很难趋于统一,实际中应注意针对性。

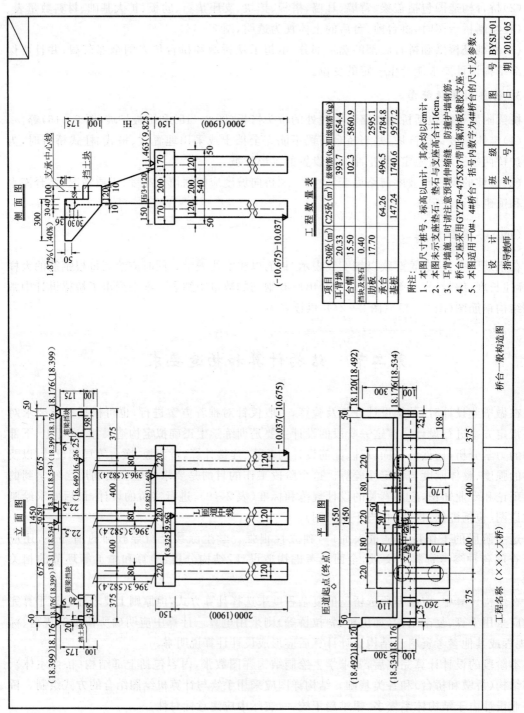

图 2-14 桥台一般构造图

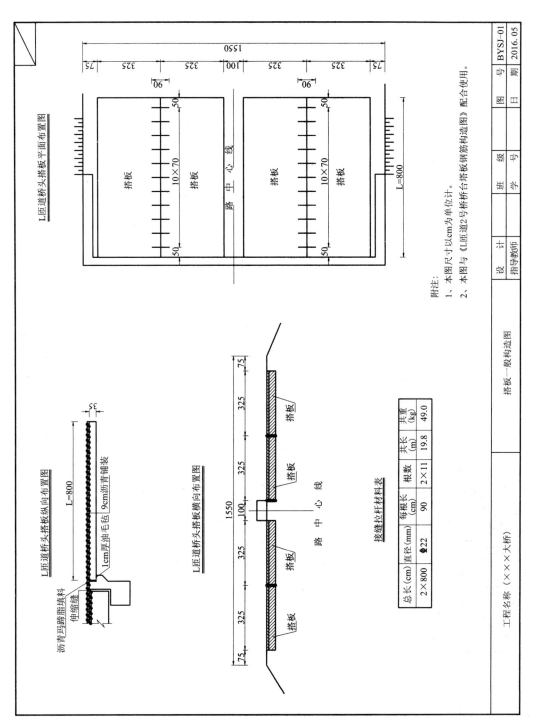

图 2-15 搭板一般构造图

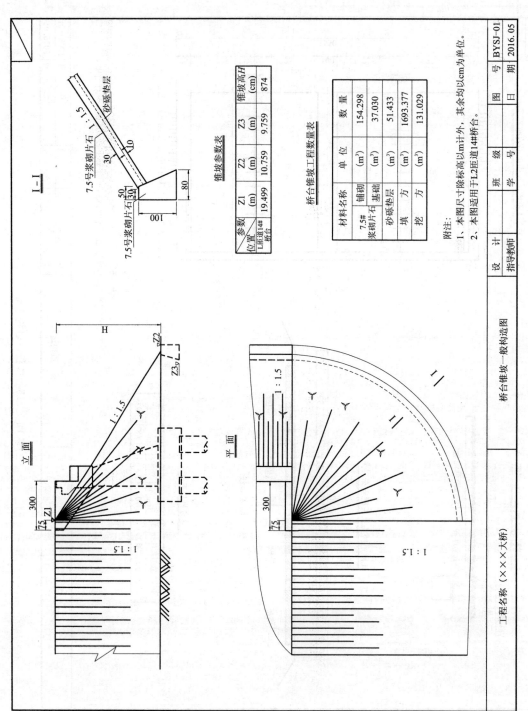

图 2-16 锥坡一般构造图

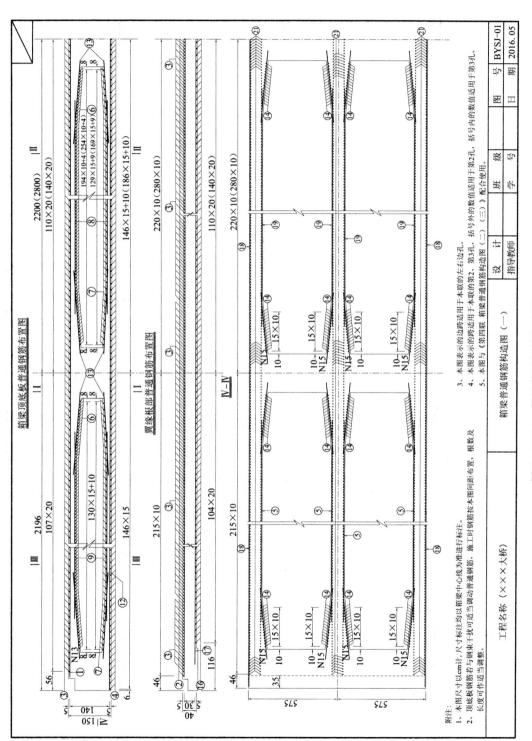

图 2-17(a) 箱梁普通钢筋构造图（一）

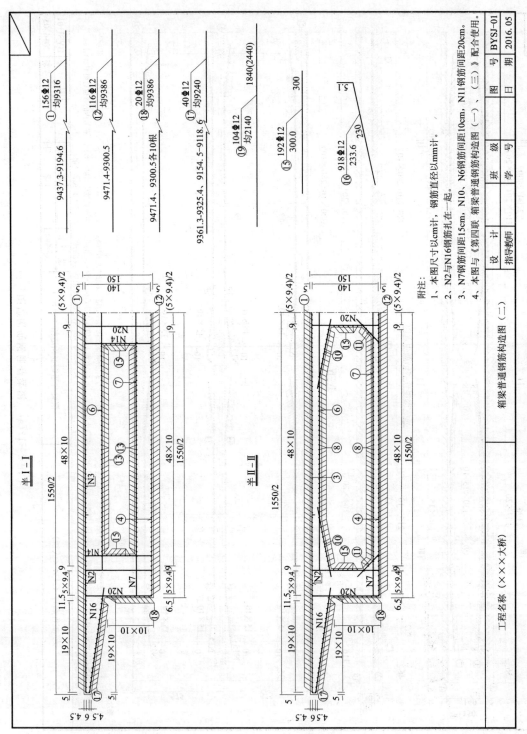

图 2-17(b) 箱梁普通钢筋构造图(二)

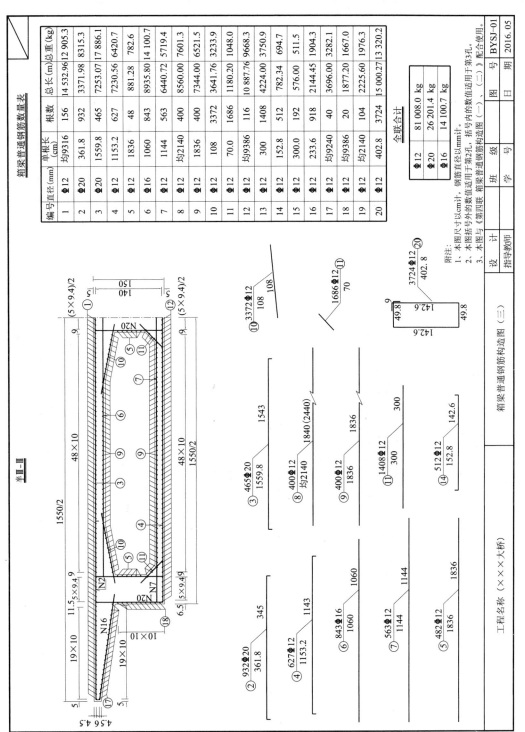

图 2-17(c) 箱梁普通钢筋构造图(三)

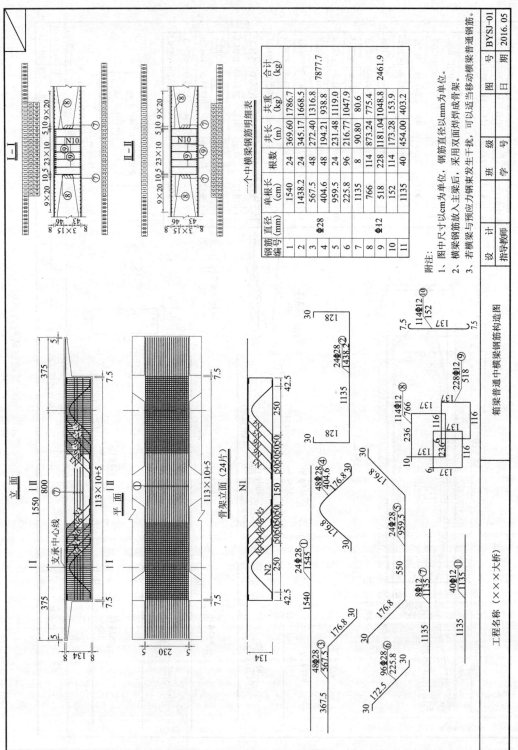

图 2-18 箱梁中横梁钢筋构造图

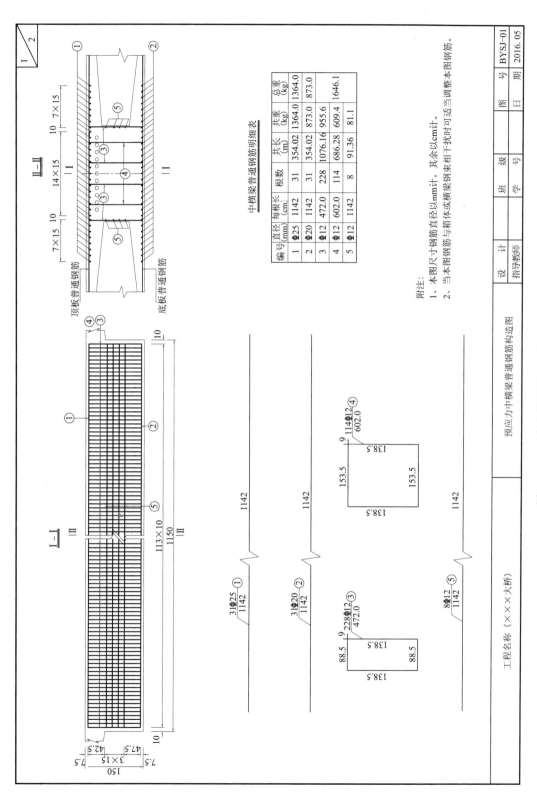

图 2-19 预应力横梁普通钢筋构造图

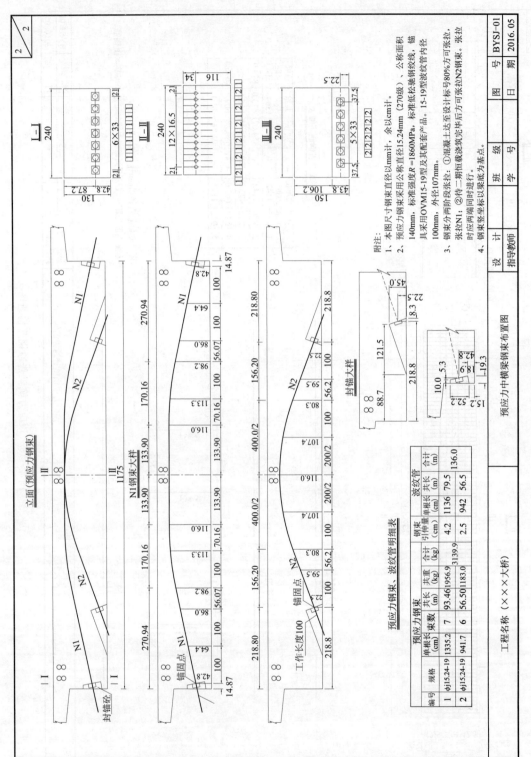

图 2−20 横梁预应力钢筋布置图

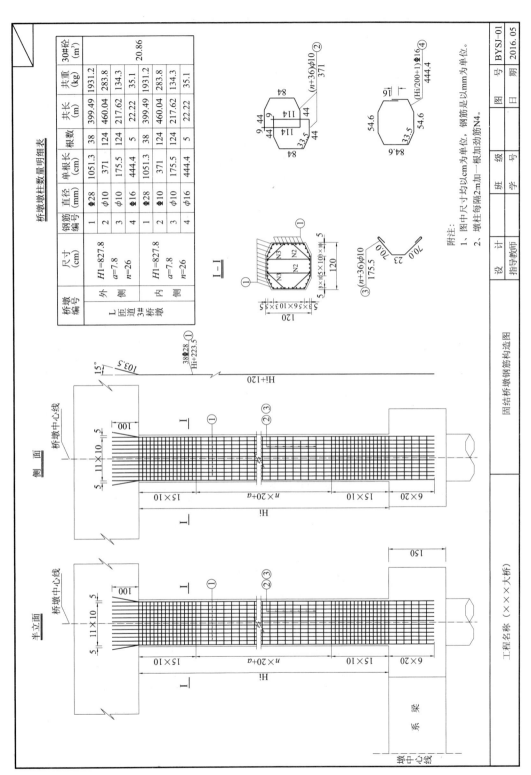

图 2-21 固结墩钢筋构造图

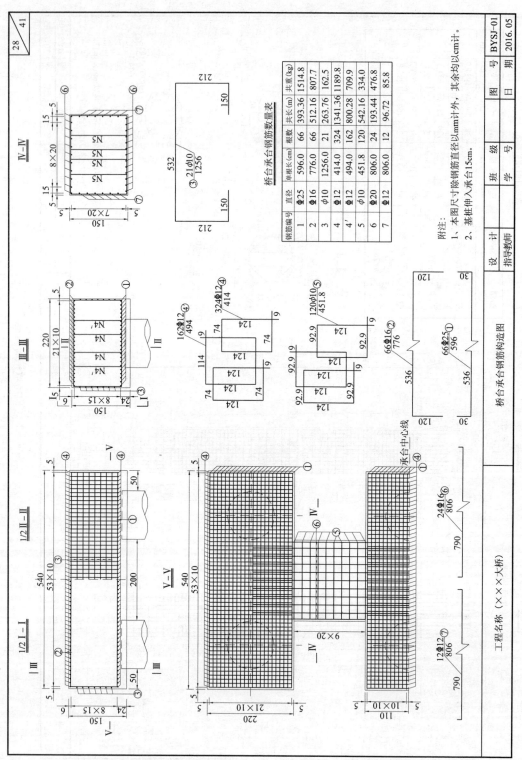

图 2-22 桥台承台钢筋构造图

第二章 工程制图、结构计算和构造要求

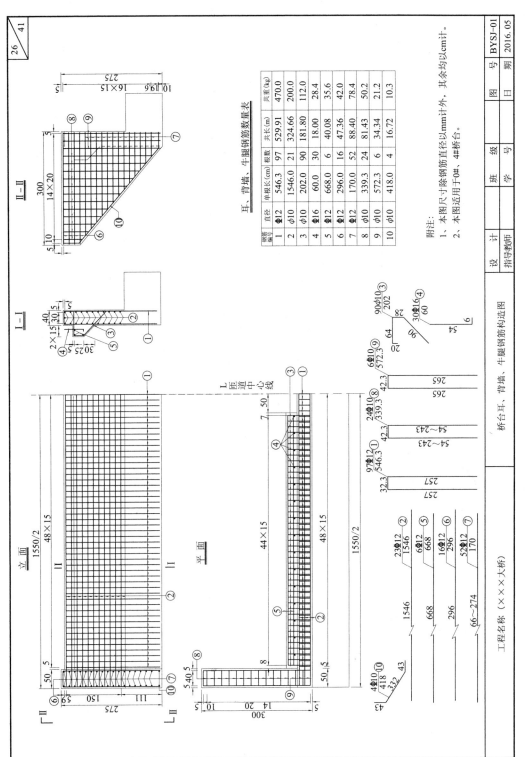

图 2-23 桥台耳、背墙钢筋构造图

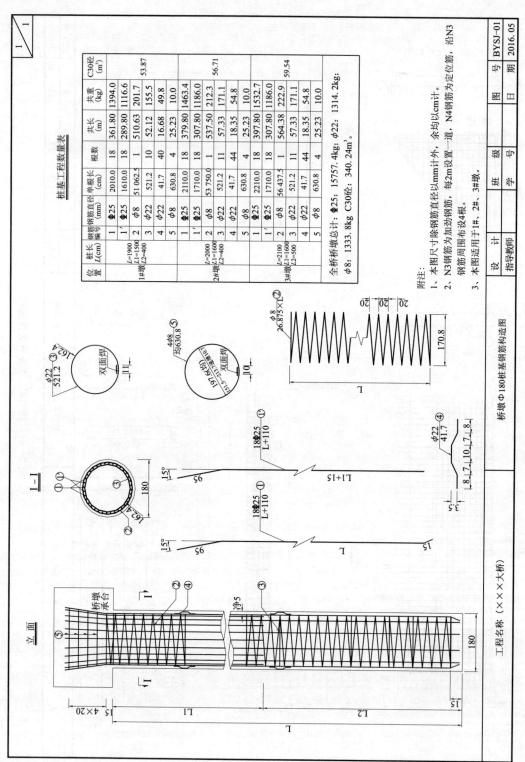

图 2-24 桩基钢筋构造图

表 2-9 主要现行标准、规范、规程、指南一览表

序号	名称	编号	实施日期
1	《公路工程技术标准》	JTG B01—2014	2015/1/1
2	《公路工程抗震规范》	JTG B02—2013	2014/2/1
3	《公路桥梁抗震设计细则》	JTG/T B02-01—2008	2008/10/1
4	《公路混凝土结构防腐技术规范》	JTG/T B07-1—2006	2006/9/1
5	《公路工程水文勘测设计规范》	JTG C30—2015	2015/5/1
6	《公路路线设计规范》	JTG D20—2006	2006/10/1
7	《公路立体交叉设计规范》	JTG/T D21—2014	2014/11/1
8	《公路路基设计规范》	JTG D30—2015	2015/5/1
9	《公路排水设计规范》	JTG/T D33—2012	2013/3/1
10	《公路水泥混凝土路面设计规范》	JTG D40—2011	2011/12/1
11	《公路沥青路面设计规范》	JTG D50—2006	2007/1/1
12	《★公路桥涵设计通用规范》	JTG D60—2015	2015/12/1
13	《★公路钢筋混凝土及预应力混凝土桥涵设计规范》	JTG D62—2004	2004/10/1
14	《★公路桥涵地基与基础设计规范》	JTG D63—2007	2007/12/1
15	《公路圬工桥涵设计规范》	JTG D61—2005	2005/11/1
16	《公路钢结构桥梁设计规范》	JTG D64—2015	2015/12/1
17	《公路斜拉桥设计细则》	JTG/T D65-01—2007	2007/12/1
18	《公路涵洞设计细则》	JTG/T D65-04—2007	2007/7/1
19	《公路悬索桥设计规范》	JTG/T D65-05—2015	2016/3/1
20	《公路钢管混凝土拱桥设计规范》	JTG/T D65-06—2015	2015/12/1
21	《公路隧道设计细则》	JTG/T D70—2010	2010/7/1
22	《公路隧道设计规范》	JTG D70—2004	2004/11/1
23	《公路工程基本建设项目设计文件编制办法》	交公路发〔2007〕358号	2007/10/1
24	《公路工程基本建设项目设计文件图表示例》	交公路发〔2007〕358号	2007/10/1
25	《公路桥梁抗风设计规范》	JTG/T D60-01—2004	2004/12/31
26	《城市道路工程设计规范》	CJJ 37—2012	2012/5/1
27	《★城市桥梁设计规范》	CJJ 11—2011	2012/4/1
28	《道路工程制图标准》	GB 50162—1992	1993/5/1
29	《轻骨料混凝土结构设计规程》	JGJ 12—2006	2006/7/1
30	《道路石油沥青》	NB/SH/T 0522—2010	2010/10/1
31	《预拌混凝土》	GB 14902—2012	2013/9/1
32	《混凝土膨胀剂》	GB 23439—2009	2010/3/1
33	《混凝土防冻剂》	JC 475—2004	2005/4/1
34	《预应力筋用锚具、夹具和连接器》	GB/T 14370—2007	2008/2/1

注:(1)本表仅罗列与桥梁工程设计相关的可依据的现行规范标准,与检测、施工、养护管理、质检安全等相关的规范、标准、细则均未进行统计;(2)表中带"★"的4本规范应用较多,也是本书后续章节使用率较高的参考依据;(3)表中统计日期截至2016年12月。

一、计算及验算内容

桥型方案确定后即可转入结构设计与计算。桥梁结构计算及验算内容，随桥型的不同而异，各设计阶段计算的内容、深度也不尽相同。初步设计重点是确定桥梁方案，所以必须对结构进行分析计算，该阶段的计算较为粗略，原则是能证明所选择的桥梁方案、跨径、材料及主要结构尺寸、施工方法相匹配，主要结构的强度、刚度、稳定性验算及动力特性计算能满足规范要求。在设计施工图时，跨径、材料及结构细部尺寸、施工方法等已具体化，所以结构分析、计算与验算内容、对象也要具体、全面，如主梁、主缆、主拱、斜拉索、基础、墩台、桥塔、锚锭、支座、索鞍、桥面板分别所需的静、动力计算，刚度计算，稳定计算，施工阶段验算等。

结构设计与计算主要包括上部结构计算、下部结构计算、桥涵水文计算、支座及附属结构计算四大部分。

上部结构计算及验算包括内力计算（包括恒载内力、活载内力和附加内力计算，内力组合，内力包络图的绘制）、配筋设计、施工阶段和正常使用阶段的结构验算（裂缝宽度、刚度、应力）、极限承载能力验算（强度、稳定性、动力特征）。

下部结构包括桥墩、桥台及基础的计算和验算。

桥涵水文计算：确定洪水频率及流量、局部冲刷及整体冲刷、设计水位等。

支座及附属结构计算：确定支座型号、人行道栏杆的计算、搭板和锥坡计算等。

桥梁结构计算及验算必须以相关设计标准、规范、规程、指南为依据，同时应根据桥梁实际事先确定计算所需的主要参数，一般包括：

(1) 桥梁设计荷载参数及其各种影响力取值；

(2) 桥用材料特征参数，包括主要承重结构石料、混凝土、钢材（普通钢筋、高强钢丝、板材及型材）等材料重度、抗压及抗拉强度、弹性模量、线膨胀系数、预应力管道摩阻系数等取值，非主要承重结构及桥面铺装层重度等；

(3) 桥梁体系温差、局部温差、合龙温差取值；

(4) 地震动峰值加速度系数取值；

(5) 船只冲撞力（横桥向、纵桥向）、流冰压力取值；

(6) 施工过程结构参数。

确定上述参数主要依据以下规范标准：《公路桥涵设计通用规范》（JTG D60—2015）、《公路圬工桥涵设计规范》（JTG D61—2005）、《公路钢筋混凝土及预应力混凝土桥涵设计规范》（JTG D62—2004）、《公路钢结构桥梁设计规范》（JTG D64—2015）、《城市桥梁设计准则》（CJJ 11—2011）、《公路桥涵地基与基础设计规范》（JTG D63—2007）等。

二、桥涵水文计算

在桥梁工程勘测完成之后，首先需进行水文计算，以便确定桥梁净跨径、桥梁设计水位与通航水位、桥下河床冲刷情况等，为选择桥型方案、分孔、基础埋置深度以及各种高程确定提供依据。

(一)设计洪水分析与计算

桥梁设计洪水频率、流量是确定桥梁设计洪水位、通航水位、冲刷深度、桥梁总跨径等的依据。设计洪水频率按照现行《公路桥涵设计通用规范》(JTG D60—2015)的规定确定(表 2 - 10)。

表 2 - 10 桥涵设计洪水频率

构造物名称	公路等级				
	高速公路	一	二	三	四
特大桥	1/300	1/300	1/100	1/100	1/100
大中桥	1/100	1/100	1/100	1/50	1/50
小桥	1/100	1/100	1/50	1/25	1/25

使用表 2-10 时应注意,二级公路的特大桥以及三、四级公路的大桥,在河床比降大、易于冲刷的情况下,宜提高一级设计洪水频率来验算基础冲刷深度。多孔中小跨径构成的特大桥(桥梁总长超过 1000m)可降低一个级别,采用大桥的设计洪水频率。

(二)利用实测流量系列推算设计流量

实测流量资料的审查和选择应符合如下规定:
(1)应选择同一洪水类型、符合独立随机条件的各年实测最大洪水流量;
(2)各年实测最大洪水量,当有人为影响或河道自然决口、改道等情况时,应按照天然条件修正还原;
(3)不同时期的实测最大洪水流量,当有站址、水准基面等基本要素改动时,应根据历次变动的相关关系进行修正;
(4)以实测洪水量系列为首的几项规定,应通过流域洪水分析、比较或实地调查考证,审查可靠性;
(5)在计算洪水频率时,实测洪水流量系列不宜少于 30 年,并且应有历史洪水调查和考证结果。

按照《公路工程水文勘测设计规范》(JTG C30—2015)的要求,应根据所掌握的观测资料情况,参照该规范 6.2 节相关方法进行桥址断面处的设计流量的推算。本书不再赘述。

(三)利用历史洪水位推算设计流量

水文站的数量和观测年限总是有限的,洪水调查资料是水文站观测资料的重要补充,同时要求有历史洪水调查。对于缺乏水文站观测资料的河流,洪水调查则是搜集水文资料的基本方法。通过洪水调查,能够获得近几十年或几百年的历史洪水资料,能补充水文站观测资料和文献考证资料的不足,提高水文分析和计算的精度。

历史洪水位的标记是洪痕(洪水痕迹)的位置。同一次洪水至少要调查 3~5 个洪痕。洪痕的可靠程度有相应的评定标准。调查历史洪水位后,确定洪水比降,然后用形态法推算相应的历史洪峰流量。

相应的计算方法和公式可参考《公路工程水文勘测设计规范》(JTG C30—2015)6.3 节的内容。

除上述两种情况外,当桥梁处于无资料地区时,可按照经验公式及水温参数求算设计流量,但结果应有历史洪水流量的验证。对于汇水面积小于 $100km^2$ 的河流,可按推理公式计算,公式中参数和指数采用各地区编制的暴雨径流图表值。

(四)桥孔设计

桥孔设计必须保证设计洪水以内的各级洪水和泥沙安全通过,并满足通航、流冰及其他漂流物通过的要求。桥位河段的天然河道不宜开挖或改移。需要开挖、改移河道时,应通过可靠的技术经济论证。建桥后引起的桥前壅水高度、流势变化和河床变形,应在安全允许范围内。

(1)开阔、顺直微弯、分汊、弯曲河段,以及滩、槽可分的不稳定河段,桥孔最小净长度宜按下式计算:

$$L_j = K\left(\frac{Q_p}{Q_c}\right)^n B_c \tag{2-1}$$

式中:L_j——桥孔最小净长(m);

Q_p——设计流量(m^3/s);

Q_c——河槽流量(m^3/s);

B_c——河槽宽度(m);

K、n——系数和指数,按表 2-11 采用。

表 2-11 K、n 取值表

河段类型	K	n
开阔、顺直微弯河段	0.84	0.90
分汊、弯曲河段	0.95	0.87
滩、槽可分的不稳定河段	0.69	1.59

(2)宽滩河段,宜按下列公式计算桥孔最小净长度:

$$L_j = \frac{Q_p}{\beta q_c} \tag{2-2}$$

$$\beta = 1.19\left(\frac{Q_c}{Q_t}\right)^{0.10} \tag{2-3}$$

式中:q_c——河槽平均单宽流量[$m^3/(s \cdot m)$];

β——水流压缩系数;

Q_t——河滩流量(m^3/s)。

(3)当位于滩、槽难分的不稳定河段时:

$$L_j = C_p \cdot B_0 \tag{2-4}$$

$$B_0 = 16.07 \frac{\overline{Q}^{0.24}}{\overline{d}^{0.23}} \tag{2-5}$$

$$C_p = \left(\frac{Q_p}{Q_{2\%}}\right)^{0.33} \tag{2-6}$$

式中：B_0——基本河槽宽度(m)；

$\overline{Q}$——一年最大流量平均值(m^3/s)；

$\overline{d}$——河床泥沙平均粒径(m)；

C_p——洪水频率系数；

$Q_{2\%}$——频率为2%的洪水流量(m^3/s)。

桥孔长度除应满足上述公式计算的最小净长度外，还应结合桥位地形、河床地质、桥前壅水、冲刷深度、桥梁及引道纵坡和台后填土高度等情况，进行不同桥长的技术经济比较，综合论证后确定。

桥孔长度确定后，即可根据断面形态、河流主流位置、通航要求、河床演变趋势、桥位河段地质等选用合理的标准跨径，在桥位纵断面图上和桥位地形图上进行合理的桥孔布设，使桥下实际的水面宽度等于或稍大于计算的桥孔长度。桥孔布置不宜压缩河槽，可适当压缩河滩，布孔时应先河槽后河滩，这样才能满足泄洪输沙的需要，确保桥梁安全。在内河通航的河段上，通航孔应满足通航等级对应的净空要求，并考虑河床演变和不同水位所引起的河道变化。在设有防洪堤的河段上，桥孔布设应避免扰动现有河堤。在断层、陷穴、溶洞、滑坡等不良地质地段不宜布设墩台。在冰凌严重河段，桥孔应适当加大，并设置防冰撞击措施。

桥孔布设是桥型方案拟定的基础，不同的桥位处（如位于山区河流、平原河流、山前区河流等）地形地貌布设原则有所区别，具体规范要求请读者自行参考《公路工程水文勘测设计规范》(JTG C30—2015)7.3节的内容

(五)桥面设计高程

桥面最低高程必须同时满足下列3种情况的要求：一是两岸路线要求，二是桥下泄洪或通航净空要求，三是桥下通车或行人净空要求。

对两岸路线要求，一般是根据路线纵断面设计确定，通常要满足泄洪或通航要求。对桥下泄洪要求，需满足桥面最低高程≥设计洪水位高程+泄洪净空高度+建筑高度。对桥下通航要求，需满足桥面最低高程≥设计最高通航水位高程+通航净空高度+建筑。对桥下通车或行人要求，需满足桥面最低高程≥桥下道路最高高程+通车或行人净空高度+建筑高度。

1. 非通航河流

对于非通航河流，当按设计水位推算桥面中心最低高程时，需考虑各种因素引起的桥下水位增高。流冰、水拱、局部股流壅高、河弯超高和河床淤积等引起的桥下水位增高，目前尚无成熟的计算公式，可根据调查和实测资料确定。在计算中必须详细分析影响桥下水位增高的各个因素是否确实存在，并客观合理地组合，不可随意加入。

(1)按设计水位计算桥面最低高程为：

$$H_{min} = H_s + \sum \Delta h + \Delta h_j + \Delta h_0 \tag{2-7}$$

式中：H_{min}——桥面中心最低高程(m)；

H_s——设计洪水位高程(m)；

$\sum \Delta h$——考虑壅水、浪高、水拱、局部股流壅高(水拱与局部股流壅高只取其大者)、床面淤高、漂浮物高度等诸因素的总和(m);

Δh_j——桥下净空安全值(m),见表2-12[按现行《公路桥涵设计通用规范》(JTG D60—2015)规定];

Δh_0——桥梁上部构造建筑高度(m),包括桥面铺装高度。

无铰拱的拱脚可被洪水淹没,但淹没高度不宜超过拱圈矢高的2/3,拱顶底部到设计水位的净高度不应小于1m,当山区河流水位变化较大时,桥下净空安全值可适当增大。桥面最小高程在桥梁纵断面设计中考虑,当设计高程位于桥梁中线处时,还应考虑桥面横坡对桥下净空的压缩。

表2-12 非通航河流桥下最小净空

桥梁部位		高出计算水位(m)	高出最高流冰面(m)
梁底	洪水期无大漂浮物	0.50	0.75
	洪水期有大漂浮物	1.50	—
	有泥石流	1.00	—
支承垫石顶面		0.25	0.50
有铰拱拱脚		0.25	0.25

(2)按设计最高流冰水位计算桥面最低高程为:

$$H_{min} = H_{SB} + \Delta h_j + \Delta h_0 \qquad (2-8)$$

式中:H_{SB}——设计最高流冰水位(m),应考虑床面淤高;其他符号意义同前。

2. 通航河流

通航河流的桥面中心最低高程除应满足不通航河流的要求外,尚应符合下式要求:

$$H_{min} = H_{tn} + h_M + \Delta h_0 \qquad (2-9)$$

式中:H_{tn}——设计最高通航水位(m);

h_M——通航净空高度(m),按《内河通航标准》(GH 50139—2004)第五章的规定采用;其他符号意义同前。

3. 桥下通车或行人

桥下通车或行人的桥面中心最低高程应满足下式要求:

$$H_{min} = H_{dl} + h_{cr} + \Delta h_0 \qquad (2-10)$$

式中:H_{dl}——桥下道路最高高程(m);

h_{cr}——通车或行人净空高度(m),按《公路桥涵设计通用规范》(JTG D60—2015)和《公路工程技术标准》(JTG B01—2014)的3.6节建筑限界的相关规定执行;其他符号意义同前。

(六)墩台冲刷计算

墩台冲刷应包括河床自然演变冲刷、一般冲刷和局部冲刷3个部分。墩台冲刷计算是确定基础埋深的设计依据。

自然演变冲刷指的是在不受水工建筑物影响的情况下,由于水流挟带泥沙行进而引起的河床冲刷,可通过调查和利用各年河床断面、河段地形图、洪水、泥沙等资料,分析河床逐年自然下切程度,估算桥梁使用年限内河床自然下切的深度。可按照一维河床冲淤数学模型估算。对于河槽横向变动引起的自然演变冲刷,宜在桥位河段内选用对冲刷不利的断面来作为计算断面。

一般冲刷深度 h_p 系指桥下河床在一般冲刷完成后从设计水位算起的最大垂线水深。桥下一般冲刷计算,应根据桥位处河流地质条件分为非黏性土河床和黏性土河床,计算应选取河槽位置和河滩位置分别进行分析。

1. 桥下一般冲刷

1)非黏性土河床的一般冲刷
(1)河槽部分。
①简化式:

$$h_p = 1.04\left(A\frac{Q_2}{Q_c}\right)^{0.90}\left[\frac{B_c}{(1-\lambda)\mu B_{cg}}\right]^{0.66} \cdot h_{cm} \quad (2-11)$$

$$Q_2 = \frac{Q_c}{Q_c+Q_{t1}} \cdot Q_p \quad (2-12)$$

$$A_d = \left(\frac{\sqrt{B_z}}{H_z}\right)^{0.15} \quad (2-13)$$

式中:h_p——桥下一般冲刷后的最大水深(m);
Q_p——桥下河槽部分通过的设计流量(m^3/s),当桥下河槽能扩宽至全桥时 $Q_2 = Q_p$;
Q_c——天然状态下河槽流量(m^3/s);
Q_{t1}——天然状态下桥下河滩部分通过的流量(m^3/s);
B_c——天然状态下河槽宽度(m);
B_{cg}——桥长范围内河槽宽度(m),当河槽能扩宽至全桥时取桥孔总长度;
B_z 和 H_z——平滩水位时河槽宽度和河槽平均水深(m);
λ——设计水位下,在 B_{cg} 宽度范围内,桥墩阻力总面积与过水面积的比值;
μ——桥墩水流侧向压缩系数,见《公路工程水文勘测设计规范》(JTG C30—2015)中的表8.3.1-1桥墩水流顺向压缩系数值表;
h_{cm}——桥下河槽最大水深(m);
A_d——单宽流量集中系数,山前变迁、游荡、宽滩河段当 $A_d > 1.8$ 时取 1.8。

②修正式:

$$h_p = \left[\frac{A\dfrac{Q_2}{\mu B_{cj}}\left(\dfrac{h_{cm}}{h_{cq}}\right)^{\frac{5}{3}}}{E\bar{d}^{\frac{1}{6}}}\right]^{\frac{3}{5}} \quad (2-14)$$

式中:B_{cj}——河槽部分桥孔过水净宽(m),当桥下河槽扩宽至全桥时,即为全桥桥孔过水净宽,

即 $B_{cj}=L_j$；

h_{cq}——桥下冲刷前河槽平均水深(m)；

$\bar{d}$——河槽泥沙平均粒径(mm)；

E——与汛期含沙量有关的系数,在表 2-13 中选用；其他符号意义同前。

表 2-13　与汛期含沙量有关的系数 E 值

含沙量 $\rho(kg/m^3)$	<1.0	1～10	>10
E	0.46	0.66	0.86

(2)河滩部分：

$$h_p = \left[\frac{\dfrac{Q_1}{\mu B_{tj}}\left(\dfrac{h_{tm}}{h_{tq}}\right)^{\frac{5}{3}}}{v_{H1}}\right]^{\frac{5}{6}} \quad (2-15)$$

$$Q_1 = \frac{Q_{t_1}}{Q_c + Q_{t_1}} \cdot Q_p \quad (2-16)$$

式中：Q_1——桥下河滩部分通过的设计流量(m^3/s)；

h_{tm}——桥上河滩最大水深(m)；

h_{tq}——桥下河滩平均水深(m)；

B_{tj}——河滩部分桥孔净长(m)；

v_{H1}——河滩水深 1m 时非黏性土不冲刷流速(m/s),在表 2-14 中选用；其他符号意义同前。

表 2-14　水深 1m 时非黏性土不冲刷流速

河床泥沙		$\bar{d}$(mm)	V_{H_1}(m/s)	河床泥沙		$\bar{d}$(mm)	V_{H_1}(m/s)
沙	细	0.05～0.25	0.25～0.32	卵石	小	20～40	1.50～2.00
	中	0.25～0.50	0.32～0.40		中	40～60	2.00～2.30
	粗	0.50～2.00	0.40～0.60		大	60～200	2.30～3.60
圆砾	小	2.00～5.00	0.60～0.90	漂石	小	200～400	3.60～4.70
	中	5.00～10.00	0.90～1.20		中	400～800	4.70～6.00
	大	10～20	1.20～1.50		大	>800	>6.00

2)黏性土河床的一般冲刷

(1)河槽部分：

$$h_p = \left[\frac{A_d \dfrac{Q_2}{\mu B_{cj}}\left(\dfrac{h_{cm}}{h_{cq}}\right)^{\frac{5}{3}}}{0.33\left(\dfrac{1}{I_L}\right)}\right]^{\frac{5}{8}} \quad (2-17)$$

式中：A_d——单宽流量集中系数，取 $A=1.0\sim1.2$；

I_L——冲刷坑范围内黏性土液性指数，适用范围为 $0.16\sim0.19$；

其他符号意义同前。

(2)河滩部分：

$$h_p = \left[\dfrac{A_d \dfrac{Q_2}{\mu B_{tj}}\left(\dfrac{h_{cm}}{h_{tq}}\right)^{\frac{5}{3}}}{0.33\left(\dfrac{1}{I_L}\right)}\right]^{\frac{6}{7}} \qquad (2-18)$$

式中符号意义同前。

2. 局部冲刷

目前对桥墩局部冲刷有两类计算公式：一类是用于非黏性土河床的修正式，另一类是黏性土河床的桥墩局部冲刷公式。

1)非黏性土河床桥墩的局部冲刷

当 $v \leqslant v_0$ 时：

$$h_b = K_\xi K_{\eta2} B_1^{0.6} h_p^{0.15} \dfrac{v-v'_0}{v_0} \qquad (2-19)$$

当 $v > v_0$ 时：

$$h_b = K_\xi K_{\eta2} B_1^{0.6} h_p^{0.15} \dfrac{v_1-v'_0{}^{n_2}}{v_0} \qquad (2-20)$$

式中：h_b——桥墩局部冲刷深度(m)；

K_ξ——墩形系数；

B_1——桥墩计算宽度(m)；

$K_{\eta2}$——河床颗粒影响系数，$K_{\eta2} = \dfrac{0.0023}{\overline{d}^{2.2}} + 0.375\overline{d}^{0.24}$，$\overline{d}$ 为河床泥沙平均粒径(mm)；

h_p——一般冲刷后的最大水深(m)；

v——一般冲刷后墩前行近流速(m/s)；

v_0——河床泥沙起动流速(m/s)，$v_0 = 0.28(\overline{d}+0.7)^{0.5}$；

v'_0——墩前泥沙起冲流速(m/s)，$v'_0 = 0.12(\overline{d}+0.5)^{0.55}$；

n_2——指数，$n_2 = \left(\dfrac{v_0}{v}\right)^{0.23+0.19\lg\overline{d}}$。

2)黏性土河床桥墩的局部冲刷

当 $\dfrac{h_p}{B_1} \geqslant 2.5$ 时：

$$h_b = 0.83 K_\xi B_1^{0.6} h_p^{0.1} I_L^{1.25} v \qquad (2-21)$$

当 $\dfrac{h_p}{B_1} < 2.5$ 时：

$$h_b = 0.55 K_\xi B_1^{0.6} h_p^{0.1} I_L^{1.0} v \qquad (2-22)$$

式中：I_L——冲刷坑范围内黏性土液限指数，适用范围 $0.16\sim1.48$。

以上所述关于桥涵水文计算的公式均来自《公路工程水文勘测设计规范》(JTG C30—2015)第六章设计洪水位、第七章桥孔设计、第八章墩台冲刷计算及基础埋深的内容。书中公式所涉及的部分参数、水文计算的要求等内容由于篇幅原因,未尽数列出,建议读者在进行水文计算时应以该规范作为计算依据。

三、上部结构计算

桥梁上部结构体系、构造形式以及施工方法繁多,设计计算各不相同(桥梁加固设计更加复杂)。毕业设计所涉及的桥型,绝大部分采用的是梁桥和拱桥,且以梁桥为主。表 2-15 列出了混凝土梁式桥应该进行计算的内容要求,读者应根据自己的桥型特点、复杂程度、能力大小等因素,与指导教师商量后,确定在毕业设计时上部结构所需计算的内容。

表 2-15 混凝土桥梁上部结构计算内容

材料	计算对象				荷载组合					验算内容									
					承载能力极限状态			正常使用极限状态		承载能力极限状态				正常使用极限状态			施工阶段		
	横向分布	桥面板	主梁悬臂	横隔板	基本组合	偶然组合	地震组合	频遇组合	准永久组合	正截面抗弯	斜截面抗剪	抗扭验算	局部承压	抗裂验算	裂缝宽度	挠度变形	截面应力	钢筋应力	构件变形
RC	√	√	√	√	√	○	○	√	√	√	√	○	○	—	√	√	—	—	○
PC	√	√	√	√	√	○	√	√	√	√	√	○	√	√	√	√	○	○	○

注:①符号及含义,"√"表示建议计算,"○"表示依据需要计算,"—"表示依据规范无需计算。
②RC 表示普通钢筋混凝土,PC 表示预应力混凝土。

四、上部结构构造

构造要求,就是规范中除了强度、刚度要求之外的对结构外形的要求。如受弯构件正截面承载能力的计算通常只考虑荷载对截面抗弯能力的影响。有些因素,如温度、混凝土的收缩、徐变等对截面承载能力的影响不容易计算。人们在长期实践经验的基础上,总结出一些构造措施,按照这些构造措施设计,可防止因计算中由于没有考虑的因素的影响而造成结构构件开裂和破坏。同时,有些构造措施也是为了使用和施工上的可能和需要而采用的。因此,进行钢筋混凝土结构和构件设计时,除了要符合计算结果以外,还必须满足有关的构造要求。

在专业课程学习过程中,绝大部分的精力都会投入到结构计算分析中,而对构造要求的重视程度不足。结构设计中有"三分计算,七分构造"的说法,强调了构造的重要性,也说明了结构分析中的计算模型与实际结构受力存在差异性、不确定性等客观因素。例如同一座斜腿刚构桥,由于斜腿与主梁衔接处的刚臂处理方式存在一定的主观性,可能导致不同设计师的计算结果存在较大差异;还有对混凝土保护层厚度的要求,很难定量计算出厚度对结构耐久性的影响,可通过满足构造要求来处理此类不确定性设计;有些构造是基于半理论半经验的方式来规定的,如对钢筋最小锚固长度、搭接长度的要求,对后张法预应力混凝土锚垫板下设置间接钢筋时体积配筋率的要求等。

《公路钢筋混凝土及预应力混凝土桥涵设计规范》(JTG D62—2004)第九章给出了桥梁在设计过程中必须满足的构造要求。在毕业设计过程中,尺寸拟定前应先熟悉构造要求,待计算分析完成,结构尺寸、钢筋配置基本确定后,还应该对照规范的构造规定逐一核实,最终确定细部尺寸和钢筋布置。常用的规范构造规定介绍如下:普通钢筋和预应力直线形钢筋的最小混凝土保护层厚度(钢筋外缘或管道外缘至混凝土表面的距离)不应小于钢筋公称直径,后张法构件预应力直线形钢筋不应小于管道直径的1/2,且应符合表2-16的规定。

表2-16 普通钢筋和预应力直线形钢筋最小混凝土保护层厚度C_{min}　　　　单位:mm

暴露环境	构件类别	桥梁上部结构		桥梁下部结构			
		梁、板、拱圈、涵洞(上部)		墩身、挡土结构、涵洞(下部)		承台、基础	
		混凝土等级	C_{min}	混凝土等级	C_{min}	混凝土等级	C_{min}
一般环境	Ⅰ-A	C30 ≥C35	30 25	C30 ≥C35	30 25	C30 ≥C35	55 50
	Ⅰ-B	C35 ≥C40	35 30	C35 ≥C40	35 30	C30 ≥C35	60 55
	Ⅰ-C	C40 C45 ≥C50	45 40 35	C40 C45 ≥C50	45 40 35	C30 ≥C35	65 60
磨蚀环境	Ⅶ-C	≥C45	45	≥C40	50	≥C30	70
	Ⅶ-D	≥C50	50	≥C45	55	≥C35	75

注:表中仅列出了一般环境和腐蚀环境两种,如果遇到冻融破坏环境、海洋氯化物环境、除冰盐等其他氯化物环境、盐结晶环境,请参考规范取值。当混凝土梁顶面设置防水层或铺装层时,顶面的混凝土保护层厚度可适当减小,但不应小于25mm。

在计算过程中,钢筋混凝土构件中纵向受力钢筋的最小配筋百分率应符合要求,具体如表2-17所示。

在选择尺寸拟定和钢筋型号时,除应该满足计算外,也应该满足构造规定。

对于空心板桥,主梁的顶板和底板厚度均不应小于80mm,空心板的端部空洞应予填封。对于人行道板的厚度,就地浇筑的混凝土板不应小于80mm,预制混凝土板不应小于60mm。普通钢筋混凝土主梁因端部抗剪需要将主筋弯起,可在沿板高中心纵轴线的1/4~1/6计算跨径处按30°~45°弯起。而通过支点的不弯起的主钢筋,每米板宽内不应少于3根,并不应少于主钢筋截面面积的1/4。行车道板内应设置垂直于主钢筋的分布钢筋。分布钢筋设在主钢筋的内侧,直径不应小于8mm,间距不应大于200mm,截面面积不宜小于板的截面面积的0.1%。在主钢筋的弯折处,应布置分布钢筋。人行道板内分布钢筋直径不应小于6mm,间距不应大于200mm。

表 2-17 纵向受力钢筋最小配筋率

构件受力类型	配筋率要求
轴心受压构件 偏心受压构件	<C50 时，>0.5%（全部钢筋），>0.2%（单侧钢筋） ≥C50 时，>0.6%（全部钢筋），>0.2%（单侧钢筋）
受弯构件 偏心受拉构件 轴心受拉构件	单侧受拉钢筋的配筋百分率不应小于 $45f_{td}/f_{sd}$，同时不应小于 0.20% f_{td}——混凝土轴心抗拉强度设计值 f_{sd}——普通钢筋抗拉强度设计值
部分预应力混凝土受弯构件	普通受拉钢筋的截面面积不应小于 $0.003bh_0$。 B 为腹板总宽度，h_0 为有效高度

注：轴心受压构件、偏心受压构件的全部纵向钢筋的配筋百分率和一侧纵向钢筋（包括大偏心受拉构件受压钢筋）的配筋百分率应按构件的毛截面面积计算。轴心受拉构件及小偏心受拉构件一侧受拉钢筋的配筋百分率应按构件毛截面面积计算。

对于预制 T 形截面梁或箱形截面，梁翼缘悬臂端的厚度不应小于 100mm；当预制 T 形截面梁之间采用横向整体现浇连接时，或箱形截面梁设有桥面横向预应力钢筋时，悬臂端厚度不应小于 140mm。T 形截面梁，在与腹板相连处的翼缘厚度，不应小于梁高的 1/10，当该处设有承托时，翼缘厚度可计入承托加厚部分的厚度。箱形截面梁顶板与腹板相连处应设置承托，底板与腹板相连处应设倒角，必要时也可设置承托。箱形截面梁顶、底板的中部厚度，不应小于板净跨径的 1/30，且不应小于 200mm。

T 形截面梁或箱形截面梁的腹板宽度不应小于 160mm，当腹板内设有竖向预应力钢筋时，上、下承托之间的腹板高度不应大于腹板宽度的 20 倍；当腹板内不设竖向预应力钢筋时，不应大于腹板宽度的 15 倍。当腹板宽度有变化时，过渡段长度不宜小于 10 倍腹板宽度差。

对于各主钢筋间横向净距和层与层之间的竖向净距，当钢筋为 3 层及以下时，不应小于 30mm，并不小于钢筋直径；当钢筋为 3 层以上时，不应小于 40mm，并不小于钢筋直径的 1.25 倍。对于束筋，此处直径采用等代直径。

对于预应力混凝土上部结构，相关的构造规定内容有很多是针对预应力钢筋的布置、型号要求而制定的。预应力混凝土 T 形截面梁和箱形截面梁腹板内应分别设置直径不小于 10mm 和 12mm 的箍筋，且应采用带肋钢筋，间距不应大于 250mm；自支座中心起长度不小于 1 倍梁高范围内，应采用闭合式箍筋，间距不应大于 100mm。在梁下部的马蹄内，应另设直径不小于 8mm 的闭合式箍筋，间距不应大于 200mm。此外，马蹄内尚应设直径不小于 12mm 的定位钢筋。

后张法预应力混凝土构件，预应力钢筋管道的设置应符合下列规定：直线管道的净距不应小于 40mm，且不宜小于管道直径的 0.6 倍；对于预埋的金属或塑料波纹管和铁皮管，在竖直方向可将两管道叠置。管道内径的截面面积不应小于两倍预应力钢筋截面面积。按计算需要设置预拱度时，预留管道也应同时起拱。当钢丝束、钢绞线束的钢丝直径等于或小于 5mm 时，不宜小于 4m；当钢丝直径大于 5mm 时，不宜小于 6m。当精轧螺纹钢筋的直径等于或小于 25mm 时，不宜小于 12m；当直径大于 25mm 时，不宜小于 15m。

对于拱桥来说,矢跨比贯穿整个桥梁设计过程,它的确定应充分考虑桥位处地形条件、桥梁造型要求和内力计算3个主要因素,此外规范规定钢筋混凝土拱的矢跨比,宜采用1/5～1/8。悬链线拱的拱轴系数,宜采用2.814～1.167,该值应随跨径的增大或矢跨比的减小而减小取用。

空腹式拱桥的拱上建筑应能适应拱圈的变形,拱上建筑的板或梁宜采用简支结构,支座可采用具有弹性约束的橡胶支座。桥跨两端应设滑动支座和伸缩缝。拱上建筑的立柱,需要时可设置横系梁,截面高度和宽度分别可取立柱长边边长的0.8～1.0倍和0.6～0.8倍。板拱上的立柱底部应设横向通长的垫梁,高度不宜小于立柱间净距的1/5。箱式板拱在拱上建筑的立柱或墙式墩下方应设箱内横隔板。当刚架拱的跨径小于25m时,可仅设斜腿,不设斜撑;当跨径在25～70m之间时,宜加设斜撑;如跨径大于70m时,宜再增设一根斜撑。对于刚架拱实腹段长度,可采用0.4～0.5倍计算跨径。刚架拱的拱片中距宜在2.0～3.5m之间,拱片之间纵向每3～5m应设置一根横系梁。

上述这些构造规定只是规范构造规定的小部分,均来自《公路钢筋混凝土及预应力混凝土桥涵设计规范》(JTG D62—2004),仅仅是针对混凝土结构而言。当毕业设计中的桥型结构、材料确定后,在开题之前应该尽量收集和查阅相关文献、规范和参考图纸等资料,对自己接下来要学习和设计的桥型有一个全面的了解。

五、下部结构计算

下部结构包括桥墩、桥台和基础,与上部结构类似,设计包括类型选择,尺寸拟定,内力计算,强度、刚度验算,稳定性验算及抗震验算等。对于钢筋混凝土和预应力混凝墩台,还应进行配筋设计。不同类型墩台的计算项目和计算方法各不相同,具体可参考《公路桥涵设计手册——墩台与基础》中的设计与计算部分。主要参考规范为《公路桥涵地基与基础设计规范》(JTG D63—2007)。

(一)墩台构造和计算

1. 桥墩构造设计

桥墩和桥台都属于桥梁的下部结构,是用来支承上部结构并将上部总作用传递给基础乃至地基的结构物,主要由墩帽、墩身、基础等组成。

桥台除承受上部结构传来的作用外,还要承受流水压力、水面以上的风力以及可能出现的冰作用,船只、漂浮物的撞击力等。桥台除了支承桥跨结构外,它又是衔接两岸接线路堤的构筑物,既要能挡土护岸,又要能承受台背填土及后台车辆作用所产生的附加土侧压力。因此,桥梁墩台不仅本身应具有足够的强度、刚度和稳定性,而且对地基的承载能力、沉降量、地基与基础之间的摩阻力等也都提出一定的要求,以避免过大的水平位移、转动或者沉降发生。这一点对超静定结构桥梁(如无铰拱)尤为重要。

1)梁桥重力式桥墩

重力式桥墩主要由墩帽和墩身组成。墩帽直接支承桥跨结构,应力较集中,因此对大跨径的重力式桥墩,墩帽厚度一般不小于0.4m,中小跨径梁桥也不应小于0.3m,并设有5～10cm的檐口。墩帽采用C30以上的混凝土,架配构造钢筋。除严寒地区外,小跨径桥梁的墩帽可不设构造钢筋。在墩帽放置支座的部位,应布置一层或多层钢筋网。

当桥面较宽时,为了节省圬工,减小自重,可采用挑臂式钢筋混凝土墩帽。

梁式桥墩帽的平面尺寸,必须满足桥跨结构支座布置的需要。支座边缘到墩身边缘的距离应不小于表2-18所列的最小距离。

表2-18 支座边缘到墩(台)身边缘的最小距离　　　　　　　　单位:m

方向 跨径	顺桥向	横桥向	
		圆弧形端头	矩形端头
大桥	0.25	0.25	0.40
中桥	0.20	0.20	0.30
小桥	0.15	0.15	0.20

重力式桥墩的墩身用C30混凝土或大于C30的片石混凝土浇筑,或用浆砌石块、料石或混泥土预制块砌筑。墩身的主要尺寸包括墩高、墩顶面、底面的平面尺寸及墩身侧坡。用于梁式桥的墩身宽度对小跨径不宜小于0.8m,中等跨径桥梁不宜小于1m,大跨径桥梁的墩身宽度视上部结构类型而定。墩身的侧坡可采用30:1～20:1(竖:横)。

此外,对于高度较大的墩台,为了减少材料用量,或为了减轻自重,应降低基层的承压应力,采用薄壁钢筋混凝土的空心墩身,壁厚30cm左右。为了墩壁的稳定,应在适当间距设置竖直隔墙及水平隔板,保持整体坚固。此外,由于需要传递顶帽的压力,一般在顶帽下尚有一定实心部分。这种桥墩在外形上与实体重力式桥墩无大的差别,仅自重较实体重力式轻。

空心墩按壁厚分为厚壁和薄壁两种,一般用壁厚与中面直径(同一截面中心线直径或宽度)的比来区分:$t/D \geqslant 1/10$为厚壁,$t/D < 1/10$为薄壁。薄壁空心墩按计算配筋,一般配筋率在0.5%左右,也有只按构造或承受局部应力、或附加应力配筋。

空心桥墩在构造尺寸上应符合下列规定:对于钢筋混凝,墩身最小壁厚,不宜小于30cm;对于混凝土不宜小于50cm;墩身内应设横隔板或纵、横隔板,以加强墩壁的局部稳定;墩身周围应设置适当的通风孔或泄水孔,孔的直径不宜小于20cm;墩顶实体段以下应设置带门的进入洞或相应的检查设备,墩顶实体段厚度为1.0～2.0m。

2)拱桥重力式桥墩

拱桥重力式桥墩又分为普通墩和单向推力墩两种。为了满足结构强度和稳定性要求,普通墩的墩身比较轻,单向推力墩则要厚重得多。

梁桥桥墩的顶面要设置传力支座,拱桥桥墩则在顶面的边缘设置呈倾斜面的拱座,直接承受由拱圈传来的压力,无铰拱的拱座总是设计成与拱轴线呈正交的斜面。由于拱座承受着较大的拱圈压力,一般采用C30以上的整体式混凝土、混凝土预制块或MU40及以上的块石浇筑。大跨径拱桥座需设置足够的加固钢筋。

当桥墩两侧孔径相等时,拱座设置在桥墩顶部的起拱线高程上。考虑桥面的纵坡需要,两侧的起拱线高程可以略有不同。当桥墩两侧的孔径不等,恒载水平推力不平衡时,可将拱座设置在不同的起拱线高程上。此时,桥墩墩身可在推力小的一侧变坡或增大变坡。从外形美观上考虑,变坡点一般设置在常水位以下。

3)梁桥轻型桥墩

梁桥轻型桥墩有钢筋混凝土薄壁桥墩、轻型实体桥墩、柱式桥墩等。

柱式桥墩由分离的两根或多根柱与墩帽组成,或由柱、桩和盖梁组成,是桥梁中采用较多的形式之一,外形美观,重量较轻。

由桩(地面以下)、柱(地面以上)和盖梁、系梁组成的桥墩称作桩柱式,目前应用较广。除在桩顶处设置地系梁外,当柱(墩身)的高度大于1.5倍桩距时,可布置柱间系梁,以增加墩柱的稳定性。桩柱尺寸需根据跨径大小、作用等级、地质情况等综合考虑。

盖梁横截面形状一般为矩形,就地浇筑,施工及设计条件允许时,也有采用预制安装的盖梁及预应力混凝土盖梁。盖梁各截面尺寸与配筋需通过计算确定。

4)拱桥轻型桥墩

从外形上来看,拱桥轻型桥墩与梁桥上的桩柱式桥墩非常相似。主要差别在于:在梁桥墩帽上设置支座,而在墩顶部分则设置拱座。当桥墩较高时,应在桩间设置系梁以增强桩柱刚性。桩柱式桥墩一般采用单排桩,跨径为40~50m的高墩可采用双排桩。在桩顶设置承台,与墩柱连成整体。如果桩柱直接连接,可在结合处设置横系梁。若柱高为6~8m时,还应在柱的中部设置横系梁。

2. 桥台构造设计

1)重力式桥台

重力式桥台依据桥梁跨径、桥台高度及地形条件的不同有多种形式,包括U形桥台、埋置式桥台、"八"字桥台和"一"字桥台等。常用的为U形桥台。

U形桥台由台身(前墙、侧墙)、台帽、基础等组成,在平面上呈"U"字形,开口处指向路基。台身支承桥跨结构,并承受台后土压力;翼墙连接路堤,在满足一定条件下,和前墙共同承受土压力,侧墙外侧设锥形护坡。

U形桥台构造简单,基底承压面大,应力较小,但圬工体积大,桥台内的填土容易积水,结冰后冻胀导致裂隙。U形桥台适用于填土高8~10m的中等以上跨径的桥梁,要求台后填料用渗水形较好的土夯填,并做好后台排水。

对于片石砌体,背墙的顶宽不得小于50cm;对于块石、料石砌体及混凝土砌体不宜小于40cm。背墙一般做成垂直的,并与两侧墙连接。当背墙放坡时,则靠路堤一侧的坡度与台身一致。在台帽放置支座部分的构造尺寸、钢筋配置及混凝土强度等级可按相应的墩帽构造进行设计。

拱桥桥台只在向河心的一侧设置拱座,构造和尺寸可参照相应的桥墩的拱座拟定。对于空腹式拱桥,在前墙顶面上还要砌筑背墙,用来挡住路堤填土和支承腹拱。

台身由前墙和侧墙构成。前墙正面多采用直立或10:1的斜坡,背面坡度一般采用3:1~4:1。侧墙和前墙结合成一体,兼有挡土墙和支承墙的作用。侧墙外侧一般是直立的,内侧为3:1~4:1的斜坡,长度视桥台高度和锥形护坡坡度而定。侧墙尾段,应有不小于0.75m的长度伸入路堤中,以保证与路堤有良好的衔接。台身的宽度通常与路基的宽度相同,侧墙的尾端与路堤挡墙相接时或处于挖方地段时,均为竖直。根据地形变化,可采用阶梯式。

2)埋置式轻型桥台

埋置式轻型桥台适用于地形较平或台前设置锥坡的情况。常用的有双柱式(双柱+台帽+耳墙)和肋板式(基础+双柱+台帽+耳墙),肋板式桥台的基础部分多由桩+承台组成。

3. 桥墩计算

1) 作用组合

在桥墩计算中,应列出所有作用效应组合,针对不同计算部位采用对应的最不利组合。在墩台的计算中,尚需考虑按顺桥向(与行车的方向平行)和横桥向分别进行,故在作用效应组合时也需按纵向及横向分别考虑计算。

(1) 梁式重力式桥墩设计作用于效应组合。

第一种组合:按在桥墩各截面上可能产生的最大竖向力的情况下进行组合,用来验算墩身强度和基底应力。因此,除永久作用外,应在相邻两跨满布可变作用的一种或几种。

第二种组合:按桥墩各截面在顺桥向可能产生的最大偏心和最大弯矩的情况进行组合,用来验算墩身强度、基底应力、偏心以及桥墩的稳定性。

第三种组合:按桥墩各截面在横桥向上可能产生最大偏心和最大弯矩的情况进行组合,用来验算在横桥方向上墩身强度、基底应力、偏心以及桥墩的稳定性。

(2) 拱桥重力式桥墩设计作用于效应组合。

① 顺桥向的作用及组合。对于普通桥墩,顺桥向的作用应为相邻两孔的永久作用,在跨径较大的一孔布满基本可变作用的一种和几种,或是其他可变作用中的汽车制动力、纵向风向、温度影响力、支座摩阻力等,并由此对桥墩产生不平衡水平推力、竖向力和弯矩。

需要注意的是,对于拱桥的单向推力墩只考虑相邻两孔跨径较大一孔的永久作用效应。

② 横桥向的作用及组合。横桥向作用于桥墩上的外力有风力、流水压力、冰压力、船只或漂浮的撞击力等。但是对于公路桥梁,横桥向的受力验算一般不控制设计。

以上所述各种荷载作用是对重力式桥墩而言的,对于其他形式的桥墩,则要根据他们的构造和受力特点进行具体分析,然后参照上述的一般原则,进行个别的作用效应组合。这里要提出注意的是:《公路桥涵设计通用规范》(JTG D60—2015)规定,在可变荷载中,有些作用不应同时考虑。例如计入汽车制动力,就不应同时计入流水压力、冰压力和支座摩阻力。

2) 重力式桥墩计算

(1) 计算步骤。当桥墩较矮时,一般验算墩身的底截面和墩身的突变处截面;当桥墩较高时,由于危险截面不一定在墩身底部,这时应沿竖向每隔2~3m验算一个截面,步骤为:内力计算→抗压强度验算→偏心距验算→抗剪强度验算→墩顶位移验算。

(2) 墩身截面强度验算。重力式桥墩主要用圬工建造,为偏心受压构件,截面的强度验算采用分项安全系数的极限状态设计,在不利荷载组合下,桥墩各控制截面的荷载效应设计值(内力)应小于或等于结构的抗力效应设计值,表示为:

$$S_\mathrm{d}\left(\gamma_{\mathrm{s}0}\varphi\sum\gamma_{\mathrm{s}i}Q\right)\leqslant R_\mathrm{d}\left(\frac{R_\mathrm{j}}{\gamma_\mathrm{m}}\alpha_\mathrm{k}\right) \tag{2-23}$$

具体计算参见现行规范,主要内容包括:①验算截面选择;②内力计算;③按轴心或偏心受压验算墩身各验算截面的强度;④截面偏心验算。

(3) 桥墩的稳定性验算。

① 纵向挠曲稳定验算。墩台的纵向挠曲稳定可按下式验算:

$$N_\mathrm{j}\leqslant\varphi\alpha R_\mathrm{a}^\mathrm{j}/\gamma_\mathrm{m} \tag{2-24}$$

② 整体稳定性验算。包括倾覆稳定性验算、滑动稳定性验算,具体计算参见规范。

3)柱式桥墩计算

(1)外力计算。桥墩柱的外力有施工过程中施加的临时荷载、上部结构恒载、盖梁及墩柱自重。桥上活载按设计荷载布置车列,得出最不利的荷载组合。桥墩的水平力主要有支座摩阻力和汽车制动力等。

(2)内力计算。桩柱式墩按桩基础的有关内容计算桩柱的内力及桩的入土深度。对于单桩式墩,计算弯矩应考虑两个方向弯矩的台力,即纵、横向弯矩合力值。

(3)配筋验算及抗裂验算。在最不利组合内力作用下,可先配筋,再按钢筋混凝土偏心受压构件验算。在最不利荷载下,按规范规定计算墩身钢筋混凝土构件的裂缝宽度,根据情况进行验算。

4)空心墩计算

对于空心高墩,可按悬臂梁式长壳结构图式进行计算。通常空心墩设计计算可按一般材料力学计算应力和位移。除一些重力式墩的计算内容外,尚应验算以下项目:

(1)空心墩的强度和稳定性验算。应按钢筋混凝土偏心受压构件验算混凝土和钢筋的强度和整体稳定性。在计算应力时,不考虑应力重分布和截面合力偏心距。

(2)墩顶位移。在计算墩顶位移时,要考虑温差产生的位移。空心墩墩顶位移应包括外力(如离心力、制动力、偏心作用的竖向力等)引起的水平位移和日照作用下向阳面与背阳面温差引起的位移,还有地基不均匀沉降产生的位移。

(3)固端干扰力。混凝土空心墩在墩顶和墩底实体段一定距离的范围上可视为偏心受压构件,用结构设计原理有关公式进行计算。但在两端部分则应考虑固端应力的影响。由于空心墩承受偏心荷载和横向弯曲荷载,受力情况要比上述中心受压的情况复杂得多,故目前多根据试验资料估算空心墩的固端干扰应力。建议垂直方向的固端干扰应力按弯曲应力平均值的50%计算。

(4)温度应力。日照作用下,钢筋混凝土桥墩的表面温度因太阳光辐射而急剧升高,背阳面温度随着气温变化而缓慢地变化,待向阳壁表面温度达到最高温度时,由于钢筋混凝土热传导性能差,使墩内表面温度比向阳面温度低得多。当向阳壁厚度较小时,向阳壁内表面温度可能比相邻两侧壁的内表面温度高一些,两侧壁靠近向阳壁一端温度也比另一端要高些。总之,箱形桥墩沿截面的温度分布不均匀,需要考虑温差引起的位移和内力对结构造成的影响,该计算多采用有限元软件进行局部分析。

4. 桥台计算

1)作用组合

计算重力式桥台所考虑的作用与重力式桥墩计算中的基本一样,不同的是,对于桥台还要考虑车辆荷载引起的台后土压力,而不需计入纵、横向风力,流水压力,冰压力,船只或漂流物的撞击力。

2)重力式U形桥台计算

重力式U形桥台的验算与重力式桥墩相似,只作顺桥方向的验算。在受力上,桥台与桥墩不同的是桥台要承受桥台后填土的侧压力,而且这种侧压力受桥台的尺寸影响很大。当U形桥台两侧墙宽度大于同一水平截面前墙全长的0.4倍时,可按U形整体截面验算截面强度;否则,应按独立的挡土墙计算墙身。

U形桥台需要验算台身截面强度、地基应力以及桥台的稳定性。桥台强度、偏心距、基底承载力、偏心以及桥台稳定性验算和桥墩相同。

3)轻型桥台计算

(1)梁桥轻型桥台计算内容:①桥台竖向承载力验算;②桥台在本身平面内的弯曲强度验算;③基底强度验算。

(2)拱桥轻型桥台计算内容:①桥台竖梁承载力验算;②桥台在本身平面内的弯曲强度验算;③基底强度验算。

(二)基础计算

1. 扩大基础

扩大基础在设计计算时,可忽略基础侧边土体对基础的影响,其结构形式和施工方法简单,易于保证施工质量,经济效益也较好,通常为建筑物最常用的基础类型。

1)扩大基础的构造及尺寸拟定

(1)充分考虑基底持力层稳定的最小深度、严寒地区的冻结深度、河流的冲刷深度等因素,拟定基础埋置深度。

(2)初步拟定几种可行方案,注意基础顶面一般低于地面。对方案进行估算比较后确定埋置深度。

(3)确定基础平面尺寸,基础顶面与底面的尺寸一般应与墩台身底面形状大致相符,并根据襟边宽度和台阶构造要求拟定平面尺寸。

(4)对刚性基础要满足刚性角的要求。对于片石、块石和料石砌体,当用强度等级为 M5 的砂浆砌筑时不应大于 30°,当用 M5 以上的砂浆砌筑时不应大于 35°,对于混凝土不应大于 40°。

2)荷载作用及组合

(1)永久作用。包括结构重力、预加力、土的重力及土侧压力、混凝土收缩徐变作用、基础变位作用和水的浮力。

(2)可变作用。包括汽车荷载、汽车冲击力、汽车离心力、汽车引起的土侧压力、人群荷载、汽车制动力、风荷载、流水压力、冰压力、温度(均匀温度和梯度温度)作用和支座摩阻力。

(3)偶然作用。地震作用、船舶和漂浮物的撞击作用、汽车撞击作用。

3)地基承载力验算

计算基底压应力时要考虑填土对基底的附加应力,并按运营和施工阶段分别计算,然后进行持力层强度验算、下卧层强度验算。

4)基底偏心距验算

验算基底偏心距的目的是为了控制基础不发生过大的不均匀沉降,通过控制基底偏心距,使它的合力尽量接近基底形心。

5)基础稳定性验算

(1)倾覆稳定性验算。倾覆稳定性通常用倾覆稳定系数 k_0 表示为:

$$k_0 = 稳定力矩/倾覆力矩 > 1.3 \tag{2-25}$$

(2)滑动稳定性验算。滑动稳定系数用 k_c 表示为:

$$k_c = \frac{f \sum P}{\sum T} > 1.3 \tag{2-26}$$

式中：f——基础底面与地基土之间的摩擦系数；

P——竖向力；

T——水平外力。

6）沉降计算

对于外部静定体系的桥梁，当墩台建在地质情况复杂、土质不均匀及承载力较差的地基上，以及相邻跨径差别悬殊而必须计算沉降差，或跨线桥净高限制需预先考虑沉降量时，均应计算沉降及位移。在一般地质情况的地基上，对于跨径不大的桥梁可不进行地基沉降计算。

对于外超静定体系桥梁，一般情况下应验算沉降量，并应考虑基础的不均匀沉降所引起的结构附加内力，上部结构计算中也应考虑不均匀沉降引起的结构附加内力。

2. 桩基础

1）桩基础设计的内容

桩基础设计应包括：桩基基型选择及方案对比、桩基结构形式选择、桩基几何参数（桩径、长及柱距等）选定、单桩（竖向及横向）承载力确定、桩基础承载力验算、地基变形分析、桩身强度验算、承台结构设计、桩位平面布置、群桩效应分析，以及设计对施工的要求，环境对桩的侵蚀、腐蚀与磨损作用及其相应的防护措施等。

桩基础设计一般应先收集所需设计资料，拟定出设计方案（包括选择桩基类型、桩长、桩径、桩数、桩的布置、承台位置与尺寸等），然后进行桩基和承台以及桩基础整体强度、稳定、变形验算，经计算、比较、修改直至符合各项要求，最后确定出最佳的设计方案。

2）桩基础设计的基本资料

(1)桥位平面图及上部结构、墩台形式、总体构造和有关设计资料。

(2)桥位工程地质勘测报告及桥位地质总剖面图。

(3)地基土质调查实验报告。

(4)河流水文调查与计算资料。

3）桩基础类型的选择

选择桩基础类型时，应根据设计要求和现场的条件而定。同时在考虑各种类型的桩基础具有不同的特点时，扬长避短，综合考虑因素。

(1)低桩承台与高桩承台。应根据桩的受力情况，桩的刚度和地形、地质、水流、施工等条件确定承台形式。低桩承台稳定性好，但在水中施工难度较大，多用于季节性河流、冲刷小的河流或岸滩上墩台及旱地上结构物基础；而对常年有流水、冲刷较深，或水位较高，施工排水困难的情况，在受力条件允许时应尽可能采用高桩承台。

(2)柱桩和摩擦桩。可根据地质和受力情况选定。桩柱承载力大，沉降量小，较为安全可靠。当基岩埋深较浅时，应考虑采用柱桩基础；若适宜的岩层埋置深度较深或受到施工条件限制不宜采用柱桩时，可采用摩擦桩，但在同一桩基础中不宜同时采用柱桩和摩擦桩，也不宜采用不同材料、不同直径和长度相差过大的桩，以避免桩基产生不均匀沉降或丧失稳定性。

(3)单排桩基础和多排桩基础。多排桩基础稳定性好，抗弯刚度大，能承受较大的水平荷载，但承台尺寸大，施工困难，甚至影响航道；单排桩基础圬工量较小，且施工较方便。因此，当桥跨不大，桥高较矮，或单桩承受力较大，桩数不多时，常采用单排桩基础。而对于较高的桥台、拱桥桥台、制动墩和单向推力墩则多用多排桩基础。

4）桩径、桩长的确定

桩径与桩长应根据荷载大小、桩周和桩端土层性质、岩层深度、基桩类型与结构特点以及施工设备与技术条件等因素确定。

（1）桩径拟定。选定桩型后，可根据各类基桩的特点与常用尺寸，并结合上述因素选定桩径。

（2）桩长拟定。桩底持力层的选择是确定桩长的关键，对桩的承载力和沉降有着重要的影响。设计时可先根据地质条件，并考虑施工的可能性，选择适宜的桩底持力层，初步确定桩长。

一般桩端宜置于岩层或坚实的土层上，以获得较大的承载力和较小的沉降量。若施工条件容许深度内无坚实土层时，应尽可能地选择压缩性较低、强度较高的土层作为持力层，避免桩端落于软土层或离软弱下卧层的距离太近，防止桩基发生过大的沉降。

对于摩擦桩，有时桩端持力层可能有多种选择，此时桩长与桩柱两者相互制约，可通过试算比较，选用较合理的桩长。当土层单一无法确定桩底高程时，可按承台尺寸和布桩的构造要求布置桩，然后按偏压分配单桩所受轴向承载力反算桩长。摩擦桩的桩长不宜太短，一般不宜小于10倍桩径。此外，为保证桩端土层承载能力的充分发挥，桩端应进入持力层一定深度（该深度与持力层土质、厚度及桩径等因素有关），不宜小于1m或1倍桩基直径。

（3）桩的间距确定。通常，钻孔成孔的摩擦桩中心距不得小于2.5倍成孔直径，支承或嵌固在岩层的柱桩中心距不得小于2.0倍成孔直径，桩的最大中心距宜为5～6倍桩径；打入桩的中心距不应小于3.0倍桩径，在软土地区宜适当增加。

如设有斜桩，桩端处中心距不应小于3.0倍桩径，承台底面处不小于1.5倍桩径；若为震动法沉入砂土内的桩，桩端处中心距不应小于4.0倍桩径。

为避免承台边缘距桩身过近而发生破裂，并考虑桩顶位置允许的偏差，边桩外侧到承台边缘的距离，对桩径大于或等于1.0m的桩不应小于0.5倍桩径，且不小于0.2m；而大于1.0m的桩不应小于0.3倍桩径并不小于0.5m。

（4）桩的平面布置。桩数确定后，可根据桩基受力情况选用单排或多排桩基础。多排桩的排列形式多用行列式或梅花式。当承台底面积相同时，梅花式可排列较多的桩基，而行列式更有利于施工。

桩基础中基桩的平面布置，除应满足上述最小桩距等要求外，还应考虑基桩布置对桩基受力有利，充分发挥每根桩的承载力。通常，设计时应尽可能地使桩群横截面重心与荷载合力作用点重合或接近，对桥墩桩基宜采取对称布置，而桥台桩基在纵桥向多用非对称布置。

若作用于桩基的弯矩较大，宜尽量将桩布置在离承台形心较远处，采用外疏内密的布置方式，以增大基桩对承台形心或合力作用点的惯性矩，提高桩基的抗弯能力。

此外，基桩布置还应考虑便于承台受力，例如桩柱式墩台应尽量使墩柱轴线重合，盖梁式承台的桩柱布置应使盖梁发生的正负弯矩接近或相等，以便减小承台所受的弯曲应力。

5）桩基础设计方案检验

桩基础设计还应对设计方案进行检验，即对桩基础的强度、变形和稳定性进行必要的验算，以保证所拟定的方案合理。

（1）单桩竖向承载力检验。分别按地基土的支撑能力和桩身材料强度确定和检验单桩竖向承载力，并按承载能力极限状态验算桩身压屈稳定和截面强度，以正常使用极限状态验算桩身裂缝长度。

(2)单桩水平承载力验算。当有水平静载试验资料时,可直接检验桩的水平容许承载力;若无水平静载试验资料,或桩身作用有弯矩时,还应验算桩身截面长度。

(3)单桩水平位移验算。应按现行规范规定验算墩台顶水平位移及单桩水平位移。在荷载作用下,墩台顶水平位移 Δ 不应超过规定的容许值$[\Delta]$,即

$$\Delta < [\Delta] = 0.5\sqrt{L}(\text{cm}) \tag{2-27}$$

式中:L——桥孔跨径(m)。地面处桩身截面水平位移最大值不超过6mm。

(4)群桩基础承载力和沉降量验算。当群桩基础为摩擦桩,基桩中心距小于6倍桩距时,需要检验群桩基础的承载力,包括桩端持力层承载力验算和软弱下卧层的强度验算,必要时还需验算桩基沉降量。

6)桩基础设计步骤

桩基础设计是一个系统工程,它包括方案设计与施工图设计。为取得良好的技术与经济效果,通常(尤其对大桥或特大桥)需作几种方案进行比较,或对拟定方案进行修正,使施工图设计成为方案设计的依据与保证,设计程序如下:

(1)设计资料的综合分析研究;
(2)确定桩基础持力层的几种方式;
(3)确定桩基础类型的几种方案和桩的尺寸、构造及施工工艺;
(4)确定单桩容许承载力;
(5)确定桩基础形式及承台尺寸、高程,计算承台底面作用力;
(6)确定桩数、平面布置计算和确定参数;
(7)桩顶作用力计算、地面位移验算和桩身内力计算;
(8)验算单桩承载力,若不满足,则重新返回(6)选择计算;
(9)验算群桩基础承载力及必要时的群桩基础沉降,若不满足要求,则重新满足(6)选择;
(10)桩身强度设计(验算配筋);
(11)验算桩身强度、稳定性、裂缝宽度、桩顶水平位移,若不满足,则重新返回(3)验算;
(12)验算承台强度,若不能满足,则返回(5)重新选择承台尺寸计算;
(13)比较几种方案的技术经济,看能否做出最优选择,若不能,则重新返回(1)计算;
(14)作必要的调整,绘制施工图。

扩大基础的计算公式和构造要求,请读者自行查阅《公路桥涵地基与基础设计规范》(JTG D63—2007)的第四章内容,桩基础查阅第五章的内容,沉井基础查阅第六章。本书不再赘述。

六、支座及搭板设计

(一)支座设计

1. 概述

上部结构和墩台之间设置支座,作用为:
(1)传递上部结构的支承反力,包括恒载和活载引起的竖向力和水平力;
(2)保证结构在荷载、温度变化、混凝土收缩、徐变等因素作用下的自由变形,以及使上、下

的实际受力情况符合结构的静力图式。

梁式桥的支座分成固定支座和活动支座两种。支座的布置以有利于墩台传递纵向水平力为原则。对于多跨的简支梁桥,相邻两跨简支梁的固定支座不宜集中布置在一个桥墩上。对于连续梁桥,为使纵向变形分散在梁的两端,宜将固定支座设置在靠中间的支点处。

此外,对于宽桥,还应设置沿纵向和横向均能移动的双向活动支座;对于弯桥则应考虑活动支座沿弧线方向移动的可能性。

2. 支座的类型与构造

1) 板式橡胶支座

板式橡胶支座由数层薄橡胶片与薄钢板镶嵌、黏合、压制而成。它具有足够的竖向刚度以承受垂直荷载,能将上部结构的反力可靠地传递给墩台;有良好的弹性,以适应梁端的转动;有较大的剪切变形,以满足上部结构的水平位移。

板式橡胶支座有矩形和圆形两种。支座的橡胶材料以氯丁橡胶为主,也可采用天然橡胶。氯丁橡胶,一般用于最低气温不超过-25℃的地区,天然橡胶用于$-30\sim-40$℃的地区。

聚四氟乙烯滑板式橡胶支座是在普通板式橡腔支座上按照支座尺寸大小粘贴一层厚$2\sim4mm$的聚四氟乙烯板,除具有普通板式橡胶支座的轴向刚度与压缩变形,且能承受垂直荷载及适应梁端转动,还能利用聚四氟乙烯板与梁底不锈钢板间的低摩阻系数,使桥梁上部结构水平位移不受限制。这种支座与计算图示的水平单向活动支撑相对应。

当要求板式橡胶支座各向固定,仅能转动时,可在上、下钢板的短边上设固定措施,在下底板上焊上强大的钢撑,顶部的销钉伸入顶板的孔中起锚固作用。如需纵向移动而横向可转动的支座时,可在顶板上留纵向槽,允许销钉在其中纵向移动。当支座厚度较小时,可只设销钉而不再设钢撑。这种支座可与计算图示的水平、竖向约束支撑相对应。

2) 盆式橡胶支座

盆式橡胶支座是铜构件与橡胶组合而成的新型桥梁支座,具有承载能力大、水平位移量大、转动灵活等特点,适用于支座承载力为1000kN以上的大跨桥梁。

简支空心板、小跨径简支T梁等梁式桥一般选用板式橡胶支座,有固定支座和聚四氟乙烯滑板式支座两种。

整体箱梁、大跨度T梁一般采用盆式橡胶支座,有DX(单向)、SX(双向)、GD(固定)3种型号。

3. 板式橡胶支座的计算

板式橡胶支座的计算内容有:
(1) 确定支座的平面尺寸;
(2) 确定支座的厚度;
(3) 验算支座偏转情况;
(4) 验算支座的抗滑性能。

在没有特殊要求的情况下,桥梁支座设计过程实际上是一个成品支座选配的过程,并不需要进行具体设计计算,尤其是常用的板式橡胶支座,只在必要时进行验算。

表2-20为部分矩形、圆形板式橡胶支座的型号参数,供读者参考。该表仅列出标准的最小尺寸和最大尺寸的矩形、圆形板式橡胶支座的参数共4种。

表 2-20　GJZ、GYZ 板式橡胶支座规格参数

型号 (mm)	R_{CK} (kN)	S	t (mm)	Δl_1	Δl_2	t_e	tanθ 温热地区	tanθ 寒冷地区	R_{GK}(kN) 温热地区	R_{GK}(kN) 寒冷地区	t_1 (mm)	t_0 (mm)
GYZ D150	154	7	21	5	7	15	0.0057	0.0050	41(62)	49(74)	5	2
			28	7.5	10.5	20	0.0085	0.0073				
			35	10	14	25	0.0114	0.0097				
			42	12.5	17.5	30	0.0143	0.0122				
GJZ 150×150	196	7	21	5	7	15	0.0057	0.0050	53(79)	63(95)	5	2
			28	7.5	10.5	20	0.0085	0.0073				
			35	10	14	25	0.0114	0.0097				
			42	12.5	17.5	30	0.0143	0.0122				
GJZ 700×700	4761	9.58	102	36	50.4	77	0.0052	0.0050	1143(1715)	1372(2058)	18	5
			125	45	63	95	0.0065	0.0056				
			148	54	75.6	113	0.0078	0.0067				
			171	63	88.2	131	0.0091	0.0079				
GYZ D800	4902	10.97	125	45	63	95	0.0050	—	1173(1759)	1407(2111)	18	5
			148	54	75.6	113	0.0055	0.0050				
			171	63	88.2	131	0.0064	0.0056				
			194	72	100.8	149	0.0073	0.0064				

注：1. 抗滑最小承载力栏中，括号外数字为支座与混凝土接触时的采用值，括号内数字为支座与钢接触时的采用值，其值均为不计汽车制动力的情况。
2. 允许转角正切值是沿支座短边方向转动时的计算值。
3. 普通板式橡胶支座代号，矩形为 GJZ、圆形为 GYZ。
4. R_{CK} 为最大承压力，S 为形状系数，t 为支座总厚度，Δl_1 为不计制动力时最大位移量，Δl_2 为计入制动力时最大位移量，t_e 为橡胶层总厚度，tanθ 为允许转角正切值，R_{GK} 为抗滑最小承压力。

（二）桥头搭板

为缓解桥头跳车现象，改善行车条件，要求填方地段所有主线桥梁及桥式通道的台后均应设置桥头搭板。

桥头搭板的设计内容主要包括搭板长度、宽度及厚度，搭板埋置方式，搭板与桥台的连接构造，枕梁的设置与计算以及搭板的内力计算等。对桥头搭板可以利用有关理论进行精确分析，实际设计中一般都在满足工程精度的基础上对设计过程进行简化。

1. 搭板长度

确定搭板长度时还应考虑以下两个因素：
（1）搭板长度应跨越台后破坏棱体的长度；

(2)搭板长度应跨越填土前预留缺口长度。

同时从受力角度考虑,一块搭板的长度不宜超过10m。设计中将搭板长度取为整数。常用的搭板长度可参照表2-21选用。

表2-21 常用搭板长度

搭板长度(m)	3.0	5.0	6.0	8.0	10.0
特大、大桥		*	*	*	*
中桥		*	*	*	
小桥、明涵	*	*	*	*	

注:*表示桥梁可选用的搭板长度。

2. 搭板宽度、厚度

(1)宽度。桥头搭板的宽度可采用桥台两侧(翼)墙之间的净宽,也可采用将搭板边缘伸入路缘石内约0.5m后的总宽度。

(2)厚度。桥头搭板的厚度应结合板长、板宽、脱空长度、斜搭板的斜角、荷载大小以及支撑条件等确定。常用的板厚尺寸见表2-22。

表2-22 常用搭板厚度

长度(cm)	厚度(cm)	厚度/长度	长度(cm)	厚度(cm)	厚度/长度
300~400	22~25	1/18~1/16	800	30~35	1/26~1/25
500	25~28	1/20~1/18	1000	32~35	1/31~1/28
600	28~30	1/21~1/20			

第三章　桥型方案比选

第一节　基础资料

桥梁方案的拟定、比较、选定前,必须明确总体设计数据和有关资料。在《公路桥涵设计通用规范》(JTG D60—2015)中有详细、明确的规定,这些前期基础资料应该在设计总说明中进行针对性的描述,本书总结如下。

一、桥梁主要技术指标

(1)桥位处的道路性质。包括桥梁本身所在道路和其上跨或下穿道路的类别、级别,如桥梁本身是高速公路上的桥梁,需要跨越二级公路,或桥梁属于城市快速路,需要跨越城市主干道等。此时应收集相关的道路类别、级别、宽度信息。

(2)设计荷载。如公路-Ⅰ级、公路-Ⅱ级、人群荷载、特种荷载等,是否需要考虑风、雪、流冰、船只撞击、地震等其他荷载。

(3)桥面宽度。包括车行道宽度、人行道宽度等,由此确定出断面布置形式。一般情况下桥面布置与道路路幅同宽,但考虑桥梁的特殊性,有时桥梁宽度与道路宽度并不一致,如斜拉桥桥型,由于需考虑拉索的布置空间,宽度会比标准路幅要大,有条件时也可以适当压缩人行道或分隔带的宽度,保证桥面与道路同宽,节省工程造价。坚持一个原则,即保证机动车道宽度不变。

(4)桥涵净空。满足通航要求、车及行人建筑限界要求、桥下泄洪要求等。

(5)设计车速。没有特殊理由时,桥梁的设计车速与衔接道路的设计车速保持一致。

(6)设计使用年限。桥涵主体结构的使用年限应根据公路等级、桥涵分类确定,最少30年,一般是50年和100年。

二、工程地质及地震

(1)地质勘查资料是确定桥梁基础类型的直接依据,也是确定桥梁类型的重要依据,要求每一座桥都应进行地勘测量。

(2)桥梁设防标准,即地震动峰值加速度系数取值,根据现行《公路工程抗震规范》(JTG B02—2013)确定,并针对不同地震动峰值加速度系数采取不同级别的抗震设防或单独的抗震分析。

三、水文资料

(1) 桥梁设计洪水频率，根据规范要求确定，这是计算桥梁净空、桥面高程、基础冲刷等的重要依据。

(2) 水文调查、分析资料，如洪迹资料，桥梁所在处的河段资料、河流比降、河速、河床糙率等。

(3) 水文计算资料，如流量、设计洪水位、通航水位、常水位、枯水位、一般冲刷深度、局部冲刷深度等。

四、气象资料

气象资料主要包括桥梁所在区域的月平均气温、极端气温、风力、风向、湿度等，在后续的计算分析中，关于温度荷载取值的直接依据，包括均匀温差(整体升降温)和局部温差(梯度温度)。

五、桥梁建设环境信息

桥梁建设环境包括社会环境、技术环境、经济环境等，这些资料是制定桥型方案的基础资料，是每一座桥梁具有自身独特属性的原因。

六、参考资料

桥梁方案拟定需要一定的专业基础和实践经验。进入毕业设计阶段时，所有的专业基础课和专业主干课程都已经结束，可以说学生们具备拟定桥型方案的专业基础，缺少的就是经验。这方面应该通过广泛查阅文献资料和已建桥梁图纸资料来弥补，培养参考资料的获取能力及学习能力也是毕业设计的要求和目的之一。通过训练，可以完成从以"被动接受"为主到以"主动吸取"为主的工作状态的转变。

资料的获取途径：图书馆查阅、网络搜索、参考书、专业文献、规范标准。学生们可采取各类形式的"拿来主义"，如从同行师兄、师姐处获得帮助，从专业老师那里获取帮助，从而圆满完成毕业设计这样的广义开卷考试。

第二节 相关规范及标准

设计依据主要包括3类：

(1) 在实际生产中，不同设计阶段，桥梁工程设计依据也有所不同。

初步设计依据包括建设单位与设计单位签订的勘察设计合同、工程可行性研究报告批复、水文地质报告，以及其他必需的文件。

施工图设计依据包括建设单位与设计单位签订的设计合同、初步设计文件批复、地质详勘报告,以及其他必需的文件。

对于毕业设计,依据就是指导教师下达的毕业设计任务书。

(2)各种国家、地方相关规定、办法等文件。

(3)设计标准、规范、规程,参考本书第二章的表 2—9。

新建桥梁一定按照现行最新规范执行,改建、加固桥梁应以新、旧规范相结合的最新规范为参考,并按照最新规范、标准进行计算分析和构造处理。土木工程专业学生应知道,基础力学等教材的内容相对稳定,而专业课程教科书存在明显的滞后性,教科书有可能是按照已废止的规范编写(还未及时更新),里面的计算参数取值、结构构造要求、计算内容、材料参数等都可能在毕业设计阶段时就已经有发行的最新规范进行了补充、修改和完善。所以,一定要掌握现行规范依据的动态发展,坚持以规范为标准,结合已学专业知识来进行方案拟定及后续的计算分析,当教科书的内容与规范相左时,必须以具有法律效力的规范为准。

为方便读者使用,附录收录了《公路桥梁通用设计规范》(JTG D60—2015)的主要修订内容和《关于执行国家发改委钢筋使用新规定的通知》,希望读者在毕业设计阶段即能熟悉和掌握。

第三节 桥型方案拟定及比选

一、概述

在初步设计阶段,为获得经济、适用和美观的桥梁设计方案,设计者必须根据各种自然、技术上的条件,运用桥梁建筑设计理论和实践经验,在了解国内外新技术、新材料和新工艺的基础上,对所拟定的各种桥梁方案在使用、经济、构造、施工和美观等各方面,进行深入细致的研究分析及对比工作。只有通过各方面的综合比较,才能科学地得到合理、完美的最优设计方案。

桥梁设计方案的拟定和比选是一项非常细致的技术经济性工作,不仅关系到设计方案是否最优,并且关系到建桥的技术经济指标。一般可参照以下步骤。

1. 路线设计

路线设计是桥梁布置的基础,因此桥梁方案设计一定要事先进行道路的平面、纵断面、横断面设计,在此基础上进行桥梁的方案设计。

2. 明确各种标高的要求

在桥位的纵断面图上,按一定比例绘出设计水位、通航水位、路堤顶面标高、桥面标高、桥下最小净空或通航净空、堤顶行车净空位置等。

3. 桥梁分孔和初拟桥型方案草图

在确定了上述各种标高的纵断面图上,根据泄洪总跨径的要求和分孔的基本原则,在初步做出分孔规划后,即可拟定一系列可能实现的桥型方案草图。拟定桥型方案时,要思路宽广,只要基本可行,可以尽可能多地绘制一些草图,以免遗漏独具特点的可能桥型方案。

4. 方案初步筛选

对初拟的桥型方案进行技术、经济上的综合分析和判断,从中剔除经济上明显较差的方案,选出 2~4 个构思较好、比较经济和各具特点的方案,作进一步的详细研究和比较。

5. 编制详细桥型方案

初步桥型方案确定后,根据不同桥型、不同跨度、不同宽度和施工方法,针对每一方案拟定出结构的主要尺寸,并进行结构分析和设计,尽可能地绘出桥型方案的尺寸详图。

6. 估算投资造价

根据已经编制好的桥梁方案详图,计算出上部和下部结构的主要工程量,再依据各省市或行业的"估算定额"或"概算定额",编制各种方案的主要材料(钢、木、混凝土等)用量、劳动力用量,进而估算全桥总造价。

7. 确定推荐方案

完成以上各项工作后,应对各方案进行全面的评价(内容包括工程造价、建设工期、施工难易、桥型结构、环境美观、养护条件、运营条件和维修费用等),综合分析每一方案的优缺点,最后确定一个推荐方案。

8. 文件整理与汇总

在方案设计中,除绘制方案比选图外,还应编制比选说明书,并在说明书中阐明设计任务、方案编制的依据和标准、各方案的特色、施工方法、设计概算及方案比较的综合性评价、对于推荐方案的详细说明等。各种测量地质勘查及水文调查资料、计算资料及造价估算所依据文件名称等,均可作为附件载入。

桥型方案拟定应考虑以下因素,并以此对方案进行评价。

(1)桥型方案与设计任务书要求的符合性。包括桥梁的功能,桥下净空,上级主管部门或业主对桥梁形式、施工工期、工程造价等的特殊要求等。

(2)结构体系与构造的合理性。主要从结构力学性能与具体构造上考虑桥梁受力是否合理明确,力学分析与设计上是否存在困难,是否需要进行专门研究,结构体系性能是否具有先进性,是否能保证长期使用安全等。

(3)桥梁使用性能的良好性。主要考虑桥梁建成后是否具有良好的使用性能,包括行车舒适性等。

(4)桥梁施工技术的可行性。主要考虑所拟定桥型方案在施工上是否存在某些困难(结合当时、当地的施工条件及承包人的施工能力考虑)、能否满足工期要求、是否存在潜在施工风险,以及对投资有何影响等。

(5)桥用材料的可行性。主要考虑建桥材料的供用情况。

(6)桥梁与环境的协调性。主要考虑桥梁景观建成后与周围环境是否协调,特别是城市桥梁的美观问题往往可能成为方案取舍的关键。

(7)桥梁使用维护的方便性。考虑桥梁在使用中维护工作量的大小、维修是否方便、对既有交通有何影响、维修费用等。

(8)桥梁全寿命成本的合理性。所选方案应尽可能地实现全寿命成本(建设成本与使用寿命期内养护、维修或改造成本之和)最低。

(9)桥梁方案的地域性。在选择方案时还应考虑桥梁所在地区习惯与接收能力等。

(10)桥梁的耐久性。主要结构材料、关键构造等的寿命必须满足桥梁使用的寿命要求。

方案的取舍按照"适用、经济、安全、美观和利于环保"的原则综合考虑。在方案编制中,一定要从头至尾在脑海中把握"可行"的原则,因为任何一个桥梁基础资料,站在不同的角度,都有不止一个可行的桥型方案。随着桥梁理论的不断成熟,在桥梁设计中要求桥的适用性强、舒适安全、费用经济、科技含量高。对建在城市中的桥梁还要特别注重美观大方。由此,对于一定的建桥条件,根据侧重点的不同可能会做出基于基本要求的多种不同设计方案。只有通过技术、经济等方面的综合比较才能科学地得出相对最合理的设计方案。

二、桥型介绍

桥梁可分为梁式桥、拱式桥、刚构桥、斜拉桥、悬索桥五大类,再复杂一点的就是组合体系,如连续梁连续刚构体系、悬索桥斜拉桥组合体系、拱桥斜拉桥组合体系等。

毕业前,简支梁桥、连续梁桥、拱桥是应该要掌握的,也是毕业设计中使用较多的结构体系。而斜拉桥、悬索桥的构造和计算方法相对比较复杂,适用跨径也相对较大,不太可能在毕业设计阶段系统地学习和掌握,但应该对此有基本的了解。

以下对 5 种桥型作简单论述,重点放在前 3 种桥型结构。读者也可参考《桥梁工程》等书籍中的内容。

(一)梁式桥(beam bridge,girder bridge)

以受弯为主的主梁作为主要承重构件的桥梁我们称为梁式桥。

梁式桥按主梁的受力模式可分为简支梁桥、悬臂梁桥、固端梁桥和连续梁桥等,悬臂梁桥、固端梁桥和连续梁桥都是利用支座上的卸载弯矩减小跨中弯矩,使桥梁内的内力分配更加合理,以同等抗弯能力的构件断面建成更大跨径的桥梁。

1. 简支梁桥

简支梁桥的主梁简支在墩台上,各孔独立工作,墩台变位不影响结构内力。实腹式主梁构造简单,设计简便,施工时可用自行式架桥机或联合架桥机将主梁架设。但简支梁桥各孔不相连续,车辆在通过断缝时易产生跳跃,影响行车舒适性。因此,目前多把主梁做成简支,而把桥面做成连续的形式。简支梁桥随着跨径增大,主梁内力将急剧增大,用料便相应增多,因而大跨径桥一般不用简支梁。预应力混凝土结构能较好地推迟和抑制裂缝开展,但施工工艺相对复杂,随着建桥技术的不断提高,目前标准跨 8m、10m、16m 的小跨径简支梁,也建议采用预应力结构。简支梁采用的常用截面形式有矩形、空心板、T形梁、小箱梁,其中 I 型梁由于整体刚度较弱,新建桥梁中已较少采用。

2. 连续梁桥

连续梁桥的主梁连续支承在几个桥墩上,属于超静定结构。在可变荷载作用下,主梁所受正弯矩、负弯矩同时存在,而弯矩的绝对值均较同跨径的简支梁小,这样,可节省主梁材料用量、降低梁高、增大跨径。连续梁桥通常是将 3～5 孔做成一联,在一联内没有桥面接缝,行车较为顺畅舒适。在连续梁桥施工时,可以先将主梁逐孔架设成简支梁,然后互相连接成为连续梁。或者从墩台上逐段悬伸加长,最后连接成为连续梁。在架设预应力混凝土连续梁时,可采用顶推法施工,即梁体在桥头逐段浇筑或拼装,用千斤顶纵向顶推,使梁体通过各墩顶的临时滑动支座面就位。由于主梁内同时有正弯矩和负弯矩存在,构造相对复杂,故应按照双筋截面进行计算分析和钢筋配置。此外,连续梁桥的主梁是超静定结构,墩台的不均匀沉降会引起梁体各孔内力发生变化。因此,连续梁一般用于地基条件较好、跨径较大的桥梁上。

常用的连续梁截面形式有整体箱梁(等高度或变高度),在跨越山谷、软土地基的多跨连续梁中,采用预制拼装/吊装施工是结构连续桥梁的快速高效施工方法。这种结构形式兼顾了简支梁制作质量可靠、施工便利和连续梁行车舒适的特点,通过吊装完成后张拉墩顶负弯矩预应力钢束、浇筑墩顶湿接缝的方法形成连续体系,在高速公路、城市高架桥中广泛使用。

3. 悬臂梁桥

悬臂梁桥又称伸臂梁桥,是将简支梁向一端或两端悬伸出短臂的桥梁。这种桥式有单悬臂梁桥和双悬臂梁桥。悬臂梁桥往往在短臂上搁置简支的挂梁,相互衔接构成多跨悬臂梁。有短臂和挂梁的桥孔称为悬臂孔或挂孔,支持短臂的桥孔称为锚固孔。悬臂梁桥的每个挂孔两端为桥面接缝,悬臂端的挠度也较大,行车条件并不比简支梁桥有所改善。悬臂梁一片主梁的长度较同跨简支梁为长,在施工安装上相应要困难些。目前对预应力混凝土悬臂梁桥多采用悬臂拼装或悬臂浇筑的方法施工。为适应悬臂施工法的发展,保证主梁的内力状态和施工时一样,出现了一种没有锚固孔,并把悬伸的短臂和墩身直接固结在立面上,形成预应力混凝土T形刚架桥。这种桥在20世纪50年代后发展起来,但由于对行车舒适性提高不大且施工相对复杂,养护维修工作量较大,相对连续梁桥来说,新建桥梁中采用频率逐渐降低。

方案拟定时,除了跨径分布,上部结构尺寸拟定也是重要工作内容。主梁弯矩最大处的梁高 h 对计算跨度 l 的比值(h/l)称高跨比,是梁式桥设计的一项重要技术经济指标,对安全、经济和适用有重大影响。为了构造简单,施工方便,梁式桥的主梁(桁)常做成等高度的。但在大跨度桥梁中,从经济方面考虑,梁高常随设计内力而变化,即变截面连续梁。对于预应力混凝土连续梁桥,为了合理布置钢丝束,常需加大支点刚度(梁高)而调低跨中正弯矩。

为获得最佳的弯矩分布,连续梁桥和悬臂梁桥中,一般边跨要比中跨的跨径小一些,但分跨拟定中又往往要受到地质、地形以及通航(车)要求等条件制约,需综合考虑后决定。桥梁分跨确定后,梁高 h 取决于强度、刚度和使用条件。按强度要求,荷载产生的弯矩,要靠梁的内力矩来平衡,梁高必须满足这一条件。如加大梁高,内力矩臂亦随之增大,可使翼缘(弦杆)面积减小,但要增加腹板(腹杆)用料;如减小梁高,则反之。在满足材料总用量为最少的要求下,可求得"经济高度"。但在钢筋混凝土或预应力混凝土桥中,增大梁高可使钢筋(丝)用量减少,而混凝土用量增加,需作具体分析。按刚度要求,在不计冲击力的活载(称静活载)作用下最大竖向挠度不得超过规范规定的容许值,以保证行车安全平顺,由此可求得"最小高度"。近代趋向采用高强材料,其容许应力提高后,梁高往往由这一条件所控制。梁的刚度与活载 q 对恒载 p 的比值(q/p)有关,比值愈大,梁的高跨比也要求大一些,一般说来,小桥、钢桥与铁路桥的高跨比要做得大一些。梁式桥的恒载挠度因可通过设置上拱度来抵消,不作为控制刚度的因素。上拱度是按恒载加 1/2 静载算得的挠度曲线反向设置,和桥面在活载作用下形成的挠度曲线恰呈反对称,这样可使上部结构的端部角变化为最小。梁的高跨比还受到使用条件的限制,例如桥下有通航(车)要求时,则需满足桥下净空的要求。

为方便读者拟定桥跨、合理设置梁高等细部尺寸,将常用的梁桥尺寸等参数统计如下(表3-1)。

表 3-1　梁式桥跨径、梁高等布置参考

结构类型	跨径（m）	梁高（m）	结构特点	顶板厚	底板厚	腹板厚	顶板宽	湿接缝
预应力T梁公路-I级先张法	20	1.5	桥面连续	16~25	/	20~44	170	40~70
	25	1.7	桥面连续	16~25	/	20~48	170	40~70
	30	2.0	桥面连续	16~25	/	20~50	170	40~70
	35	2.3	桥面连续	16~25	/	20~60	170	40~70
	40	2.5	桥面连续	16~25	/	20~60	170	40~70
预应力T梁公路-I级后张法	20	1.5	结构连续	16~25	/	20~44	170	40~70
	25	1.7	结构连续	16~25	/	20~48	170	40~70
	30	2.0	结构连续	16~25	/	20~50	170	40~70
	35	2.3	结构连续	16~25	/	20~60	170	40~70
	40	2.5	结构连续	16~25	/	20~60	170	40~70
预应力空心板公路-I级	10	0.6	单孔空心板	12	12	14	99(124)	/
	13	0.7	单孔空心板	12	12	14	99(124)	/
	16	0.8	单孔空心板	12	12	14	99(124)	/
	20	0.95	单孔空心板	12	12	14	99(124)	/
普通钢筋混凝土简支梁	6	0.32	实心板	/	/	/	99	/
	8	0.42	双圆孔空心板	单孔直径22cm			99	/
	10	0.5	双孔空心板	单孔直径26cm			99	/
预应力小箱梁	20	1.2	结构连续	18	18~25	18~25	240	40~70
	25	1.4	结构连续	18	18~25	18~25	240	40~70
	30	1.6	结构连续	18	18~25	18~25	240	40~70
	35	1.8	结构连续	18	18~32	18~32	240	40~70
	40	2.0	结构连续	18	20~32	20~32	240	40~70
预应力连续箱梁桥	2×25	1.35	单箱单室	20~40	20~60	30~70	750	/
	20+32+20	1.45	单箱单室	20~40	20~60	30~70	750	/
	16+2×20+16	1.15	单箱双室	22~40	20~60	35~75	1200	/
	20+2×30+20m	1.45	单箱双室	22~40	20~60	40~80	1200	/

注：①以上数据统计来源《交通部板梁标准图集（2008年版）》。
②表中数据仅供方案拟定时参考，非强制尺寸，可根据实际荷载大小、构造要求等进行适当调整。

（二）拱式桥（arch bridge）

拱式桥是指以拱为主要承重结构的桥。拱式桥的主要承重结构是拱圈或拱肋。拱桥主要承受压力,故可用砖、石、混凝土等抗压性能良好的材料建造。大跨度拱桥则可用钢筋混凝土或钢材建造,还可承受力矩。

拱的受力特点:它在桥面竖向移动荷载下,桥墩和桥台将承受水平推力;同时这种推力将显著抵消荷载在拱圈或拱肋内所引起的弯矩作用,使拱圈或拱肋承受的主要是压力,它的主要内力是轴向压力。

按结构组成和支承方式,拱可分为三铰拱、两铰拱和无铰拱。三铰拱为静定结构,计算简单,但施工中铰的构造复杂,维护不方便;两铰拱和无铰拱为超静定结构,工程中较多采用后两种形式。

按照拱上建筑的形式可以分为实腹式拱桥、空腹式拱桥和组合体系式拱桥。

(1)实腹式拱桥。指拱上建筑为实体结构,拱圈和主梁之间用石料或砌块填充的拱桥形式。优点是刚度大,构造简单,施工方便,可较好地缓冲活载产生的冲击力;缺点是随着桥梁跨径的增大,拱桥的自重迅速加大,跨径较大时一般不采用实腹式拱桥,常用跨径为20~30m。

(2)空腹式拱桥。指拱圈和主梁之间用立柱支撑。优点是较实腹式拱桥轻巧,节省材料,外形美观,还有助于泄洪;缺点是施工相对复杂,存在集中力作用于主拱圈。该形式多用在大跨径拱桥中(表3-2)。

表3-2 拱桥跨径、失跨比、梁高等布置参考

结构类型	跨径(m)	失跨比	拱轴线	主拱圈材料	主拱圈描述
刚架拱桥	48	1/12	二次抛物线	钢筋混凝土	肋型,桥宽20m,七片肋,肋高65~100cm,肋宽36cm,肋间距3m
实腹式拱桥	18	1/3	圆曲线	钢筋混凝土	桥宽9.5m,等截面板拱桥,厚75cm
空腹式拱桥	30	1/6	悬链线	钢筋混凝土	桥宽8.5m,实腹式等截面悬链线拱,厚80cm
下承式系杆拱桥	70	1/6	二次抛物线	钢管混凝土	桥宽28.2m,刚性肋拱和刚性系梁,钢管直径110cm,壁厚1.4cm;系梁40cm×160cm
下承式系杆拱桥	90	1/5	二次抛物线	钢管混凝土	桥宽17m,拱肋为竖向哑铃型,上、下弦钢管直径100cm,壁厚2.4cm
预制拼装箱型拱桥	130	1/5	悬链线	钢筋混凝土	桥宽11m,横向由6个箱型肋拼装,单个宽150cm,高190cm,箱室顶板10cm,底板20cm,腹板10cm
中承式提篮拱桥	300	1/3.6	抛物线,m=2.2	钢管混凝土	桥宽25m,拱截面由4根直径158cm钢管(壁厚16mm)和单根280cm钢管(壁厚18mm)集束而成,组合截面高5.6m,宽3.4m
空腹式石拱桥	20	1/5	悬链线	石拱桥	桥宽12m,主拱圈40#料石,厚65cm,腹拱圈30#料石,厚35cm
空腹式连拱桥	3×40	1/5	二次抛物线	钢筋混凝土	桥宽9m,实心截面,宽8.5m,厚0.9m;拱上立柱宽8.5m,厚0.8m,间距3.8m

注:①以上数据统计自收集的拱桥施工图纸。
②参考使用中应根据设计荷载、桥梁宽度等基础资料综合考虑后拟定尺寸。

按照拱轴线的形式可分为圆弧拱桥、抛物线拱桥、悬链线拱桥。

(1)圆弧拱桥。拱圈轴线按部分圆弧线设置的拱桥。拱轴各点曲率相同,线型简单。优点

是构造简单,采用圬工石料规格最少,备料、放样、施工都很简便;缺点是受荷时拱内压力线偏离拱轴线较大,受力不均匀。矢跨比较大时,与恒载压力线偏离较大,拱圈受力不均,一般适用于跨度小于 20m 的小跨径拱桥。

(2)抛物线拱桥。拱圈轴线按抛物线设置的拱桥,是悬链线拱桥的一种特例。均布荷载下,二次抛物线是拱的合理拱轴线。优点是弯矩小,材料用量少,跨越能力较大,拱轴线定位计算简单;缺点是构造较复杂,如果是石拱桥则料石的规格较多,施工较不方便。抛物线拱桥适用于恒载分布比较均匀的拱桥。

(3)悬链线拱桥。拱圈轴线按悬链线设置的拱桥,悬链线是实腹式拱桥的合理拱轴线。优点是受力均匀,弯矩不大,节省材料。悬链线拱桥多适用于实腹拱桥,大跨度的空腹拱桥中也常常采用这种线形布置。

(三)刚构桥(rigid frame bridge)

刚构桥指主要承重结构为刚构的桥梁。梁和腿或墩(台)身构成刚性连接。从受力特点看,刚构桥为介于梁桥与拱桥之间的结构体系,是由桥跨结构和墩台结构整体相连的桥梁。支柱与主梁共同受力,受力特点为支柱与主梁刚性连接,在主梁端部产生弯矩,减少了跨中截面正弯矩,而支座不仅提供竖向力,还承受弯矩。由于梁和柱的刚性连接,梁因柱的抗弯刚度而得到卸载作用,整个体系不仅成为压弯结构,同时也是推力结构。刚构桥跨径组合、截面尺寸等布置参考如表 3-3 所示。

结构形式可分为门式刚构桥、斜腿刚构桥、T 形刚构桥和连续刚构桥。

1. 门式刚构桥

门式刚构桥的腿和梁垂直相交呈门形构造,可分为单跨门构、双悬臂单跨门构、多跨门构和三跨两腿门桥。前 3 种跨越能力不大,适用于跨线桥,要求地质条件良好,可用钢和钢筋混凝土结构建造。三跨两腿门式刚构桥,在两端设有桥台,采用预应力混凝土结构建造时,跨越能力可超过 200m。

2. 斜腿刚构桥

桥墩为斜向支撑的刚构桥,腿和梁所受的弯矩比同跨径的门式刚构桥显著减小,而轴向压力有所增加;同上承式拱桥相比不需设拱上建筑,使构造简化。斜腿刚构桥桥型美观、宏伟,跨越能力较大,适用于峡谷桥和高等级公路的跨线桥,多采用钢和预应力混凝土结构建造。

3. T 形刚构桥

T 形刚构桥是在简支预应力桥和大跨钢筋混凝土箱梁桥的基础上,在悬臂施工的影响下产生的。上部结构可为箱梁、桁架或桁拱,与墩固结形成整体,桥型美观、宏伟、轻型,适用于大跨悬臂平衡施工,可无支架跨越深水急流,避免下部施工困难或中断航运,也不需要体系转换,施工简便。

4. 连续刚构桥

连续刚构桥分主跨为连续梁的多跨刚构桥和多跨连续刚构桥,均采用预应力混凝土结构,有两个以上主墩采用墩梁固结,具有 T 形刚构桥的优点。但与同类桥(如连续梁桥)相比:多跨刚构桥保持了上部构造连续梁的属性,跨越能力大,施工难度小,行车舒顺,养护简便,造价较低。多跨连续刚构桥则在主跨跨中设铰接,两侧跨径为连续体系,可利用边跨连续梁的重量使 T 构做成不等长悬臂,以加大主跨的跨径。

表 3-3 刚构桥跨径组合、截面尺寸等布置参考

结构类型	跨径组合(m)	截面形式	主梁结构尺寸描述
变截面连续刚构	35+60+35	三向预应力体系,单箱单室,全宽16.5m,单侧悬臂长4m,悬臂根部60cm	跨中:梁高2.0m,顶板25cm,底板25cm,腹板40cm 根部:梁高3.5m,顶板25cm,底板50cm,腹板90cm
变截面连续刚构	40+70+40	三向预应力体系,单箱单室,全宽13.5m,单侧悬臂长3.35m,悬臂根部55cm	跨中:梁高2.0m,顶板25cm,底板25cm,腹板40cm 根部:梁高3.5m,顶板25cm,底板60cm,腹板60cm
变截面连续刚构	40+70+50	双向预应力体系,单箱单室,宽8.5m,悬臂长2m,根部厚60cm	跨中:梁高1.8m,顶板25cm,底板25cm,腹板40cm 根部:梁高4.0m,顶板25cm,底板50cm,腹板60cm
变截面连续刚构	90+170+90	双向预应力体系,单箱单室,宽12m,悬臂长2.65m,根部厚80cm	跨中:梁高3.7m,顶板25cm,底板32cm,腹板50cm 根部:梁高10.0m,顶板25cm,底板100cm,腹板70~100cm
等截面连续梁连续刚构组合体系	2×17+25+2×17	普通钢筋混凝土,单箱双室,宽12m,悬臂长2.5m,根部厚45cm	跨中:梁高1.4m,顶板20cm,底板18cm,腹板50cm 根部:梁高1.4m,顶板20cm,底板30cm,腹板70cm
门式刚架体系	4×17.7	普通钢筋混凝土,实心截面,悬臂长1.35m,根部厚45cm	等截面,梁高90cm,固结墩厚90cm,高6m
Y型墩连续刚构	18+32+18	普通钢筋混凝土,单箱三室,悬臂长1.25m,根部厚30cm,Y型墩壁厚60cm,交角30°,高6m	等截面,梁高1.5m,中间3个长圆形箱室,宽50cm,高10cm,箱室间距1.4m,顶底板厚20cm,腹板厚90cm
连续梁连续刚构组合体系	60+5×110+60	三向预应力体系,宽12m,单箱单室,悬臂长2.85m,根部厚65cm;双薄壁墩,固结墩墩高98m,连续墩高64m	跨中:梁高2.5m,顶板25cm,底板28cm,腹板40cm 根部:梁高6.5m,顶板25cm,底板70cm,腹板80~150cm

注:①以上数据统计自收集的连续刚构桥施工图纸。
②参考使用中应根据设计荷载、桥梁宽度等基础资料综合考虑后拟定尺寸。

(四)斜拉桥(cable-stayed bridge)

斜拉桥又称斜张桥,是将主梁用许多拉索直接拉在桥塔上的一种桥梁,是由承压的塔、受拉的索和承弯的梁体组合起来的一种结构体系。它可看作是拉索代替支墩的多跨弹性支承连续梁,可使梁体内弯矩减小,降低建筑高度,减轻了结构重量,节省了材料。斜拉桥主要由基础、索塔、加劲梁、斜拉索组成。部分大跨径斜拉桥基本信息如表3-4所示。

表 3-4 部分大跨径斜拉桥基本信息

桥名	国家	跨径组合(m)	桥塔类型	主梁类型	斜拉索	建成时间(年份)
俄罗斯岛大桥	俄罗斯	60+72+3×84+1104+3×84+72+60	A型刚构混凝土桥塔,高321m	主跨钢箱梁,边跨混凝土箱梁	扇形双面索,共168根,镀锌钢丝	2012
苏通跨海大桥	中国	100+100+300+1088+300+100+100	倒Y型混凝土桥塔,高300.4m	钢箱梁	4×34×2=272根,镀锌钢丝1770MPa	2008
香港昂船洲大桥	中国	主跨1018m,全长1600m	独柱式钢筋混凝土桥塔,高295m	分离式双幅钢箱梁	扇形双面索	2009
鄂东长江大桥	中国	3×67.5+72.5+926+72.5+3×67.5	"凤翎"结构,高242.5m	主跨钢箱梁,边跨混凝土	4×30×2=240根,扇形双面索,平行钢丝索,1670MPa	2010
多多罗大桥	日本	270+890+320	带中缝的倒Y型钢结构桥塔,高220m	主跨钢桁梁,边跨PC桁梁	扇形索面	1999
诺曼底大桥	法国	10×43.5+96+856+96+10×53.5	倒Y型混凝土桥塔,高210m	主跨2×116mPC梁,624m钢箱梁,边跨PC箱梁	2×23×4=184根,平行钢绞线	1994
武汉白沙洲大桥	中国	50+180+618+180+50	钻石型A字型混凝土桥塔,高175m	主跨栓接钢箱梁,边主梁形式。边跨PC箱梁	96对斜拉索,平行钢丝束+双层PE套	2000
上海杨浦大桥	中国	45+99+144+602+144+99+45	倒Y型混凝土桥塔,高208m	钢梁	空间扇形双索面,镀锌高强钢丝	1993
法国米约大桥	法国	204+6×342+204	独柱式钢结构桥塔,最大塔高343m	正交异性钢箱梁,顶推法施工	6×2×7=84根钢绞线,单索面	2004

斜拉桥比梁式桥的跨越能力更大,是大跨度桥梁的主要桥型之一。斜拉桥由许多直接连接到塔上的钢缆吊起桥面。索塔型式有A型、倒Y型、H型、独柱,还有考虑实际需要做成异形尺寸的。材料有钢和混凝土。斜拉索布置有单索面(如夷陵长江大桥)、平行双索面(武汉长江二桥)、斜索面(武汉白沙洲大桥)、三索面(天兴洲长江大桥)等。

斜拉桥经济跨径在300~1000m是合适的,在这一跨径范围,斜拉桥与悬索桥相比,有较明显优势。德国著名桥梁专家F.leonhardt认为,即使跨径1400m的斜拉桥也比同等跨径悬索桥节省1/2的高强钢丝,造价低30%左右。目前我国最大跨径斜拉桥为2008年建成的主跨1088m的苏通长江大桥,世界最大跨径斜拉桥为2012年建成通车的俄罗斯岛大桥,主跨达1104m。

斜拉桥构造复杂,计算繁琐,特别是索力调整计算对于初学者来说难度较大,很难在毕业设计几个月的时间保质保量完成一座完整斜拉桥的尺寸拟定、计算分析和图纸绘制。本书对斜拉桥不作详细论述,仅提供已建成斜拉桥的结构类型描述和成桥图片(表3-4、图3-1),以供读者在方案拟定时参考。

俄罗斯岛大桥

苏通跨海大桥

香港昂船洲大桥

鄂东长江大桥

日本多多罗大桥

法国诺曼底大桥

上海杨浦大桥

法国米约大桥

图 3-1　部分大跨径斜拉桥照片

(五)悬索桥(suspension bridge)

悬索桥俗称吊桥,承载系统包括缆索、塔柱、锚碇、加劲梁等几部分。主缆为主要承重构件,在桥面系竖向荷载传递至加劲梁,通过吊杆使缆索承受较大的拉力,缆索锚固于悬索桥两端的锚碇结构中。悬索桥的受力特点为外荷载从梁经过系杆传到主缆,由主缆再到两端锚碇。

悬索桥是以承受拉力的缆索或链索作为主要承重构件的桥梁,由悬索、索塔、锚碇、吊杆、桥面系等部分组成。悬索桥的主要承重构件是悬索,它主要承受拉力,一般用抗拉强度高的钢材(钢丝、钢缆等)制作。由于悬索桥可以充分利用材料的强度,并具有用料省、自重轻的特点,因此在各种体系桥梁中的跨越能力最大,跨径可以达到1000m以上。1998年建成的日本明石海峡桥的跨径为1991m,是目前世界上跨径最大的桥梁。悬索桥的主要缺点是刚度小,在荷载作用下容易产生较大的挠度和振动。

常规的主缆锚碇系统设置在桥梁两岸的山体岩石中,没有条件时可做成重力式,少数情况下,为满足特殊的设计要求,也可将主缆直接锚固在加劲梁上,从而取消了庞大的锚碇,变成了自锚式悬索桥。

与斜拉桥一样,悬索桥的构造复杂,不适合作为本科毕业设计的题目。现代悬索桥的基础、主塔、鞍座、锚碇系统、主缆系统、吊索系统等每一个部件的构造和计算都需要较强的专业知识和经验,本书作者也只列出少数悬索桥的基本信息,供读者在桥型方案比选时参考(表3-5)。

表 3 - 5　部分悬索桥基本信息

桥名	国家	桥跨(m)	建成时间(年份)	其他信息
明石海峡大桥	日本	960+1991+960	1998	世界上目前最长的悬索桥,顶推法施工
舟山西堠门大桥	中国	578+1650+485	2009	钢箱梁全长在悬索桥中居世界第一
润扬长江大桥	中国	470+1490+470	2005	中国第一座刚柔相济的组合型桥梁
金门大桥	美国	345+1280+345	1937	
武汉鹦鹉洲长江大桥	中国	225+2×850+225	2014	世界首座主缆连续的三塔四跨悬索桥
金石滩金湾桥	中国	24+60+24	2003	钢-混凝土组合梁,自锚式悬索桥
浙江永康溪心大桥	中国	37+90+37	2004	混凝土主梁,自锚式悬索桥
日本清洲桥	日本	45.8+91.5+45.8	1928	钢梁,自锚式悬索桥

三、横断面布置

桥面的横断面布置主要包括桥面布置和主要承重结构(如主梁和主拱圈)的横截面设计。

(一) 桥面布置

桥宽取决于桥梁所处的道路等级(如高速公路,城市主干道路)以及交通量大小等。桥面布置在毕业设计任务书中未给定时,需按相关规定自行确定。

公路桥梁的净空限界图示及桥面布置尺寸见现行《公路桥涵设计通用规范》(JTG D60—2015)中的 3.4.1 款规定。城市桥梁以及位于大、中城市近郊的公路桥梁的净空尺寸,应结合《城市桥梁设计准则》(CJJ 11—2011)中的 5.0.2 款对桥梁横断面布置做出的规定。

弯道上的桥梁应按路线要求设置加宽超高。公路桥梁人行道和自行车道的设置应根据实际需要而定。人行道的最小宽度为 0.75m 或 1m,大于 1m 应按照 0.5m 的倍数增加。城市桥梁人行道宽度除按人群流量计算外,还应考虑周围环境等因素影响,参见《城市桥梁设计准则》(CJJ 11—2011)中的 6.0.7 款。

不设人行道的桥梁,应设置栏杆、防撞墙和安全带。在路基同宽的小桥涵可仅设缘石或栏杆。

对分车道布置来说,可在桥面上设置中央分隔带,用以分隔上、下行车辆,从而使上、下行交通互不干扰,提高行车速度,便于交通管理。但在桥面布置上需要增加一些附属设置,同时桥面宽度也应适当增加。高速公路、一级公路上的桥梁以建上、下行两座独立梁桥(双幅路)为宜。分车道布置除分隔上、下行交通外,也可将机动车与非机动车道分隔以及将人行道与行车道分隔。

行车道与人行道一般布置在同一平面内,必要时也可采用双层桥面布置,以节约桥面宽度,减小人车相互影响,但存在人行道视角较差的问题。

为便于桥面排水,整体式桥面设置双向横坡(路拱),分离式双幅桥设置向桥面边缘倾斜的单向横坡,坡度为 1.5%~2.0%;人行道应设置向桥面中线倾斜的横坡,坡度一般为 1%。

(二) 横截面设计

(1)不同的结构体系具有不同的受力特点,如梁式桥的主梁是以它的抗弯能力承受荷载的,同时也要保证抗剪(或主拉应力)要求。因此,确定梁式桥截面的原则是用最经济的面积提供最大的抗弯弯矩,或在自重最小的同时具有最大的承载能力。对于钢筋混凝土或预应力混凝土简支体系,由于仅承受单向正弯矩,受拉区主要是钢筋或预应力筋起作用,因此,混凝土面积仅需要满足配筋和相应构造要求,而受压区则应保证有足够的承压面积。所以,当简支体系跨径在 30m 以上时,一般采用 T 梁;跨径在 25m 以下时,为便于施工,采用板式(空心)截面较多。在连续体系中,由于存在正、负弯矩区,选择截面时需要考虑承受双向弯矩的需要。对跨度不超过 50m 的简支连续 T 形梁,必要时应对支点附近截面加宽,或局部增强支点附近梁体受压区,以提高截面抵抗负弯矩和剪力的能力。当连续梁跨径超过 50m 时,一般采用能适应双向弯矩、抗弯抗扭能力强的箱形截面。拱桥主拱以受压为主,除采用满堂支架施工的拱桥外,施工过程中主拱在体系转换时截面将承受较大弯矩,在设计拱圈截面时应予以充分考虑。

(2)桥梁跨径较小,如在 5~20m 时,截面设计主要考虑形状要简单,施工要方便,因此板式截面应用较多。随着跨径的增大,自重内力所占的比重迅速增大。为提高设计经济性,一方面希望截面尺寸尽可能小,材料尽量轻,强度尽量高;另一方面又需要截面有足够的抗力。跨径在 20～50m 时,主梁采用肋式截面较多,如 T 形、I 形、Ⅱ形等;主拱圈主要采用矩形。大跨径梁桥主梁一般采用箱形截面;拱圈主拱宜采用箱形,以管型为主。跨径更大的斜拉桥主梁主要采用箱形(钢主梁)和双主梁(混凝土主梁)截面,悬索桥加劲肋主要采用箱形截面。

(3)桥梁的施工方法很多,有整孔安装、支架施工、缆索吊装、顶推施工、劲性骨架施工、悬臂施工等。不同的施工方法导致截面有不同受力状态,因此设计要求也不尽相同。如整孔安装和支架施工小跨径桥梁,没有复杂的体系转换,施工过程与成桥结构受力状态接近,一般采用经济性好、施工方便的板式、扁平箱形截面。梁桥采用悬臂施工时,为保证施工过程中结构具有足够的强度、刚度及稳定性,通常采用箱形截面;采用顶推施工时,由于每个截面都要经受正、负弯矩的作用,所以必须采用箱形截面。拱桥采用无支架和少支架施工时,可采用肋式截面、箱形截面和钢管混凝土组成的各种形状的截面。

(4)在对桥梁美观有较高要求时,为解决预制安装 T 形、I 形、Ⅱ形、空心板截面仰视景观差的问题,应首先考虑箱形截面或横截面底缘呈弧线形的板、箱形截面。

(三)截面形式

梁式桥的横截面有板式、肋式和箱式等几种形式。

拱桥的截面形式可视上承式、中承式和下承式桥型选用。上承式拱桥主要采用板式、肋式和箱式截面,中等跨度以上的拱桥一般采用无支架或少支架施工方法施工,为方便吊装、合龙,采用钢筋混凝土肋拱和箱形拱的较多。中承式和下承式拱桥则采用矩形、"工"字形、箱形等截面形式。

四、上部结构尺寸拟定

在实际工程中,人们根据多年实践经验及理论研究成果,同时考虑设计、使用及施工等多种因素,已经形成了一些常用的截面形式及其基本尺寸,可作为设计参考。在方案阶段只是初步选定截面的形式和轮廓尺寸,其余的细部尺寸尚未确定。细部尺寸的确定可参考已建成的相同桥型,相似跨径、桥宽、荷载标准的桥梁的截面尺寸,可根据方案的具体情况进行设计。设计时要考虑以下几方面因素:

(1)受力。在梁式体系中截面主要受弯矩作用,上、下翼缘承受拉力、压力,而腹板承受剪力,因此顶板和底板的厚度由拉力、压应力控制,腹板厚度由剪应力控制。T 形梁的翼缘板和箱梁的顶板除了作为主梁的一部分承受纵向弯矩外,还起到桥面板的作用,承受横向弯矩,这部分尺寸必须先定下来,以免到最后加大返工工作量。因此,在梁式体系中计算内容的第一部分,就是桥面板的计算。

(2)构造。有时截面尺寸不是受应力控制而是受构造控制。如钢筋混凝土的受拉区,混凝土不受力,仅起到保护钢筋的作用,此时构件的尺寸在混凝土满足规范要求的保护层厚度的前提下尽量取最小值,以减轻构件自重;预应力混凝土简支 T 形梁或箱梁的顶、底板,腹板厚度处满足受力要求外,还应考虑预应力管道的布置要求,如采用什么预应力体系,管道外径尺寸多大,如果需要多排或多列布置,则在考虑排、列间距后再加上外面普通钢筋和混凝土保护层,即为构造要求的板厚;在预应力筋锚固截面还需考虑锚垫板的尺寸大小及锚头所占的最小尺寸等。

(3)施工。不同的施工方法对截面尺寸的要求也不相同。如整体浇筑施工法,则要求有一定的构造厚度,以适应混凝土的浇捣,而采用滑模施工法的构造尺寸在满足结构受力和管道钢筋布置的条件下有可能进一步减小。

下面为截面的选定及截面尺寸拟定的一些经验。

根据《公路桥涵设计通用规范》(JTG D60—2015)中的3.3.6规定,桥涵跨径在50m及以下时,宜采用标准化跨径。采用标准化跨径的桥涵宜采用装配式结构及机械化、工厂化施工。桥涵标准化跨径规定如下:0.75m、1.0m、1.25m、1.5m、2.0m、2.5m、3.0m、4.0m、5.0m、6.0m、8.0m、10m、13m、16m、20m、25m、30m、35m、40m、45m、50m。根据《公路钢筋混凝土及预应力混凝土桥涵设计规范》(JTG D62—2004)中的4.1.4及4.1.5的规定,钢筋混凝土简支板桥的标准跨径不宜大于10m,钢筋混凝土连续板桥的标准跨径不宜大于13m。预应力混凝土简支板桥的标准跨径不宜大于20m,预应力混凝土连续板桥的标准跨径不宜大于25m。钢筋混凝土T形、I形截面简支梁标准跨径不宜大于16m,钢筋混凝土箱形截面简支梁标准跨径不宜大于20m,钢筋混凝土箱形截面连续梁标准跨径不宜大于25m。预应力混凝土T形、I形截面简支梁标准跨径不宜大于50m。

根据《公路桥涵设计通用规范》(JTG D60—2015)中关于桥面铺装、防水及排水的规定,桥面铺装应设防水层,高速公路和一、二级公路上桥梁的沥青混凝土桥面铺装层厚度不宜小于70mm,二级以下公路桥梁的沥青混凝土桥面铺装层厚度不宜小于50mm。同时沥青混凝土桥面铺装尚应符合现行《公路沥青路面设计规范》(JTG D50—2006)的有关规定。水泥混凝土桥面铺装面层(不含整平层和垫层)厚度不宜小于80mm,混凝土强度等级不应低于C40。水泥混凝土桥面铺装层内应配置钢筋网。钢筋直径不应小于8mm,间距不宜大于100mm。水泥混凝土桥面铺装尚应符合《公路水泥混凝土路面设计规范》(JTG D40—2011)的有关规定。

当连续体系梁桥的跨径超过40~60m或者更大时,主梁多采用箱形截面,它的构造布置灵活,适用于支架现浇施工、逐孔施工、悬臂施工等多种施工方式,常见的箱形截面有单箱单室、单箱双室、单箱多室和分离式双箱单室等几种,第一种应用得较多。

确定箱梁截面顶板厚度一般需考虑两个因素:满足桥面板横向弯矩的要求(横载、活载、日照温差等),满足布置纵横预应力钢筋束的要求。顶板厚度一般情况下取 $t=25\sim30$ cm。车行道部分的箱梁顶板或其他呈现连续板受力特性的桥面板以及悬臂板厚度拟定,可参考表3-6。

表3-6 车行道部分桥面板的厚度　　　　　　　　　单位:cm

位置	桥面板跨度方向	
	垂直于行车道方向	平行于行车道方向
顶板或连续板	$3l+11$(纵肋之间)	$5l+13$(横隔之间)
悬臂板	$l<0.25$ 时,$28l+16$	$24l+13$
	$l>0.25$ 时,$8l+21$	

注:两个方向厚度计算后取小值,l 为桥面板的跨度(m)。

顶板两侧悬臂板的长度对活载弯矩数值影响不大,但恒载及人群荷载弯矩随悬臂长度几乎成平方关系增加,故悬臂长度一般不大于 5m,当长度超过 3m 后,宜布置横向预应力束筋。悬臂板根部厚度一般为 60～70cm,端部厚度一般为 15～20cm。底板厚度与主跨之比宜为 1/140～1/170,跨中区域底板厚度则可按构造要求设计,一般 0.22～0.28m。

对于腹板的最小厚度,一般的设计经验为:①腹板内无预应力束筋管道布置时,其最小厚度可采用 $t_{min}=20cm$;②腹板内有预应力束筋管道布置时,可采用 $t_{min}=25～30cm$;③腹板内有预应力束筋锚固头时,则采用 $t_{min}=35cm$。

顶板与腹板接头处设计梗腋,可提高截面的抗扭刚度和抗弯刚度,减小扭转剪应力和畸变应力。加腋有竖加腋和水平加腋两种。

拱桥的上部结构主要由主拱、拱上建筑和桥面系组成。在设计中,我们要先确定好桥面高程、起拱线高程、拱顶底面高程和基础底面高程这 4 个控制高程,它们是拱桥总体布置中的一个关键问题。

主拱圈的矢跨比是拱桥设计中的主要参数之一,在选取时应从上、下部结构的受力、通航、泄洪、环保和美学等综合因素考虑确定。在通常情况下,对于砖石、混凝土板拱桥及双曲拱桥,矢跨比一般为 1/6～1/4,不宜小于 1/8;箱形拱桥的矢跨比一般为 1/8～1/6;圬工拱桥的矢跨比一般都不宜小于 1/10;钢筋混凝土拱桥的矢跨比一般为 1/10～1/6,不宜小于 1/12。

拟定箱形拱截面尺寸主要包括拱圈的高度、宽度、箱肋的宽度以及顶底板及腹板尺寸。

拱圈的高度主要取决于拱的跨度,还与拱圈所用混凝土强度有很大关系。初拟拱圈的高度时,拱圈高度可取跨径的 1/55～1/75,或按如下经验公式估算:

$$h=\frac{l_0}{100}+\Delta$$

式中:h——拱圈高度(m);

l_0——净跨径(m);

Δ——箱形拱为 0.6～0.7m,箱肋拱为 0.8～1.0m。

提高混凝土的强度可以减小截面尺寸,从而减轻拱体本身的自重力或加大跨径。目前常用 C40～C50 混凝土,对特大跨径拱桥应尽量采用等级更高的混凝土。

拱上建筑的类型有实腹式和空腹式两种。实腹式整个拱上空间为材料填满,构造简单而自重较大;空腹式是拱上空间部分挖空以减轻自重,但构造比较复杂。在设计中一般采取立柱作为拱上建筑,用以支撑桥面系,大大减轻了自重。一般情况下,立柱的间距不宜超过 8～10m,否则桥面系重量会成倍增加。

刚架拱是在我国传统的双曲拱、桁架拱的建筑经验基础上结合斜腿刚架的特点发展演变而来的一种桥型,其承重结构由拱肋(圈)构成主拱,拱上建筑取斜腿刚架的形式。可以说是拱与斜腿刚架的复合结构,因此受力兼具拱与梁式刚架的特性,从而呈现出良好的力学性能。刚架拱桥的上部构造是由刚架拱片、横系梁和桥面等几个部分组成,具有杆件数量少、整体性好、自重轻、材料省、对地基承载力要求比其他拱桥低、经济指标较好等优点。在桥型构造上以少量构件和简洁明了的几何图形构成简练的桥梁形态,在视觉上给人以简洁生动、纤细有力的桥梁形态,从而产生美学效应。

主梁和主拱腿构成的拱形结构的几何形状是否合理,对全桥结构的受力有显著影响,其中设计原则是在恒载作用下弯矩最小。主梁和次梁的梁肋上缘线一般与桥面纵向平行,主梁下边缘线一般可采用二次抛物线、圆弧线或悬链线,使主梁成为变截面构件。主拱腿可根据跨径大小和施工方法等不同,设计成等截面直杆或微曲杆。有时从美观考虑,也可采用与主梁同一曲形的弧形杆,但需注意受压稳定性。

该种桥型特别适合于中小跨径需要单孔跨越的地方,通常跨径为25～70m,如高速公路跨线桥、城市人行桥和跨河桥。多跨时斜腿将会相互干扰和冲突,显得杂乱而无序。

五、下部结构尺寸拟定

桥梁下部结构包括桥墩、桥台和基础。

(一)桥梁墩台

桥梁墩台特点已在第二章进行了介绍,不再赘述。下面仅介绍一下桥墩的选取原则。

桥墩位置选择不仅是基础设计的问题,而且也是桥梁总体设计中的一项重要内容,必须与上部结构设计综合考虑进行选择。一般遵循以下原则:

(1)使桥梁总体经济性好。应当注意桥墩越高,跨径越小,下部结构工程量会加大;反之,桥墩越少,跨径越大,上部结构的工程量就会加大。

(2)满足上部结构受力的最佳要求而要求的桥墩位置,例如合适的连续梁边中跨比可减少上部结构材料。

(3)避免不必要的深水墩和高墩等施工难度较大的桥墩位。

(4)满足通航要求。

(5)避免在不良地质构造层上建造桥墩,否则后患无穷。

(6)合理考虑桥梁美观要求。

(二)基础

基础是桥梁建设中最关键的部位之一,其形式的选择涉及工期、造价、施工安全与桥梁安全,必须高度重视。

基础形式的选择主要根据地质条件、上部构造受力要求、水文状况、施工设备等来考虑。

1. 明挖基础

在具有较好持力层,且基础埋置深度较浅时(埋深一般在5m以内),采用明挖基础最为经济,但必须注意开挖时的排水可能性。当地下水和渗流速度较低,且坑壁稳定时,埋置深度可以达到10m左右。

2. 桩基础

桩基础是一种使用较广的基础形式,一般由两根以上的桩＋承台组成。可根据水位情况采用低桩承台和高桩承台。根据桩在地基中的受力性能分为摩擦桩、支承桩和摩擦支承桩。桩的形式包括:

(1)沉入桩。沉入桩所用的基桩分为钢筋混凝土桩、预应力混凝土桩以及钢筋混凝土或预应力混凝土管桩。沉入方法包括锤击沉桩、振动沉桩、射水沉桩及静水沉桩等。

(2)钻(挖)孔灌注桩。钻(挖)孔灌注桩是我国桥梁基础常见的形式。其中挖孔桩在地质条件允许时方能采用。目前钻孔灌注桩的入土深度已超过100m,最大桩径已达4m以上。

桩基础设计一般应先收集所需设计资料,拟定出设计方案(包括选择桩基类型、桩长、桩径、桩数、桩的布置、承台位置及尺寸等),然后进行基桩和承台以及桩基础整体强度、稳定、变形验算,经计算、比较、修改直至符合各项要求,最后确定较佳的设计方案。

3. 管柱基础

当水文地质条件较复杂,特别是深水岩面不平、无覆盖层或覆盖层很厚时,采用管柱基础比较合适。管柱基础的结构,可采用单根或多根形式,使之穿过覆盖层或溶洞、孤石,支承于较密实的土质或新鲜岩面。管柱基础主要由三部分组成,即承台、多柱式柱身和嵌岩柱基。按承台底板的高低分为低承台管柱基础和高承台管柱基础两类。目前国内管柱基础深度已达70m(其中穿过45m覆盖层),最大直径达5.8m。

4. 沉井基础

在表层地基土的承载力不足,地下深处有较好的持力层,或山区河流中冲刷大,或河中有较大卵石不便于桩基础施工,或岩层表面平坦,覆盖层不厚,但河水较深等条件下,即水文地质条件不宜修筑天然地基和桩基时,根据经济比较分析,可考虑采用沉井基础。沉井基础的特点是埋置深度可以很大,整体性强,稳定性好,刚度大,能承受较大的荷载作用。沉井本身既是基础,又是施工时的挡土、防水围堰结构物,且施工设备简单,工艺不复杂,可以几个沉井同时施工,场地紧凑,所需净空高度较低,故在桥梁工程中得到较广泛的应用。

5. 重力式深水基础

重力式深水基础设置是指先采用在陆地上将基础结构物预制好,然后在深水中设置的一种基础形式,适用于水深、潮急、航运频繁等修建基础甚为困难的条件下。目前,深水设置基础按基础形式基本上有两种:一是设置沉井基础,另一种是钟形基础。

6. 组合基础

当水深、流急以及地质条件极其复杂,河床土质覆盖层特别厚,施工时水流冲刷深度特别大,施工工期特别长时,采用单一形式的基础已难以适应。为了确保基础工程安全可靠,同时又能维持航道交通,宜采用由两种以上结构形式组成的组合式基础。

桥梁下部结构选型与上部结构是息息相关的,根据上部结构的结构形式和受力情况再结合工程地质资料即可拟定下部结构形式及尺寸。

六、方案拟定及比选

用"安全、适用、经济、美观"的四大原则进行方案拟定和比选。"安全、适用"原则毫无疑问应该占主导地位。同一基础条件下的不同桥型方案,在"经济、美观"的原则下侧重点不同时,就有相对较优的方案。

评价指标还包括主要材料(钢、木、水泥)用量、劳动力(包括专业技术工种)数量、全桥总造价工期、养护费用、运营条件、有无困难工程、美观等。为了获得这些指标,通常可充分利用已有资料或通过一些简便的近似计算,对每一种方案拟定结构主要尺寸,并计算主要工程数量。有了工程数量,乘以相应的材料和劳动定额以及扩大单价,就不难得出一些指标的数量,从而估算出全桥造价。其他一些不能得出具体数量的指标应当进行适当的概略评价。

综合以上各项评价指标,结合四大原则,提出推荐方案。

以我们熟悉的武汉长江大桥为例,从 1913 年起,以詹天佑为首的桥梁专家们首次对长江大桥进行初勘开始,至建国后李文骥进行长江大桥测量勘探,先后经历了 5 次大的规划,专家组提出了 8 个桥址方案,并就桥梁规模、桥式、材质、施工方法等进行多次讨论,最后从战备考虑将桥梁方案改为三孔一联的等跨桁架连续梁形式。这是基于当时国情和建桥技术水平的最优桥梁方案。随着中国市场经济高速发展,综合实力明显提升,建桥水平突飞猛进,如果在同一桥址处再建长江大桥,这种最大跨径 128m 的连续钢桁梁结构体系不会成为首选方案,甚至都没有资格进入长江大桥的比选方案中。

从跨越长江的桥梁修建历程来分析,从最初的钢桁架连续梁体系(武汉长江大桥,1957 年;白沙沱长江大桥,1960 年;南京长江大桥,1968 年)到大跨径连续刚构体系(黄石长江大桥,1995 年;泸州长江一桥,1982 年;泸州长江三桥,2001 年),到钢筋混凝土拱桥(万县长江大桥,1997 年),再到现代化的斜拉桥(武汉长江二桥,1995 年;天兴洲长江大桥,2009 年)和悬索桥(西陵长江大桥,1996 年;鹦鹉洲长江大桥,2014 年),如今,涉及到新建长江大桥的方案,多数会以斜拉桥和悬索桥为主要比选桥型。

由此可见,基于不同的设计原则,会有多个可行的桥型方案,只有通过综合比较,才可能得到多条件约束下的"最优"桥型,这也是方案比选的意义和目的。

方案比选说明书也应是桥梁工程毕业设计文件的组成部分,主要包括设计条件与要求、水文计算(水文参数给定时除外)、初步方案拟定与各方案评述、比较方案确定、各方案进一步评述与比较、推荐方案的确定。

第四节 桥梁方案比选实例

一、项目背景

十堰市位于湖北省西北部,汉江中上游,武当山北麓中低山区,汉江南岸,属北亚热带季风气候,历年平均气温 15.2℃,年平均降雨量 828mm,跨东经 109°29′—111°16′,北纬 31°30′—33°16′,是鄂、豫、陕、渝毗邻地区唯一的区域性中心城市。它位于华中、西南、西北三大经济板块的结合部,地处五省交界处,承担着东进西出、南北相连的作用。

郧县(现为十堰市郧阳区)地处鄂、豫、陕三省边沿、鄂西北汉江上游,秦岭巴山东延余脉褶皱缓坡地带,史称"五丁於蜀道,武陵之桃源"。境内高山与盆地兼有,北部属秦岭余脉,南部属武当山,海拔多在 800m 以上;中部汉江谷地为海拔 250~500m 的丘陵区。沟壑与岗地交错,山野辽阔、地势险要。

依据《郧县长岭片区汉江大道以东道路初步设计专家评审意见》和《2012—2025 年长岭新区道路网规划》的要求,佳恒大道桥(后改名为天马大道跨线桥)的主要技术指标如下:

(1)汽车荷载:城市-A 级;人群荷载:3.0kPa,并按公路-Ⅰ级标准复核。

(2)设计车速:60km/h。

(3)车道数:双向四车道,路幅宽度30m。
(4)桥梁纵坡:0.6%单向直线坡。
(5)下穿的汉江大道路幅形式:7m(人行道)+12m(机动车道)+2m(中央分隔带)+12m(机动车道)+7m(人行道)=40m,斜角角度80°。

二、桥型方案拟定

本桥上跨汉江大道,斜角角度约80°,下穿道路路幅宽度40m,中间设置2m中央分隔带。根据这些基础资料,判断桥梁的总长可控制在100m之内,如果采取单跨跨越下穿道路,考虑净空要求和桥墩尺寸,桥梁跨径至少大于45m。如果在中央分隔带设置桥墩,那么桥梁跨度可控制在25m左右。在20～60m跨径时,桥型可考虑简支梁、连续梁、拱桥,而变截面连续梁、斜拉桥、悬索桥不是此类小跨径的经济桥型。

再从佳恒大道本身的道路信息看,路幅总宽度30m,双向四车道,桥梁横断面可考虑按双幅桥,上、下行分离来设计。桥面中央设置防撞护栏。人行道外侧设置0.25m栏杆,内侧可设防撞护栏以保护行人安全。从路网规划分析,桥的两侧最好能设置人行梯道以方便连接佳恒大道和汉江大道的行人交通。

从总体布局、环境协调、技术先进性、施工可能性、景观要求、技术经济等多方面考虑后,该桥在进行桥型方案比选时共拟定出4个方案,分别为:①预制小箱梁方案;②现浇箱梁方案;③钢筋混凝土箱型拱方案;④钢筋混凝土刚架拱方案。

(一)预制小箱梁方案

上部构造:采用4×25m装配式预应力混凝土组合箱梁,先简支后结构连续。梁高1.4m;边板宽2.85m,中板宽2.4m,采用交通部标准图系列之《装配式预应力混凝土箱形连续梁桥上部构造》中的构造形式。

下部结构:桥墩采用双柱墩接帽梁,墩柱直径1.4m,桩基础直径1.6m,柱间距8.4m,支座系统高0.25m;桥台采用桩柱式桥台,基础为直径1.2m桩基础。

施工方案:预制吊装小箱梁,后现浇墩顶湿接缝,张拉墩顶负弯矩钢束。桥梁斜交角度80°,桥型布置图如图3-2所示。

(二)现浇箱梁方案

上部构造:20m+25m+25m+20m预应力混凝土连续箱梁,单箱三室,跨中腹板厚0.4m,横梁端部腹板厚0.6m,顶板厚0.25m,底版厚0.22m,边腹板为斜腹板,悬臂长2m,中横梁厚2m,端横梁厚1.5m。仅布置纵向预应力。

下部结构:采用双柱H形墩,墩顶扩头,进行一定的倒角圆角处理,承台厚2.5m;桥台采用桩柱式桥台,基础均为桩基础,桩基直径1.2m。

施工方案:满堂支架法现浇施工,支架搭设时预留下穿通道,以便汉江大道车辆通行。桥型布置图如图3-3所示。

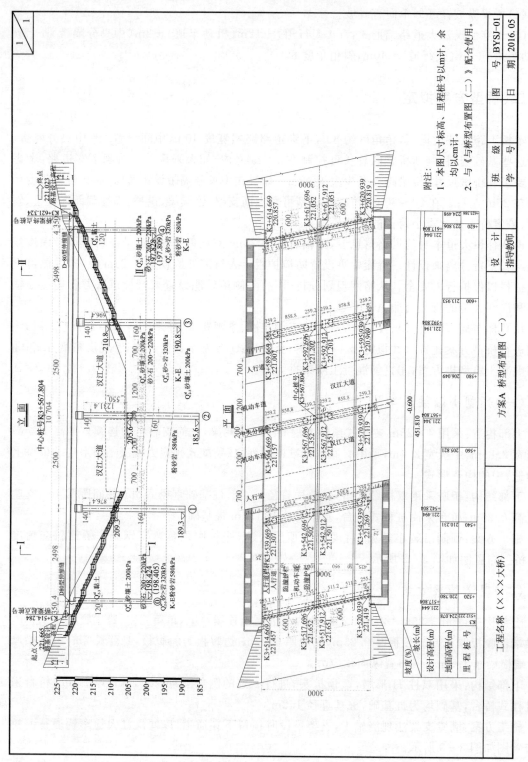

图 3-2(a) 桥型布置图（一）

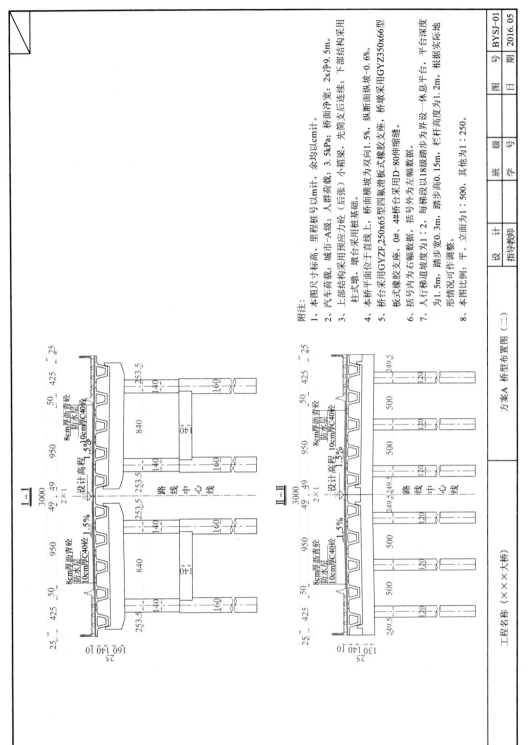

图 3-2(b) 桥型布置图(二)

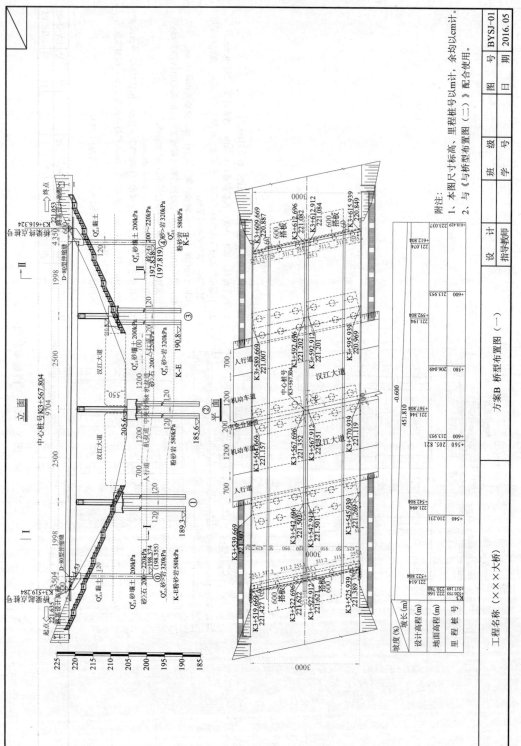

图 3-3(a) 桥型布置图(一)

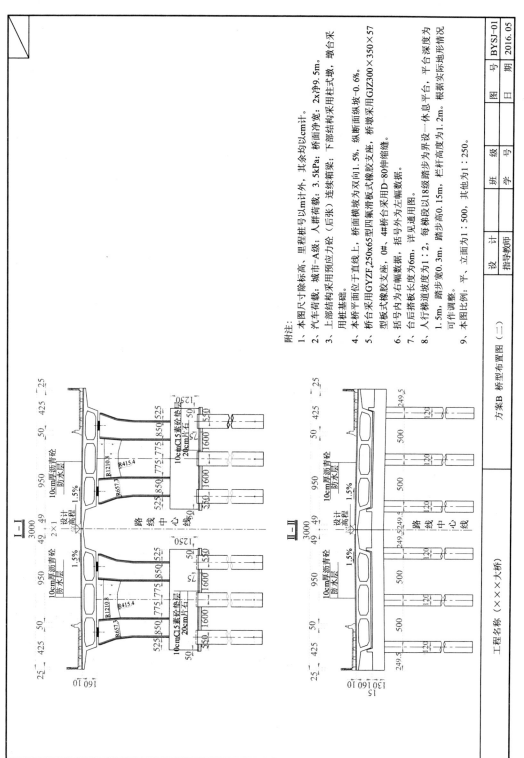

图 3-3(b) 桥型布置图(二)

(三)拱桥方案

(1)上部结构。采用8m×10m预应力混凝土桥面连续空心板,板宽1.24m,板高0.6m,边板悬臂长0.63m,结构形式均采用交通部颁布的标准图。

(2)下部结构。墩柱采用双柱式矩形墩,拱圈采用箱形变截面钢筋混凝土拱,拱圈厚1.1m,拱圈跨径 L 为54m,矢高为8m,矢跨比为1∶6.75,拱角处设置承台配桩基础,承台厚度2.5m,桥台采用桩柱式,桩基直径均为1.2m。

(3)施工方案:主拱圈采用满堂支架,或用临时桁架为支撑,待主拱圈浇筑完成,混凝土达到85%设计强度后,施工拱上立柱,从桥台向中间吊装空心板,桥面系施工完成后拆除临时拱圈支架。

具体构造尺寸见桥型布置图(图3-4)。

(四)刚架拱方案

采用单孔跨径54m的现浇钢筋混凝土实腹型刚架拱,刚架拱实腹段底部为二次抛物线,其余均为矩形构件。

桥台采用U形桥台,台帽厚度0.5m,背墙高度1.75m,前墙外侧坡度比为10∶1,侧墙及前墙坡度比为3∶1,采用圬工材料。基础视地质条件可采用扩大基础或桩基础。

施工方案:刚架拱采用满堂支架法施工,桥面系施工完成后方可拆除临时支架。

桥型布置图如图3-5所示。

二、桥型方案比选

经过以上技术、经济比较后,综合各方面考虑,将C方案作为推荐桥型方案,其主要优点:①该方案造价在4个方案中最低;②后期维护费用较少;③该方案不设桥墩,不影响桥下车辆行驶视线;④造型美观优雅。

4个方案效果图如图3-6所示。

各方案桥型比选表如表3-7所示。

实际施工桥型即为推荐的上承式拱桥方案,在施工图(图3-7)设计中,主拱圈的截面尺寸和矢跨比等构造基本沿用方案设计,采用Midas Civil和桥梁博士分析软件进行对比分析。从计算结果看,拱脚的水平推力比方案设计时预估的要大得多。由于桥台两岸地质条件较差,持力层是强风化粉砂岩,施工图设计中采取了加大桥台尺寸、加大承台尺寸、底部设置抗滑齿,同时增大桩基础直径和数量的措施。此外,将第一跨的基础相连,采用一字墙与承台刚接,利用台后土压力抵抗水平推力,并通过这些构造处理,让上承式拱桥在此类地质条件下成为可行方案。该桥2015年已建成通车(图3-8)。

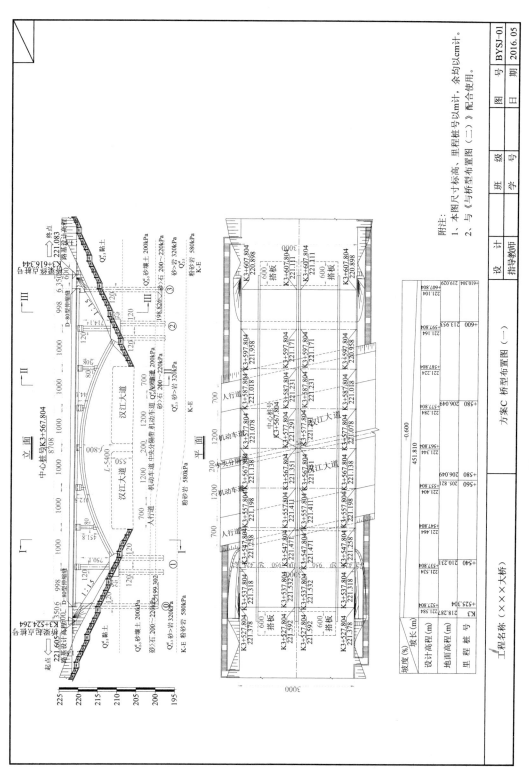

图 3-4(a) 桥型布置图（一）

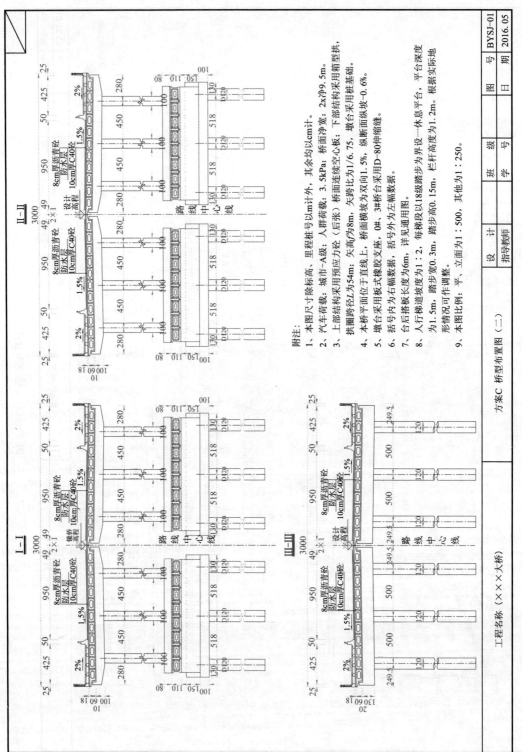

图 3-4(b) 桥型布置图（二）

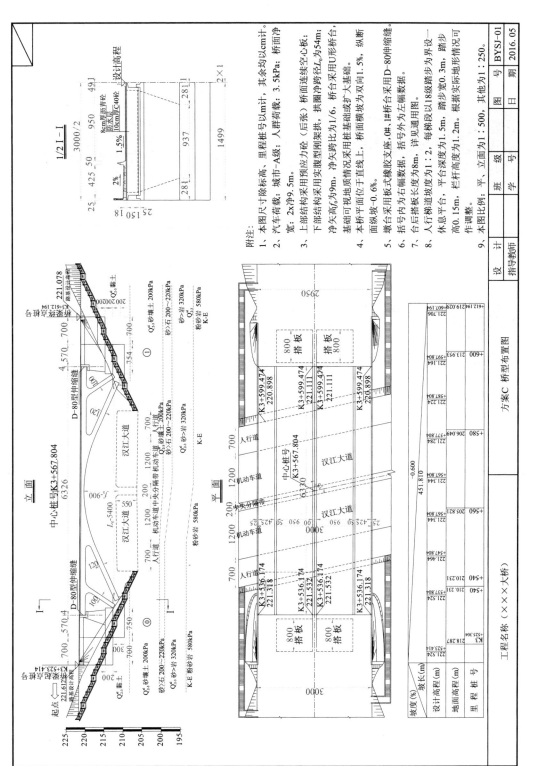

图 3-5 桥型布置图

(a)组合小箱梁方案

(b)现浇箱梁方案

(c)拱桥方案

(d)刚架拱方案

图 3-6　桥梁方案效果图

表 3-7　佳恒大道桥型方案比选表

项目	方案	组合箱梁方案	现浇箱梁方案	拱桥方案	刚架拱方案
1	桥长(m)	107.04	97.04	87.08	88.66
2	桥面宽度(m)	30	30	30	30
3	桥跨布置	4×25m	20+25+25+20m	54m	54m
4	桥面面积(m²)	3 211.2	2 911.2	2 612.4	2 659.8
5	桥下空间	路中设墩,影响视线	路中设墩,影响视线	单跨跨越,视线较好	单跨跨越,视线较好
6	估算造价	1 605.6万元	1 736.6万元	1 597.2万元	1 551.4万元
7	预计工期	70 天	90 天	80 天	70 天
8	施工难度	一般	较大	较大	大
9	桥梁造型	简约朴实	整体性好	造型优雅	美观大方
10	行驶性能	较好	很好	较好	好
11	后期养护维护	大	较大	较小	较小
12	技术先进性	较先进	先进	一般	一般
13	结论	—	—	推荐方案	—

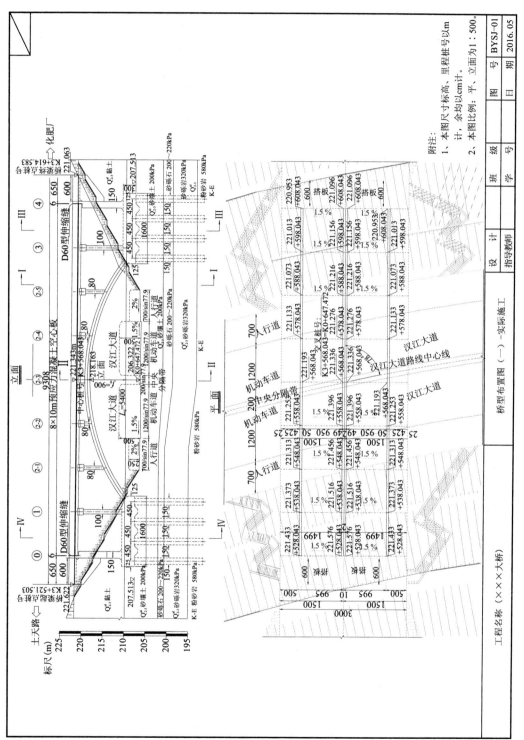

图 3-7(a) 桥型布置图(一)—实际施工

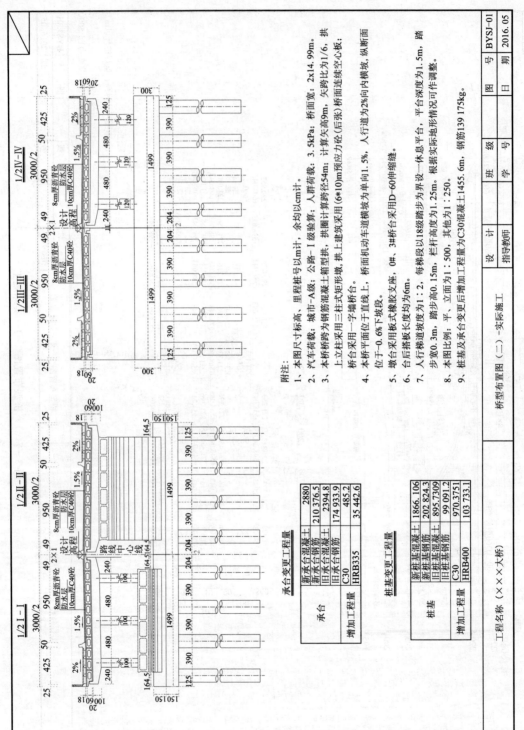

图 3-7(b) 桥型布置图（二）-实际施工

图 3-8 成桥照片

第四章　设计示例 1:PC 简支 T 梁桥设计

第一节　桥梁基本资料

一、设计资料

(一)地理位置及设计参数

该桥位于三板溪水电站大坝以下 3km 处,地理坐标在 $X=2944208.0 \sim 2944376.5$,$Y=19308023.0 \sim 19308068.5$ 范围内,是一座跨越山区河谷的公路桥。河道曲折,水流湍急,常水位 317.05m,洪水位 333.5m。

主桥为 4 孔 40m 预应力混凝土简支梁桥方案,桥梁全长 16 754m。桥位河段地质状况良好,下部结构采用双柱桥墩及肋式桥台,基础为摩擦桩。

(二)技术标准

(1)道路等级:一级公路。
(2)设计车速:60km/h。
(3)设计荷载:公路-Ⅰ级,人群 $3.0kN/m^2$。
(4)桥面宽度:10m(净)$+ 2 \times 1.75m$(人行道)$=13.5m$。
(5)设计洪水频率:1/100。
(6)地震烈度:8 度。
(7)高程系统:黄海高程系统。
(8)坐标系统:北京坐标系统。
(9)环境类别:Ⅰ类。
(10)设计使用年限:100 年。

二、主要材料

(1)混凝土:预制 T 梁用 C50,台帽、墩柱盖梁、垫石及挡块用 C40,墩柱及桩基、搭板用 C30,桥面铺装、伸缩缝两侧现浇用 C50。
(2)钢筋:普通钢筋采用 HRB400 热轧带肋钢筋和 HPB300 热轧光圆钢筋,预应力钢铰线

采用 $\Phi^s15.24mm$(270级)低松弛高强度钢铰线。
(3)钢板:支座钢板及其他用途钢板均用 Q235-B 钢板,角钢为 A3 钢。
(4)砌石圬工:防护工程用 7.5#砂浆砌 30#片石。

三、设计规范

《公路工程技术标准》(JTG B01—2014)
《公路桥涵设计通用规范》(JTG D60—2015)
《公路钢筋混凝土及预应力混凝土桥涵设计规范》(JTG D62—2004)
《公路桥涵地基与基础设计规范》(JTG D63—2007)
《公路桥涵施工技术规范》(JTG/T F50—2011)
《公路桥梁抗风设计规范》(JTG-TD60-01-2004)
《公路工程抗震设计细则》(JTG/T B02-01-2008)
《公路桥梁板式橡胶支座》(JT/T 4—2004)
《公路桥梁板式橡胶支座规格系列》(JT/T 663—2006)
《公路桥梁伸缩装置》(JT/T327—2004)

四、基本计算数据

基本计算数据见表 4-1。

表 4-1 基本计算数据

名称	项目		符号	单位	数据
混凝土(C50)	立方体抗压强度		$f_{cu,k}$	MPa	50.00
	弹性模量		E_c	MPa	3.45×10^4
	轴心抗压标准强度		f_{ck}	MPa	32.40
	轴心抗拉标准强度		f_{tk}	MPa	2.65
	轴心抗压设计强度		f_{cd}	MPa	22.40
	轴心抗拉设计强度		f_{td}	MPa	1.83
	短暂状态	容许压应力	$0.7f_{ck}$	MPa	20.72
		容许拉应力	$0.7f_{tk}$	MPa	1.76
	持久状态	标准荷载组合:			
		容许压应力	$0.5f_{ck}$	MPa	16.20
		容许主压应力	$0.6f_{ck}$	MPa	19.44
		短期效应组合:			
		容许拉应力	$\sigma_{st}-0.85\sigma_{pc}$	MPa	0.00
		容许主拉应力	$0.6f_{tk}$	MPa	1.59

续表 4-1

名称	项目	符号	单位	数据
$\varphi^s 15.2$ 钢绞线	标准强度	f_{pk}	MPa	1860.00
	弹性模量	E_p	MPa	1.95×10^5
	抗拉设计强度	f_{pd}	MPa	1260.00
	最大控制应力	$0.75 f_{pk}$	MPa	1395.00
	持久状态应力:标准荷载组合	$0.65 f_{pk}$	MPa	1209.00
材料重度	钢筋混凝土	γ_1	kN/m³	25.00
	沥青混凝土	γ_2	kN/m³	23.00
	钢绞线	γ_3	kN/m³	78.50
钢束与混凝土的弹性模量比		αE_p	无量纲	5.65

第二节 桥型布置图

一、结构设计

(一)桥型的总体布置

根据基本设计资料,主桥 40m 简支 T 梁采用 4 跨一联的桥面连续,桥面铺装为 8cm 厚沥青混凝土,下铺 10cm 厚 50 号钢筋混凝土现浇层;下部结构采用双柱桥墩和肋式桥台,基础为 $\phi 1.5m$(桥墩)和 $\phi 1.2m$(桥台)的钻孔灌注桩,桩基为摩擦桩。所有墩顶均设 GJZ(350×500×54mm)的板式橡胶支座,台帽顶设 GJZF4(350×500×60mm)的滑板支座。桥型的总体布置如图 4-1 所示。

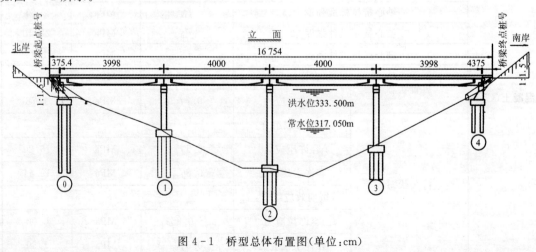

图 4-1 桥型总体布置图(单位:cm)

(二)桥跨结构横剖面图

桥梁全宽13.5m,横桥向布置6片主梁,其中2片边梁、4片中梁,如图4-2所示。

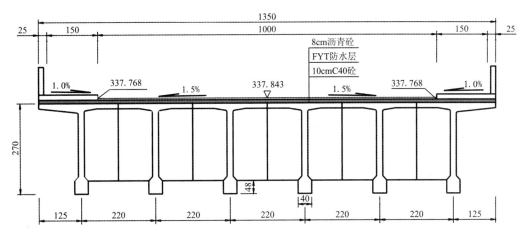

图4-2 桥跨结构横剖面图(单位:cm)

(三)主梁立面图

《公路钢筋混凝土及预应力混凝土桥涵设计规范》(JTG D62—2004)中的9.3.1规定,T形、I形截面梁应设跨端和跨间横隔梁。当梁横向刚性连接时,横隔梁间距不应大于10m。本设计中设置九道横隔梁,横隔梁厚度为上部170mm,下部150mm。主梁的半立面图如图4-3所示。

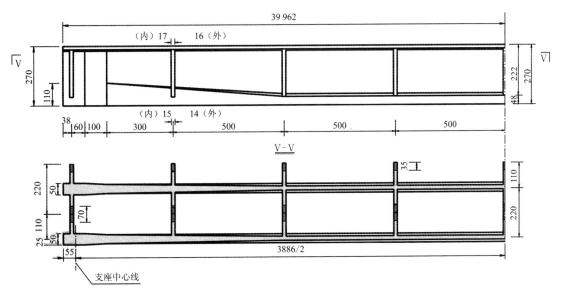

图4-3 主梁立面图(单位:cm)

(四)主梁横断面图

预应力 T 梁横断面结构尺寸见图 4-4。主梁高度 2.7m,梁的间距 2.2m,其中预制梁的宽度 1.5m,翼缘板中间湿接缝宽度 0.7m。主梁跨中肋厚 0.18m,马蹄宽 0.4m,端部腹板厚度加厚到与马蹄同宽,以满足端部锚具布置和局部应力的需要。

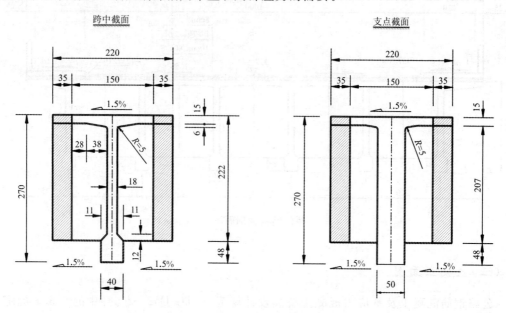

图 4-4 主梁横断面图(单位:cm)

二、截面几何特征计算

计算截面几何特征时,可将整个主梁截面划分成 n 个小块面积进行计算,跨中截面几何特征计算见表 4-2。

表 4-2 截面几何性质

名称	分块面积 A_i (cm²)	分块面积形心至上缘距离 y_i (cm)	分块面积形心至上缘静矩 $S_i = A_i \cdot y_i$ (cm³)	分块面积的自身惯性矩 I_i (cm⁴)	$d_i = y_s - y_i$ (cm)	分块面积对截面形心惯矩 $I_y = A_i \cdot d_i^2$ (cm⁴)	$I_0 = I_i + I_x$ (cm⁴)
大毛截面(含湿接缝)							
翼板	3300.0	7.5	24 750.0	61 875.0	96.9	30 985 713.0	31 047 588.0
三角承托	228.0	17.0	3876.0	228.0	87.4	1 741 637.3	1 741 865.3
腹板	3726.0	118.5	441 531.0	13 304 614.5	−14.1	740 766.1	14 045 380.6
下三角	132.0	218.0	28 776.0	528.0	−113.6	1 703 454.7	1 703 982.7
马蹄	1920.0	246.0	472 320.0	368 640.0	−141.6	38 497 075.2	38 865 715.2
Σ	9306.0	—	971 253.0	$\Sigma I = 87\,404\,531.8$			

续表 4-2

名称	分块面积 A_i(cm²)	分块面积形心至上缘距离 y_i(cm)	分块面积形心至上缘静矩 $S_i=A_i \cdot y_i$(cm³)	分块面积的自身惯性矩 I_i(cm⁴)	$d_i=y_s-y_i$(cm)	分块面积对截面形心惯矩 $I_y=A_i \cdot d_i^2$(cm⁴)	$I_o=I_i+I_x$(cm⁴)
小毛截面(不含湿接缝)							
翼板	2250.0	7.5	16 875.0	92 187.5	109.2	26 830 440.0	26 872 627.5
三角承托	228.0	17.0	3876.0	228.0	99.7	2 266 340.5	2 266 568.5
腹板	3726.0	118.5	441 531.0	13 304 614.5	−1.8	12 072.2	13 316 686.7
下三角	132.0	218.0	28 776.0	528.0	−101.3	1 354 543.1	1 355 071.1
马蹄	1920.0	246.0	472 320.0	368 640.0	−129.3	32 099 500.8	32 468 140.8
Σ	8256.0	——	963 378.0	\multicolumn{4}{c}{$\sum I=76\ 279\ 094.6$}

注：大毛截面形心至上缘距离为 $y_u = \dfrac{\sum S_i}{\sum A_i}=104.4$cm，小毛截面形心至上缘距离为 $y_u = \dfrac{\sum S_i}{\sum A_i} = 116.7$cm。

第三节 上部结构计算

一、桥面板计算

混凝土简支肋梁桥的桥面板是直接承受车辆碾压的混凝土板，它与主梁梁肋和横隔梁联结在一起。为了保证桥梁的整体稳定性，主梁的翼缘板之间采用刚性连接，以防止桥面板在横向产生较大的挠曲变形，板的长宽比 $l_a/l_b=5.00/2.20=2.27>2.0$，故桥面板按单向板进行计算。

(一)结构自重及其内力计算

1. 每延米板的结构自重计算

沥青混凝土：
$$0.08 \times 1.0 \times 23 = 1.84 (kN/m)$$

混凝土垫层：
$$0.10 \times 1.0 \times 24 = 2.40 (kN/m)$$

混凝土翼板：
$$\frac{0.15+0.21}{2} \times 1.0 \times 26 = 4.68 (kN/m)$$

合计：
$$g = 8.92 (kN/m)。$$

2. 每米宽板条的恒载内力计算

板的计算跨径：$l=2.20$m，净跨径 $l_0=2.02$m。

跨中弯矩：
$$M_{og}=\frac{gl^2}{8}=\frac{8.92\times 2.20^2}{8}=5.40(\text{kN}\cdot\text{m})$$

支点剪力：
$$V_o=\frac{gl_0}{2}=\frac{8.92\times 2.02}{2}=9.01(\text{kN})$$

(二) 汽车荷载内力计算

根据《公路桥涵设计通用规范》(JTG D60—2015)，汽车荷载的冲击系数取 $\mu=0.3$。本设计的行车道板为多跨连续单向板，汽车荷载后轮作用两个翼板中间，后轴作用力 $P=140$kN，其内力计算图式如图 4-5 所示。

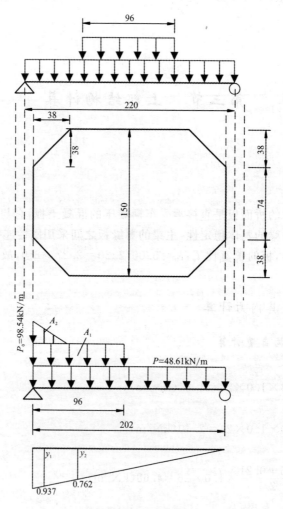

图 4-5　单向板内力计算图式（单位：cm）

1. 压力面尺寸

沿行车方向：
$$a_1 = a_2 + 2H = 0.20 + 2 \times 0.18 = 0.56(\text{m})$$

沿横向：
$$b_1 = b_2 + 2H = 0.60 + 2 \times 0.18 = 0.96(\text{m})$$

2. 板的有效工作宽度

(1) 一个车轮荷载位于跨中时：
$$a_1 + \frac{l}{3} = 56 + \frac{220}{3} = 129.33(\text{cm}) < \frac{2l}{3} = 146.67(\text{cm})$$

这说明分布宽度不重叠，取 $a = 150\text{cm}$。

(2) 一个车轮荷载位于板的支承处时：
$$a_0 = a_1 + t = 56 + \frac{15+21}{2} = 74(\text{cm})$$

取 $a_0 = 74\text{cm}$。

3. 跨中弯矩和剪力计算

跨中弯矩（每米宽板条）：
$$M_0 = (1+\mu)\frac{p}{8a}(l - \frac{b_1}{2}) = (1+0.3) \times \frac{140}{8 \times 1.5} \times (2.2 - \frac{0.96}{2}) = 26.09(\text{kN/m})$$

支点剪力（每米宽板条）：
$$p_0 = \frac{P}{2a_0 b_1} = \frac{140}{2 \times 0.74 \times 0.96} = 98.54(\text{kN/m}^2)$$

$$p = \frac{P}{2ab_1} = \frac{140}{2 \times 1.50 \times 0.96} = 48.61(\text{kN/m}^2)$$

$$A_1 = \frac{P}{2a} = \frac{140}{2 \times 1.50} = 46.67(\text{kN/m})$$

$$A_2 = \frac{P}{8aa_0 b_1}(a-a_0)^2 = \frac{140}{8 \times 1.50 \times 0.74 \times 0.96}(1.5 - 0.74)^2 = 9.49(\text{kN/m})$$

$$V_{0p} = (1+\mu)(A_1 y_1 + A_2 y_2) = (1+0.3) \times (46.67 \times 0.762 + 9.49 \times 0.937) = 44.45(\text{kN})$$

4. 板的内力组合

按简支板计算承载能力极限状态的内力组合，见表 4-3。

表 4-3 承载能力极限状态的内力组合表

内力	恒载	汽车荷载	1.2恒+1.8汽
$M_0/(\text{kN/m})$	5.4	26.09	53.44
$V(\text{kN})$	9.01	44.45	90.82

5. 单向板的内力

$$\frac{t}{h} = \frac{18}{252} = 0.0714 < \frac{1}{4} = 0.25$$

跨中弯矩：
$$M_{中}=0.5M_0=0.5\times53.44=26.72(kN\cdot m)$$
支点弯矩：
$$M_{支}=-0.7M_0=-0.7\times53.44=-37.41(kN\cdot m)$$
支点剪力：
$$V_0=90.82kN$$

(三) 正截面承载力计算

查《公路钢筋混凝土及预应力混凝土桥涵设计规范》(JTG D62—2004)中的表 5.2.1 得：C50 混凝土的 $\xi_b=0.56$。

1. 跨中截面

设 $a_s=40mm$，则：
$$h_0=h-a_s=150-40=110(mm)$$
根据方程：
$$\gamma_0 M_d=f_{cd}bx(h_0-\frac{x}{2})$$
得：
$$1.1\times26.72\times10^6=22.4\times1000x(110-\frac{x}{2})$$
解得：$x=12.66mm$。
$$A_s=\frac{f_{cd}bx}{f_{sd}}=\frac{22.4\times1000\times12.66}{330}=859.35(mm^2)$$

选用 Φ16@200 的钢筋，$A_s=1005mm^2$。

分布钢筋：
$$150\times1000\times0.10\%=150(mm^2)$$
选用 φ10@200 的钢筋，$A_s=393mm^2$。

$$\rho=\frac{A_s}{bh_0}=\frac{1005}{1000\times40}=2.51\% > \rho_{min}=0.45\times\frac{f_{td}}{f_{sd}}=0.45\times\frac{1.83}{280}=0.29\%$$ 且 $\rho>0.2\%$，同时
$$\rho<\rho_{max}=\xi_b\times\frac{f_{cd}}{f_{sd}}=0.56\times\frac{22.4}{280}=4.48\%。$$

这说明该配筋率满足设计要求。

2. 支座截面

设 $a_s=40mm$，则：
$$h_0=h-a_s=210-40=170(mm)$$
根据方程：
$$\gamma_0 M_d=f_{cd}bx(h_0-\frac{x}{2})$$
得：
$$1.1\times37.41\times10^6=22.4\times1000x(170-\frac{x}{2})$$

解得：$x = 11.17 \text{(mm)}$。

$$A_s = \frac{f_{cd}bx}{f_{sd}} = \frac{22.4 \times 1000 \times 11.17}{330} = 758.41 \text{(mm}^2\text{)}$$

选用 $\Phi 16@200$ 的钢筋，$A_s = 1005 \text{(mm}^2\text{)}$。

分布钢筋：

$$150 \times 1000 \times 0.10\% = 150 \text{(mm}^2\text{)}$$

选用 $\phi 10@100$ 的钢筋，$A_s = 786 \text{(mm}^2\text{)}$。

$\rho = \dfrac{A_s}{bh_0} = \dfrac{1005}{1000 \times 40} = 2.51\% > \rho_{\min} = 0.45 \times \dfrac{f_{td}}{f_{sd}} = 0.45 \times \dfrac{1.83}{280} = 0.29\%$ 且 $\rho > 0.2\%$，同时 $\rho < \rho_{\max} = \xi_b \times \dfrac{f_{cd}}{f_{sd}} = 0.56 \times \dfrac{22.4}{280} = 4.48\%$

这说明该配筋率满足设计要求。

(四)斜截面承载力计算

对于实体板可按下式计算：

$$\begin{aligned}1.25 \times 0.50 \times 10^{-3} f_{td} bh_0 &= 1.25 \times 0.50 \times 10^{-3} \times 1.83 \times 1\,000 \times 170 \\ &= 194.44 \text{(kN)} > \gamma_0 V_d \\ &= 1.1 \times 90.82 = 99.90 \text{(kN)}\end{aligned}$$

故抗剪强度满足要求，说明不需要配置抗剪钢筋。

二、主梁作用效应计算

(一)永久作用效应计算

1. 永久作用集度

1)一期永久作用(预制梁自重)

(1)跨中截面段主梁的自重(长 10m)。

边、中梁：$g_{(1)} = 0.825\,6 \times 25 \times 10 = 206.40 \text{(kN)}$

(2)马蹄抬高与腹板变宽段梁的自重(长 8m)。

边、中梁：$g_{(2)} \approx \dfrac{1}{2} \times (1.267\,2 + 0.825\,6) \times 8 \times 25 = 209.28 \text{(kN)}$

(3)支点梁的自重(长 1.6m)。

边、中梁：$g_{(3)} = 1.267\,2 \times 25 \times 1.6 = 50.69 \text{(kN)}$

(4)边主梁的横隔梁。

中横隔梁体积：

$$\frac{0.16 + 0.14}{2} \times \left(2.07 \times \frac{1.50 - 0.18}{2} - \frac{1}{2} \times 0.06 \times 0.11 - \frac{1}{2} \times 0.11 \times 0.12\right) = 0.169\,5 \text{(m}^3\text{)}$$

端横隔梁体积：

$$\frac{0.17 + 0.15}{2} \times \left(2.07 \times \frac{1.5 - 0.5}{2} - \frac{1}{2} \times 0.04 \times 0.18\right) = 0.165\,0 \text{(m}^3\text{)}$$

半跨内边横隔梁的自重为：
$$g_{(4)} = (2.5 \times 0.169\,5 + 1 \times 0.165\,0) \times 25 = 14.72(\text{kN})$$

(5) 中主梁的横隔梁自重为：
$$g_{(5)} = 2 \times g_{(4)} = 29.44(\text{kN})$$

(6) 预制梁永久作用集度。

边梁：
$$g_{(1)} = \frac{206.40 + 209.28 + 50.69 + 14.72}{19.98} = 24.08(\text{kN/m})$$

中梁：
$$g_{(2)} = \frac{206.40 + 209.28 + 50.69 + 29.44}{19.98} = 24.82(\text{kN/m})$$

2) 二期永久作用

(1) 现浇 T 梁翼缘板集度。

边梁：
$$g_{(1)} = 0.15 \times 0.35 \times 25 = 1.313(\text{kN/m})$$

中梁：
$$g'_{(1)} = 0.2 \times 0.7 \times 25 = 2.625(\text{kN/m})$$

(2) 边梁现浇部分横隔梁。

一片中横隔梁（现浇部分）体积：
$$\frac{0.16 + 0.14}{2} \times 0.35 \times 2.07 = 0.109(\text{m}^3)$$

一片端横隔梁（现浇部分）体积：
$$\frac{0.17 + 0.15}{2} \times 0.35 \times 2.07 = 0.116(\text{m}^3)$$

故：
$$g_{(2)} = \frac{(5 \times 0.109 + 2 \times 0.116) \times 25}{39.96} = 0.49(\text{kN/m})$$

(3) 中梁现浇部分横隔梁集度为：
$$g_{(3)} = 2 \times g_{(2)} = 0.97(\text{kN/m})$$

(4) 桥面铺装。

10cm 沥青混凝土铺装集度为：
$$0.10 \times 10 \times 23 = 23(\text{kN/m})$$

8cm C50 混凝土铺装集度为：
$$0.08 \times 13.5 \times 25 = 27(\text{kN/m})$$

若将桥面铺装均摊给 6 片主梁，则：
$$g_{(4)} = (23 + 27) \div 6 = 8.33(\text{kN/m})$$

(5) 栏杆。该桥栏杆采用钢筋混凝土栏杆，人行道宽 1.5m，取栏杆和人行道集度为 20.37kN/m。栏杆和人行道集度应根据荷载横向分布系数分配给每片主梁（可参考易建国《混凝土简支梁(板)桥》计算）。本示例仅作简化处理，将荷载均摊给 6 片 T 梁，则：
$$\frac{1}{6} \times 20.37 = 3.39(\text{kN/m})$$

故二期恒载集度如下所示。

边梁：$g_{(2)} = 1.313 + 0.49 + 8.33 + 3.39 = 13.52 (\text{kN/m})$

中梁：$g'_{(2)} = 2.625 + 0.97 + 8.33 + 3.39 = 15.32 (\text{kN/m})$

2. 永久作用效应

如图 4-6 所示，设 x 为计算截面到支座的距离，并令 $\alpha = \dfrac{1}{2}x$。主梁弯矩和剪力的计算公式为：

$$M_a = \frac{1}{2}\alpha(2-\alpha)l^2 g$$

$$Q_a = \frac{1}{2}(1-2\alpha)lg$$

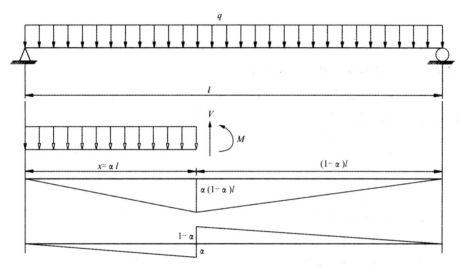

图 4-6　永久作用效应图

边梁恒载内力计算表如表 4-4 所示。中梁恒载内力计算表如表 4-5 所示。

表 4-4　边梁恒载内力计算表

阶段	作用点	支点截面 $\alpha=0.0$	1/4 截面 $\alpha=0.25$	跨中截面 $\alpha=0.5$
一期 $g_1=24.08\text{kN/m}$	弯矩(kN·m)	0	3409.05	4545.40
	剪力(kN)	467.87	23.94	0
二期 $g_2=13.52\text{kN/m}$	弯矩(kN·m)	0	1916.05	2552.07
	剪力(kN)	262.69	131.35	0
Σ	弯矩(kN·m)	0	5325.10	7097.47
	剪力(kN)	730.56	365.29	0

表 4-5 中梁恒载内力计算表

阶段	作用点	支点截面 $\alpha=0.0$	1/4截面 $\alpha=0.25$	跨中截面 $\alpha=0.5$
一期 $g_1=24.82\text{kN/m}$	弯矩(kN·m)	0	3513.81	4685.08
	剪力(kN)	482.25	241.13	0
二期 $g_2=15.32\text{kN/m}$	弯矩(kN·m)	0	2168.88	2891.84
	剪力(kN)	297.67	148.83	0
Σ	弯矩(kN·m)	0	5682.69	7576.92
	剪力(kN)	779.92	389.96	0

(二)可变作用效应计算

1. 汽车冲击系数和车道折减系数计算

按《公路桥涵设计通用规范》(JTG D60—2015)中 4.3.2 的规定,结构的冲击系数与结构的基频有关。简支梁的结构基频可采用下列公式估算:

$$f_1 = \frac{\pi}{2l^2}\sqrt{\frac{EI_c}{m_c}}$$

$$m_c = \frac{G}{g}$$

式中:I_c——结构跨中截面惯性矩,$I_c=0.8740\times10^{12}\text{mm}^4$(表 4-2);

G——结构跨中处延米结构重力,$G=24.82\times10^3\text{N/m}$,$g=9.81\text{kN/m}$;

E——混凝土的弹性模量,查表 4-2 知 $E=3.25\times10^4\text{MPa}$。

故:

$$f=\frac{\pi}{2\times38.86^2}\times\sqrt{\frac{3.25\times10^4\times10^6\times0.8740}{24.82\times10^3/9.81}}=3.607(\text{Hz}),\text{在 }1.5\sim14\text{Hz 之间,符合要求。}$$

所以,汽车冲击系数 $\mu=0.1767\ln f-0.0157=0.201$。

按《公路桥涵设计通用规范》(JTG D60—2015)中 4.3.1 的规定,当车道大于或等于两车道时,需进行车道折减,但折减后的效应不得小于两设计车道的荷载效应。本设计的桥面宽度为 13m,设计车道数为 2,故横向折减系数为 1.0。

2. 主梁的荷载横向分布系数

1)跨中横向分布系数 m_c(修正的刚性横梁法)

本桥跨内设有九道横隔梁,并且具有可靠的横向连接,因为承重结构的长宽比为 $\frac{l}{B}=\frac{38.86}{13}=2.99>2$,所以可按修正的刚性横梁法来绘制影响线,并且计算跨中横向分布系数 m_c。

(1) 主梁抗扭惯性矩 I_t。

对于 T 形梁截面,抗扭惯性矩 I_t 可近似按下式计算得:

$$I_t = \sum_{i=1}^{m} c_i b_i t_i^3$$

式中:b_i, t_i——相应为单个矩形截面的宽度和高度;

c_i——矩形截面抗扭刚度系数,$c_i = \frac{1}{3} \times \left[1 - 0.630 \frac{t_i}{b_i} + 0.052 \left(\frac{t_i}{b_i}\right)^5\right]$;

m——梁截面划分成单个矩形面的个数。

跨中截面翼缘板的换算平均厚度:

$$t_1 = \frac{220 \times 15 + 0.5 \times 76 \times 6}{220} = 16.04 \text{(cm)}$$

马蹄部分的换算平均厚度:

$$t_2 = \frac{48 \times 40 + 0.5 \times 12 \times 22}{40} = 51.30 \text{(cm)}$$

主梁抗扭惯性矩 I_t 的计算图式如图 4-7 所示,I_t 的计算结果见表 4-6。

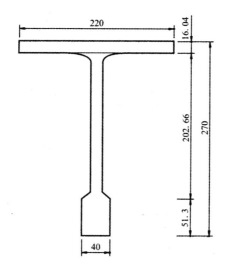

图 4-7 I_t 的计算图式

表 4-6 主梁抗扭惯性矩计算表

分块名称	b_i(cm)	t_i(cm)	$\frac{t_i}{b_i}$	c_i	$I_t = c_i \times b_i \times t_i^3$($\times 10^4$ cm⁴)
翼缘板	220.00	16.04	0.073	0.318	28.871 1
腹板	202.66	18.00	0.089	0.315	37.230 3
马蹄	51.30	40.00	0.780	0.175	57.456 0
$\sum$	—	—	—	—	123.557 4

(2) 计算抗扭修正系数。

本桥主梁间距同为 2.2m,并将边梁和中梁近似看成等截面,抗扭修正系数计算公式为:

$$\beta = \cfrac{1}{1+\cfrac{Gl^2\sum I_{Ti}}{12E\sum a_i^2 I_i}} \qquad (4-1)$$

式中:B——主梁横向宽度,$B=13(\text{m})$;

取 $G=0.4E$, $l=38.86\text{m}$, $\sum I_{Ti}=2\times 0.012\,355\,74=0.024\,711\,48\text{m}^4$, $a_1=5.5\text{m}$, $a_2=3.3\text{m}$, $a_3=1.1\text{m}$, $a_4=-1.1\text{m}$, $a_5=-3.3\text{m}$, $a_6=-5.5\text{m}$, $I_i=0.8740\text{m}^4$。代入式(4-1)求得:

$$\beta=0.96$$

(3) 按修正的刚性横隔梁法计算横向影响线竖坐标值。计算公式为:

$$\eta_{ij}=\frac{1}{n}+\beta\frac{a_i e}{\sum a_i^2} \qquad (4-2)$$

式中:n——主梁片数,$n=6$;

$$\sum_{i=1}^{6} a_i^2 = 5.5^2+3.3^2+1.1^2+(-1.1)^2+(-3.3)^2+(-5.5)^2=84.7。$$

将计算所得的结果列于表 4-7 中。

表 4-7 各号梁影响线竖标汇总表

梁号	η_{i1}	η_{i2}	η_{i3}	η_{i4}	η_{i5}	η_{i6}
1	0.510	0.373	0.236	0.098	−0.039	−0.176
2	0.372	0.290	0.208	0.125	0.043	−0.039
3	0.235	0.168	0.102	0.035	−0.013	−0.098

(4) 计算荷载横向分布系数。根据表 4-7 计算所得数据绘制各号梁的横向影响线,按横向最不利布置车轮荷载。

a. 1#梁跨中荷载横向分布系数 m_c 的计算。

1#梁的横向影响线和最不利荷载图式见图 4-8。

由图 4-8 可求得如下数值。

跨中弯矩:

$$\eta_{q1}=\frac{0.510\times 7.178}{8.178}=0.448$$

$$\eta_{q2}=\frac{0.510\times 5.378}{8.178}=0.335$$

$$\eta_{q3}=\frac{0.510\times 4.078}{8.178}=0.254$$

$$\eta_{q4}=\frac{0.510\times 2.278}{8.178}=0.142$$

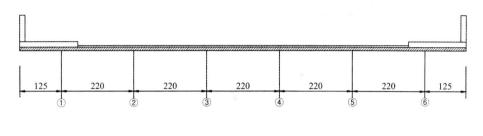

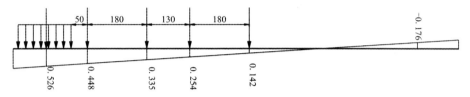

图 4-8 1#梁跨中点影响线图(单位:cm)

$$\eta_r = \frac{8.428 \times 0.510}{8.178} = 0.526$$

汽车荷载：

$$m_{cq} = \frac{1}{2}(\eta_{q1} + \eta_{q2} + \eta_{q3} + \eta_{q4}) = \frac{1}{2}(0.448 + 0.335 + 0.254 + 0.142) = 0.600$$

人群荷载：

$$m_{cr} = 0.526$$

b. 2#梁跨中荷载横向分布系数 m_c 的计算。

2#梁的横向影响线和最不利荷载图式见图 4-9。

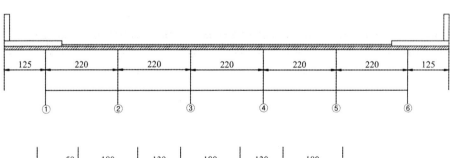

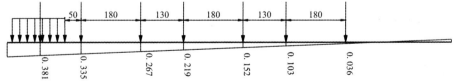

图 4-9 2#梁跨中点影响线图(单位:cm)

由图 4-9 可求得如下数值。

跨中弯矩：

$$\eta_{q1} = \frac{0.372 \times 8.956}{9.956} = 0.335$$

$$\eta_{q2} = \frac{0.372 \times 7.156}{9.956} = 0.267$$

$$\eta_{q3} = \frac{0.372 \times 5.856}{9.956} = 0.219$$

$$\eta_{q4} = \frac{0.372 \times 4.056}{9.956} = 0.152$$

$$\eta_{q5} = \frac{0.372 \times 2.756}{9.956} = 0.103$$

$$\eta_{q6} = \frac{0.372 \times 0.956}{9.956} = 0.036$$

$$\eta_r = \frac{10.206 \times 0.372}{9.956} = 0.381$$

汽车荷载：

$$m_{cq} = \frac{1}{2}(\eta_{q1} + \eta_{q2} + \eta_{q3} + \eta_{q4} + \eta_{q5} + \eta_{q6})$$

$$= \frac{1}{2}(0.335 + 0.267 + 0.219 + 0.152 + 0.103 + 0.036) = 0.556$$

人群荷载：

$$m_{cr} = 0.381$$

2）支点截面横向分布系数 m_0（杠杆原理法）

(1) 1♯梁支点截面荷载横向分布系数 m_0 的计算。

1♯梁的横向影响线和最不利荷载图式见图 4-10。

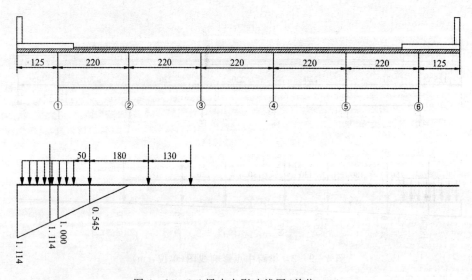

图 4-10 1♯梁支点影响线图（单位：cm）

支点弯矩：

$$\eta_l = \frac{1.2 \times 1}{2.2} = 0.545$$

$$\eta_r = \frac{2.2 + 0.25}{2.2} = 1.114$$

汽车荷载：

$$m_{0q} = \frac{1}{2}\eta_l = 0.273$$

人群荷载：

$$m_{0r} = \eta_r = 1.114$$

(2)2#梁支点截面荷载横向分布系数 m_0 的计算。

2#梁的横向影响线和最不利荷载图式见图 4-11。

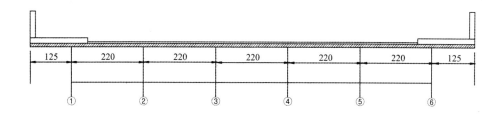

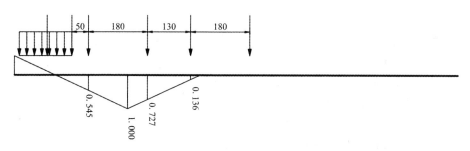

图 4-11 2#梁支点影响线图(单位:cm)

支点弯矩：$\eta_1 = \dfrac{1.2 \times 1}{2.2} = 0.545$

$$\eta_2 = \frac{1.6 \times 1}{2.2} = 0.727$$

$$\eta_3 = \frac{0.3 \times 1}{2.2} = 0.136$$

$$\eta_r = 0$$

汽车荷载：

$$m_{0q} = \frac{1}{2}\eta_1 = 0.704$$

人群荷载：

$$m_{0r} = \eta_r = 0$$

3)荷载横向分布系数汇总(表4-8)

表4-8 荷载横向分布系数汇总表

梁号	作用类别	m_c	m_0
1	汽车	0.600	0.273
1	人群	0.526	1.114
2	汽车	0.556	0.704
2	人群	0.381	0

3. 车道荷载的取值

根据《公路桥涵设计通用规范》(JTG D60—2015)中4.3.1的规定,公路-Ⅰ级车道均布荷载标准值为:

$$q_k = 10.5 \text{kN/m}$$

集中荷载标准值为:

$$P_k = 2 \times (38.86 + 130) = 337.72 \text{(kN)}$$

计算剪力效应时为:

$$P_k = 1.2 \times 337.72 = 405.26 \text{(kN)}$$

4. 计算可变作用效应

在可变荷载作用效应计算中,本设计对于荷载横向分布系数沿桥跨方向的变化作如下考虑:支点处荷载横向分布系数取 m_0,跨中处荷载横向分布系数取 m_c,从支点至第一根内横隔梁,荷载横向分布系数从 m_0 直线过渡到 m_c,其余各梁端均取 m_c。

汽车荷载作用下的内力计算公式如下:

$$S_q = (1+\mu)\xi m_{cq}(q_k \Omega + P_k y_i) \tag{4-3}$$

式中:S_q——汽车荷载作用下的截面的弯矩和剪力;

μ——汽车荷载的冲击系数;

ξ——汽车荷载的横向折减系数;

m_{cq}——汽车荷载的横向分布系数;

P_k——车道荷载的集中荷载标准值;

Ω——弯矩或剪力影响线的面积;

q_k——车道荷载的均布荷载标准值;

y_i——与车道荷载的集中荷载对应的内力影响线竖标值。

人群荷载作用下的内力计算公式如下:

$$S_r = m_{cr} q_r \Omega \tag{4-4}$$

式中:S_r——人群荷载作用下的截面的弯矩和剪力;

m_{cr}——人群荷载的横向分布系数;

q_r——人群荷载标准值。

1)跨中截面活载内力计算

图4-12为1#和2#梁跨中截面活载内力计算图式。

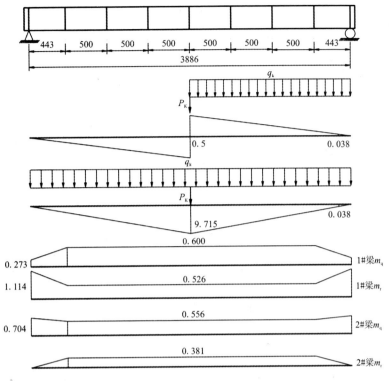

图 4-12 跨中影响线及横向分布系数图

(1)1#梁:可变作用(汽车)标准效应。

$M_{max} = \frac{1}{2} \times 0.600 \times 10.5 \times 9.715 \times 38.86 - (0.600 - 0.273) \times 4.43 \times 10.5 \times 0.738 +$
$0.600 \times 337.72 \times 9.715 = 3146.55 (\text{kN} \cdot \text{m})$

$V_{max} = \frac{1}{2} \times 0.600 \times 10.5 \times 0.5 \times \frac{38.86}{2} - \frac{1}{2} \times (0.600 - 0.273) \times 4.43 \times 10.5 \times 0.038 +$
$0.600 \times 405.26 \times 0.5 = 151.89 (\text{kN})$

可变作用(汽车)冲击效应:

$M = 3146.55 \times 0.201 = 632.46 (\text{kN} \cdot \text{m})$
$V = 151.89 \times 0.201 = 30.53 (\text{kN})$

可变作用(人群)效应:

$M_{rmax} = \frac{1}{2} \times 0.526 \times 3.0 \times 9.715 \times 38.86 + (1.114 - 0.526) \times 4.43 \times 3.0 \times 0.738$
$= 303.63 (\text{kN} \cdot \text{m})$

$V_{rmax} = \frac{1}{2} \times 0.526 \times 3.0 \times 0.5 \times \frac{38.86}{2} - \frac{1}{2} \times (1.114 - 0.526) \times 4.43 \times 3.0 \times 0.038$
$= 7.52 (\text{kN})$

(2)2#梁:可变作用(汽车)标准效应。

$M_{max} = \frac{1}{2} \times 0.556 \times 10.5 \times 9.715 \times 38.86 + (0.704 - 0.556) \times 4.43 \times 10.5 \times 0.556 +$

$0.556 \times 337.72 \times 9.715 = 2930.03 (kN \cdot m)$

$V_{max} = \frac{1}{2} \times 0.556 \times 10.5 \times 0.5 \times \frac{38.86}{2} + \frac{1}{2} \times (0.704 - 0.556) \times 4.43 \times 10.5 \times 0.038 +$

$0.556 \times 405.26 \times 0.5 = 141.15 (kN)$

可变作用(汽车)冲击效应:

$M = 2930.03 \times 0.201 = 588.94 (kN \cdot m)$

$V = 141.15 \times 0.201 = 28.37 (kN)$

可变作用(人群)效应:

$M_{rmax} = \frac{1}{2} \times 0.381 \times 3.0 \times 9.715 \times 38.86 + 0.381 \times 4.43 \times 3.0 \times 0.738$

$= 219.49 (kN \cdot m)$

$V_{rmax} = \frac{1}{2} \times 0.381 \times 3.0 \times 0.5 \times \frac{38.86}{2} - \frac{1}{2} \times 0.381 \times 4.43 \times 3.0 \times 0.038$

$= 5.46 (kN)$

2) 四分点截面活载内力计算

图4-13为1#和2#梁四分点截面活载内力计算图式。

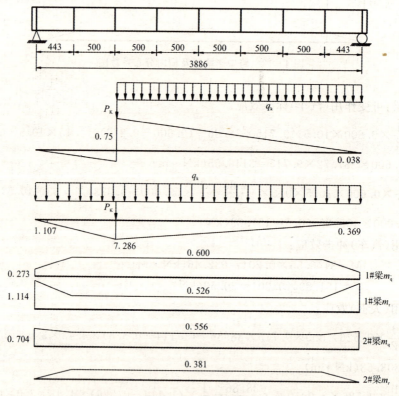

图4-13 四分点影响线及横向分布系数图

(1) 1#梁:可变作用(汽车)标准效应。

$M_{max} = \frac{1}{2} \times 0.600 \times 10.5 \times 7.286 \times 38.86 - (0.600 - 0.273) \times 4.43 \times 10.5 \times$

$$\frac{1.107+0.369}{2}+0.600\times337.72\times7.286=2357.02(\text{kN}\cdot\text{m})$$

$$V_{\max}=\frac{1}{2}\times0.600\times10.5\times0.75\times29.15-\frac{1}{2}\times(0.600-0.273)\times4.43\times10.5\times0.038+$$
$$0.600\times405.26\times0.75=250.94(\text{kN})$$

可变作用(汽车)冲击效应:
$$M=2357.02\times0.201=473.76(\text{kN}\cdot\text{m})$$
$$V=250.94\times0.201=50.44(\text{kN})$$

可变作用(人群)效应:
$$M_{\text{rmax}}=\frac{1}{2}\times0.526\times3.0\times7.286\times38.86+(1.114-0.526)\times4.43\times3.0\times\frac{1.107+0.369}{2}$$
$$=229.16(\text{kN}\cdot\text{m})$$
$$V_{\text{rmax}}=\frac{1}{2}\times0.526\times3.0\times0.75\times29.15-\frac{1}{2}\times(1.114-0.526)\times4.43\times3.0\times0.038$$
$$=17.10(\text{kN})$$

(2) 2#梁:可变作用(汽车)标准效应。
$$M_{\max}=\frac{1}{2}\times0.556\times10.5\times7.286\times38.86+(0.704-0.556)\times4.43\times10.5\times$$
$$\frac{1.107+0.369}{2}+0.556\times337.72\times7.286=2199.66(\text{kN}\cdot\text{m})$$
$$V_{\max}=\frac{1}{2}\times0.556\times10.5\times0.75\times29.15+\frac{1}{2}\times(0.704-0.556)\times4.43\times10.5\times0.038+$$
$$0.556\times405.26\times0.75=232.94(\text{kN})$$

可变作用(汽车)冲击效应:
$$M=2199.66\times0.201=442.13(\text{kN}\cdot\text{m})$$
$$V=232.94\times0.201=46.82(\text{kN})$$

可变作用(人群)效应:
$$M_{\text{rmax}}=\frac{1}{2}\times0.381\times3.0\times7.286\times38.86+0.381\times4.43\times3.0\times\frac{1.107+0.369}{2}$$
$$=165.55(\text{kN}\cdot\text{m})$$
$$V_{\text{rmax}}=\frac{1}{2}\times0.381\times3.0\times0.75\times29.15-\frac{1}{2}\times0.381\times4.43\times3.0\times0.038$$
$$=12.40(\text{kN})$$

(3) 支点截面活载内力计算

图4-14为1#和2#梁支点截面活载内力计算图式。

1#梁:

可变作用(汽车)标准效应
$$V_{\max}=\frac{1}{2}\times0.600\times10.5\times1.0\times38.86-\frac{1}{2}\times(0.600-0.273)\times4.43\times10.5\times$$
$$\frac{0.962+0.076}{2}+0.600\times405.26\times1.0=361.62(\text{kN})$$

可变作用(汽车)冲击效应

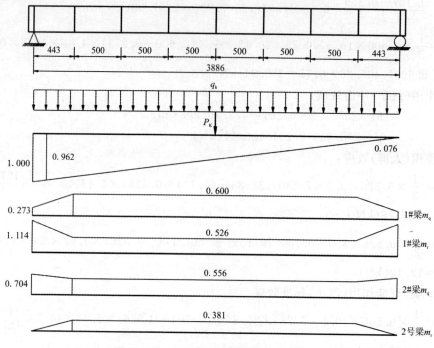

图 4-14 支点影响线及横向分布系数图

$$V = 361.62 \times 0.201 = 72.69 \text{(kN)}$$

可变作用(人群)效应

$$V_{r\max} = \frac{1}{2} \times 0.526 \times 3.0 \times 1.0 \times 38.86 - \frac{1}{2} \times (1.114 - 0.526) \times 4.43 \times 3.0 \times \frac{0.962 + 0.076}{2}$$
$$= 28.63 \text{(kN)}$$

2#梁:

可变作用(汽车)标准效应

$$V_{\max} = \frac{1}{2} \times 0.556 \times 10.5 \times 1.0 \times 38.86 + \frac{1}{2} \times (0.704 - 0.556) \times 4.43 \times 10.5 \times$$
$$\frac{0.962 + 0.076}{2} + 0.556 \times 405.26 \times 1.0 = 339.27 \text{(kN)}$$

可变作用(汽车)冲击效应

$$V = 451.80 \times 0.201 = 68.19 \text{(kN)}$$

可变作用(人群)效应

$$V_{r\max} = \frac{1}{2} \times 0.381 \times 3.0 \times 1.0 \times 38.86 - \frac{1}{2} \times 0.381 \times 4.43 \times 3.0 \times \frac{0.962 + 0.076}{2} = 20.89 \text{(kN)}$$

(三)主梁作用效应组合

按《公路桥涵设计通用规范》(JTG D60—2015)中4.1.5~4.1.6条的规定,根据可能出现的作用效应选择了3种最不利的效应组合:标准效应组合、承载能力极限状态基本组合、正常使用极限状态频遇组合,见表4-9和表4-10。

表 4-9 1# 梁作用效应组合

序号	荷载类别	支点截面 弯矩(kN·m)	支点截面 剪力(kN)	四分点截面 弯矩(kN·m)	四分点截面 剪力(kN)	跨中截面 弯矩(kN·m)	跨中截面 剪力(kN)
①	第一期永久作用	0	467.87	3409.05	233.94	4545.40	0
②	第二期永久作用	0	262.69	1916.05	131.35	2552.07	0
③	总永久作用=①+②	0	730.56	5325.10	365.29	7097.47	0
④	可变作用汽车标准	0	361.62	2357.02	250.94	3146.55	151.89
⑤	可变作用汽车冲击	0	72.69	473.76	50.44	632.46	30.53
⑥	可变作用人群	0	28.63	229.16	17.10	303.63	7.52
⑦	标准组合=③+④+⑤+⑥	0	1193.50	8385.04	683.77	11 180.11	189.94
⑧	基本组合=1.2×③+1.4×(④+⑤)+1.4×0.75×⑥	0	1514.77	10 593.83	878.24	14 126.39	263.28
⑨	频遇组合=③+0.7×④+⑥	0	1012.32	7204.17	558.05	9603.69	113.84

表 4-10 2# 梁作用效应组合

序号	荷载类别	支点截面 弯矩(kN·m)	支点截面 剪力(kN)	四分点截面 弯矩(kN·m)	四分点截面 剪力(kN)	跨中截面 弯矩(kN·m)	跨中截面 剪力(kN)
①	第一期永久作用	0	482.25	3513.81	241.13	4685.08	0
②	第二期永久作用	0	297.67	2168.88	148.83	2891.84	0
③	总永久作用=①+②	0	779.92	5682.69	389.96	7576.92	0
④	可变作用汽车标准	0	339.27	2199.66	232.94	2930.03	141.15
⑤	可变作用汽车冲击	0	68.19	442.13	46.82	588.94	28.37
⑥	可变作用人群	0	20.89	165.55	12.40	219.49	5.46
⑦	标准组合=③+④+⑤+⑥	0	1208.27	8490.03	682.12	11 315.38	174.98
⑧	基本组合=1.2×③+1.4×(④+⑤)+1.4×0.75×⑥	0	1528.28	10 691.56	872.64	14 249.33	243.06
⑨	频遇组合=③+0.7×④+⑥	0	1038.30	7388.00	565.43	9847.43	104.27

三、预应力钢束的估算及其布置

(一)预应力钢束的估算

根据《公路钢筋混凝土及预应力混凝土桥涵设计规范》(JTG D62—2004)的规定,预应力混凝土梁应满足施工阶段、实用阶段的受力要求,以及极限承载力要求。以下对主梁跨中截面按上述要求估算预应力钢束。

1. 按施工阶段应力、使用阶段应力(抗裂)要求估算钢束数量

主梁在预应力阶段(小毛截面)和正常使用阶段(大毛截面)应满足的应力条件(压应力取正值,拉应力取负值)如下。

上缘应力:

$$\frac{N_{p0}}{A_{c1}} - \frac{N_{p0} e_{p1} y_{u1}}{I_{c1}} + \frac{M_{p0} y_{u1}}{I_{c1}} \geqslant [\sigma_{ct}]_1$$

$$\frac{\alpha N_{p0}}{A_{c2}} - \frac{\alpha N_{p0} e_{p2} y_{u2}}{I_{c2}} + \frac{M_k y_{u2}}{I_{c2}} \leqslant [\sigma_c]_2$$

下缘应力:

$$\frac{N_{p0}}{A_{c1}} + \frac{N_{p0} e_{p1} y_{b1}}{I_{c1}} - \frac{M_{g1} y_{b1}}{I_{c1}} \leqslant [\sigma_{cc}]_1$$

$$\frac{M_s y_{b2}}{I_{c2}} - 0.85 \left(\frac{\alpha N_{p0}}{A_{c2}} + \frac{\alpha N_{p0} e_{p2} y_{b2}}{I_{c2}} \right) \leqslant 0$$

上述公式运算后写成如下传力锚固时张拉力的倒数 $1/N_{p0}$ 和偏心距 e_{p1},e_{p2} 的线性函数为:

$$\frac{1}{N_{p0}} \geqslant \frac{\dfrac{e_{p1} y_{u1}}{r_1^2} - 1}{A_{c1} \left(\dfrac{M_{g1} y_{u1}}{I_{c1}} - [\sigma_{ct}]_1 \right)} \tag{4-5}$$

$$\frac{1}{N_{p0}} \leqslant \frac{\alpha \left(\dfrac{e_{p2} y_{u2}}{r_2^2} - 1 \right)}{A_{c2} \left(\dfrac{M_k y_{u2}}{I_{c2}} - [\sigma_c]_2 \right)} \tag{4-6}$$

$$\frac{1}{N_{p0}} \geqslant \frac{\dfrac{e_{p1} y_{b1}}{r_1^2} + 1}{A_{c1} \left(\dfrac{M_{g1} y_{b1}}{I_{c1}} + [\sigma_{oc}]_1 \right)} \tag{4-7}$$

$$\frac{1}{N_{p0}} \leqslant \frac{0.85 \alpha \left(\dfrac{e_{p2} y_{b2}}{r_2^2} + 1 \right)}{A_{c2} \cdot \dfrac{M_s y_{b2}}{I_{c2}}} \tag{4-8}$$

式中:$r_1^2 = I_{c1}/A_{c1}$,$r_2^2 = I_{c2}/A_{c2}$,r_1,r_2——预制梁毛截面和预制梁加现浇翼板毛截面的回转半径。

根据《公路钢筋混凝土及预应力混凝土桥涵设计规范》(JTG D62—2004)的规定,取:

$$\sigma_{con} = 0.70 f_{pk} = 0.70 \times 1860 = 1302.00 (MPa)$$

预应力损失初步按张拉控制应力的20%估算:

$$\sigma_{l1} = 0.2\sigma_{con} = 0.2 \times 1302.00 = 260.40 (MPa)$$

则传力锚固时预应力钢绞线束的合力为:

$$N_{p0} = N_{p1} = (1-0.20)\sigma_{con} A_p = 0.8 \times 0.70 f_{pk} A_p = 0.56 f_{pk} A_p$$

1)施工阶段

当预拉区配筋率不小于0.2%时,预加力阶段构件上缘混凝土的拉应力限值 $\sigma'_{ct} \leqslant 0.7 f'_{tk}$,假定张拉时混凝土的强度为设计强度的90%,相当于:

$$0.90C = 0.90 \times 50 = 45(\text{级})$$

由《公路钢筋混凝土及预应力混凝土桥涵设计规范》(JTG D62—2004)查得 $f'_{tk} = 2.51 MPa$,故:

$$[\sigma_{ct}]_1 = 0.7 \times 2.51 = 1.757 (MPa)$$

同理可求得:

$$[\sigma_{cc}]_1 = 0.7 f'_{ck} = 0.7 \times 29.60 = 20.72 (MPa)$$

(1)按预拉区边缘混凝土应力控制条件,有:

$$\frac{1}{N_{p0}} \geqslant \frac{\dfrac{e_{p1} y_{u1}}{r_1^2} - 1}{A_{c1}\left(\dfrac{M_{g1} y_{u1}}{I_{c1}} - [\sigma_{ct}]_1\right)} = \frac{\dfrac{\dfrac{1.167 e_{p1}}{0.762\,790\,94} - 1}{0.8256}}{0.8256 \times \left(\dfrac{4545.4 \times 1.167}{0.762\,790\,94} + 1.754 \times 10^3\right)}$$

整理得:

$$\frac{1}{N_{p0}} \times 10^4 \geqslant 1.777 e_{p1} - 1.390 \tag{4-9}$$

(2)按预压区边缘混凝土应力控制条件,有:

$$\frac{1}{N_{p0}} \geqslant \frac{\dfrac{e_{p1} y_{b1}}{r_1^2} + 1}{A_{c1}\left(\dfrac{M_{g1} y_{b1}}{I_{c1}} + [\sigma_{oc}]_1\right)} = \frac{\dfrac{\dfrac{(2.70-1.167)e_{p1}}{0.762\,790\,94} + 1}{0.8256}}{0.8256 \times \left[\dfrac{4545.4 \times (2.70-1.167)}{0.762\,790\,94} + 20.72 \times 10^3\right]}$$

整理得:

$$\frac{1}{N_{p0}} \times 10^4 \geqslant 0.673 e_{p1} + 0.406 \tag{4-10}$$

2)使用阶段

根据《公路钢筋混凝土及预应力混凝土桥涵设计规范》(JTG D62—2004),使用阶段构件上缘混凝土的压应力限制值 $[\sigma_c]_2 = 0.5 f_{ck} = 0.5 \times 32.4 = 16.2 (MPa)$。

(1)按受压区边缘混凝土压应力控制条件,有:

$$\frac{1}{N_{p0}} \leq \frac{\alpha\left(\frac{e_{p2} y_{u2}}{r_2^2}-1\right)}{A_{c2}\left(\frac{M_k y_{u2}}{I_{c2}}-[\sigma_c]_2\right)} = \frac{0.85 \times \left[\frac{\frac{1.044 e_{p2}}{0.874\ 045\ 31}-1}{0.930\ 6}\right]}{0.9306 \times \left(\frac{12\ 128.32 \times 1.044}{0.874\ 045\ 3}-16.2 \times 10^3\right)}$$

整理得：

$$\frac{1}{N_{p0}} \times 10^4 \leq -5.926 e_{p2} + 5.331 \quad (4-11)$$

(2) 按受拉区边缘混凝土不出现拉应力控制条件，有：

$$\frac{1}{N_{p0}} \leq \frac{0.85\alpha\left(\frac{e_p y_{b2}}{r_2^2}+1\right)}{A_{c2} \cdot \frac{M_s y_{b2}}{I_{c2}}} = \frac{0.85 \times 0.85 \times \left[\frac{(2.70-1.044)e_{p2}}{0.874\ 045\ 31}+1\right]}{0.9306 \times \frac{10\ 156.35 \times (2.70-1.044)}{0.874\ 045\ 3}}$$

整理得：

$$\frac{1}{N_{p0}} \times 10^4 \leq 0.711 e_{p2} + 0.403 \quad (4-12)$$

根据式(4-9)～式(4-11)四个不等式的 $1/N_{p0}$ 与 e_p 的关系绘成图 4-15。

因主梁在施工阶段和使用荷载阶段采用了两个不同的截面，形心位置是不一样的，所以应该按照各自的坐标体系绘图。为减少钢材用量应尽可能加大 e_p，但同时也满足钢束保护层的尺寸要求。现取钢束合力离梁底 0.20mm，即 $e_{p1}=1.333$m，由图 4-15 可查得：

$$\frac{1}{N_{p0}} \times 10^4 = 1.440$$

预应力钢束拟用 $\Phi^s 15.2$ 钢绞线束，单根钢绞线的截面面积为 139mm²，7 根钢绞线组成一束。钢束的张拉控制应力取 $\sigma_{con}=1302$MPa，传力锚固时预应力损失按张拉控制应力的 15% 估算。于是，所有钢束的数量为：

$$n = \frac{N_{p0}}{A_{p1}\sigma_{p0}} = \frac{10^7}{139 \times 1302 \times 7 \times 0.85 \times 1.440} \approx 7 (束)$$

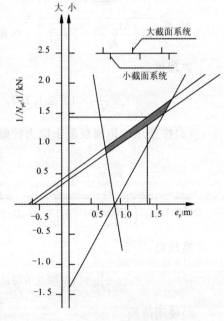

图 4-15 预应力钢束数量估算示意图

2. 按承载能力极限状态估算钢束数量

根据承载能力极限状态主梁截面抗弯承载力计算图示，截面受压区混凝土的应力达到抗压强度设计值 f_{cd}，同时预应力钢束也达到其抗拉强度设计值 f_{cd}。在进行 T 形梁截面预应力钢束数量估算时，受压区可近似看成宽度为翼缘板宽的矩形截面。钢束数量估算公式如下。

$$\sum X = 0:$$

$$A_p f_{pd} = f_{cd} b x$$

$\sum M = 0$：

$$\gamma_0 M = f_{cd}bx\left(h_0 - \frac{x}{2}\right)$$

求得：

$$x = h_0 - \sqrt{h_0^2 - \frac{2M}{f_{cd}b}}$$

$$A_p = b\frac{f_{cd}}{f_{pd}}\left(h_0 - \sqrt{h_0^2 - \frac{2\gamma_0 M}{f_{cd}b}}\right)$$

式中：M——承载能力极限状态时的主梁跨中截面弯矩组合设计值(kN·m)；

f_{cd}, f_{pd}——混凝土的抗压强度设计值和预应力钢束的抗拉强度设计值(MPa)；

γ_0——结构重要性系数，取 1.0。

代入数据计算得到：

$$A_p = b\frac{f_{cd}}{f_{pd}}\left(h_0 - \sqrt{h_0^2 - \frac{2\gamma_0 M}{f_{cd}b}}\right) = 2.20 \times \frac{22.4}{1260} \times \left[2.50 - \sqrt{2.50^2 - \frac{2 \times 1.0 \times 15.45388}{22.4 \times 2.20}}\right] \times 10^6$$

解得：

$$A_p = 5035.67(\text{mm}^2)$$

所需钢束数量为：

$$n = \frac{A_p}{A_{p_1}} = \frac{5033.67}{139 \times 7} = 5.18(\text{束})$$

根据以上两种预应力钢束估算结果，最后取钢束数量 $n = 7$(束)。

(二)预应力钢束的布置

1. 跨中截面的钢束位置

在保证布置预应力管道构造要求的前提下，跨中截面应尽可能地使钢束合力偏心距最大。本示例采用内径 70mm、外径 77mm 的预埋波纹管，根据《公路钢筋混凝土及预应力混凝土桥涵设计规范》(JTG D62—2004)中 9.1.1 和 9.4.9 的规定，管道净距不小于 40mm，至梁底的净距不小于 50mm，至梁侧面的净距不小于 35mm。本设计跨中截面预应力钢束布置如图 4-16 所示，由此可得钢束群合力至梁底距离为：

$$a_p = \frac{2 \times 8.6 + 2 \times 18.8 + 29 + 39.2 + 49.4}{7} = 24.63(\text{cm})$$

2. 锚固端截面的钢束位置

钢束在梁端布置通常应考虑如下因素：一是预应力钢束合力尽可能地靠近截面形心，使截面均匀受压；二是锚具布置应满足钢束张拉操作空间要求；三是锚具布置间距应满足锚区局部受力要求。按照以上锚具布置"均匀""分散"的原则，锚固端截面所布置的钢束如图 4-17 所示。钢束合力至梁底的距离为：

$$a_p = \frac{2 \times 47 + 2 \times 83 + 194.9 + 219.9 + 244.9}{7} = 131.39(\text{cm})$$

3. 钢束弯起角和线性的确定

确定钢束弯起角时，既要考虑到弯起后能产生足够的竖向预剪力，又要使摩擦引起的预应

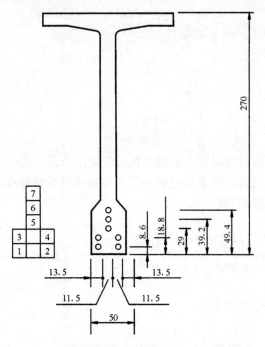

图 4-16　预应力钢束跨中截面布置图(单位:cm)

力损失最小。为此,本设计将锚固端截面分成上、下两部分(图 4-18),上部钢束(N_5,N_6,N_7)的弯起角定为 7°,下部钢束(N_1,N_2,N_3,N_4)的弯起角定为 6°。

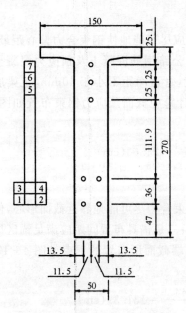

图 4-17　预应力钢束支点截面
布置图(单位:cm)

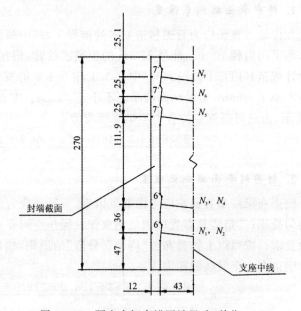

图 4-18　预应力钢束锚固端尺寸(单位:cm)

为简化计算和方便施工,所有钢束布置均采用直线加圆弧线,并且整根钢束都布置在同一竖直面内。

4. 其他截面钢束位置及倾角计算

1) 钢束弯起点及半径计算

锚固点到支点中心线的水平距离(图 4-18)如下:

$$N_1, N_2, N_3, N_4 : a_{x_1}(a_{x_2}, a_{x_3}, a_{x_4}) = 43 - \frac{23.1 - 3.2}{2}\tan 6° = 41.95 \text{(cm)}$$

$$N_5, N_6, N_7 : a_{x_5}(a_{x_6}, a_{x_7}) = 43 - \frac{25 - 4}{2}\tan 7° = 41.71 \text{(cm)}$$

图 4-19 为钢束计算图式,各钢束线形定位参数列于表 4-11 中。

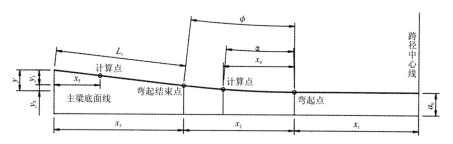

图 4-19 预应力钢束计算图式

表 4-11 预应力钢束线形参数表

钢束号	y(cm)	y_1(cm)	y_2(cm)	L_1(cm)	x_3(cm)	φ(°)	R(cm)	x_2(cm)	x_1(cm)
7	185.14	157.00	87.29	1282.67	1273.03	7	5000	614.36	97.31
6	165.37	127.06	52.47	1038.88	1031.09	7	7000	860.10	93.51
5	148.67	97.10	97.20	793.80	787.84	7	9000	1105.84	91.01
3,4	48.77	8.44	32.74	77.25	76.79	6	9200	1010.93	897.18
1,2	32.74	16.00	14.21	145.55	143.62	6	3700	406.57	1433.65

2) 钢束弯起点及半径计算

由图 4-19 所示的几何关系可知,当主梁计算截面处在钢束曲线段时,计算公式为:

$$a_i = a_0 + R(1 - \cos\alpha)$$

$$\sin\alpha = \frac{x_4}{R}$$

当计算截面在靠近锚固点的直线段时,计算公式为:

$$a_i = a_0 + y - x_5 \tan\varphi$$

式中:a_i——主梁计算截面处钢束截面形心到梁底的距离(m);

a_0——弯起前钢束截面形心到梁底的距离(m);

R——钢束弯曲半径(m),如表 4-11 所示。

计算钢束群重心到梁底的距离 a_p,见表 4-12,钢束布置图见图 4-20。

表 4-12 计算截面钢束位置及钢束群形心位置

截面	钢束号	x_4(cm)	R(cm)	$\sin\alpha = x_4/R$	$\cos\alpha$	a_o(cm)	a_i(cm)	a_p(cm)
四分点	$N_1(N_2)$	未弯起	3700	—	—	8.6	8.6	49.78
	$N_3(N_4)$	74.31	9200	0.008 077 174	0.999 967	18.8	19.1036	
	N_5	880.49	9000	0.097 832 222	0.995 203	29	72.173	
	N_6	877.99	7000	0.125 427 143	0.992 103	39.2	94.4804	
	N_7	874.19	5000	0.174 838	0.984 597	49.4	126.414	
支点	直线段	y(cm)	$\varphi(°)$	x_5	$x_5 \tan A$	a_o(cm)	a_i(cm)	a_p(cm)
	$N_1(N_2)$	32.74	6	41.89	4.4	8.6	36.94	114.52
	$N_3(N_4)$	48.77	6	41.89	4.4	18.8	63.17	
	N_5	148.67	7	41.65	5.11	29	172.56	
	N_6	165.37	7	41.65	5.11	39.2	199.46	
	N_7	185.14	7	41.65	5.11	49.4	229.43	

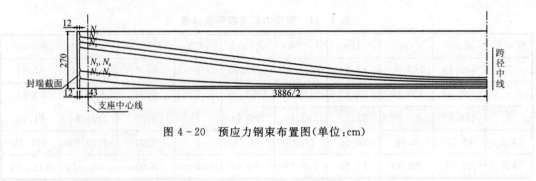

图 4-20 预应力钢束布置图(单位:cm)

四、主梁截面几何特性计算

主梁截面几何特性的计算包括主梁净截面和换算截面的面积、抗弯惯性矩及截面静矩等截面参数,最后汇总成截面特征总表,为主梁各受力阶段计算准备数据。

现以主梁跨中截面为例说明其手算的计算方法。

(一)截面面积和抗弯惯性矩计算

1. 净截面几何特征计算

在预加应力阶段,需要计算预制梁截面的几何特征。计算公式如下。

截面面积:

$$A_n = A - n\Delta A$$

截面抗弯惯性矩:
$$I_n = I - n\Delta A(y_{nu} - y_i)^2$$

式中:A, I——分别为预制梁的毛截面面积(mm^2)和抗弯惯性矩(mm^4);

n——预应力钢束的数量;

ΔA——一个预应力钢束孔道的截面面积(mm^2);

y_{nu}, y_i——分别为净截面形心和预应力钢束孔道截面形心到主梁上缘的距离(mm)。

2. 换算截面几何特征计算

据《公路钢筋混凝土及预应力混凝土桥涵设计规范》(JTG D62—2004)中 4.2.2 的规定,预应力混凝土 T 形梁在计算预应力引起的混凝土应力时,预加应力作为轴向力产生的应力按实际翼板全宽计算,由预加弯矩产生的应力应按翼板有效宽度计算。

1)有效宽度计算

根据《公路钢筋混凝土及预应力混凝土桥涵设计规范》(JTG D62—2004)中 4.2.2 的规定,T 形梁翼板有效宽度 b'_f,应取用下列三者中的最小值:

$$b'_f \leqslant \frac{1}{3} = \frac{3\,886}{3} = 1295.33(cm)$$

$$b'_f \leqslant 250 cm(主梁间距)$$

$$b'_f \leqslant b + 2b_h + 12h'_f = 18 + 2 \times 18 + 12 \times 15 = 234(cm)$$

其中,$b_h > 3h_h$,根据规范取 $b_h = 3h_h = 18cm$。

经比较,取 T 形梁翼板有效宽度 $b'_f = 234cm$。

2)换算截面几何特征计算

在使用阶段,预制梁和现浇翼板形成了组合截面,几何特征计算公式如下。

截面面积:
$$A_0 = A + n(\alpha_{EP} - 1)\Delta A_p$$

截面抗弯惯性矩:
$$I_0 = I + n(\alpha_{EP} - 1)\Delta A_p \times (y_{0u} - y_i)^2$$

式中:A, I——分别为预制梁加现浇翼板的毛截面面积(mm^2)和抗弯惯性矩(mm^4);

α_{EP}——预应力钢束与混凝土的弹性模量之比,由表 4-1 得 $\alpha_{EP} = 5.65$;

ΔA_p——一根预应力钢束的截面面积(mm^2);

y_{0u}——换算截面形心到主梁上缘的距离(mm);其余符号意义同前。

(二)截面静矩计算

在预应力混凝土梁设计时,应对截面形心轴和截面突变处的剪应力进行计算。在预加应力阶段和使用阶段(图 4-21),除进行截面 $a—a$ 和 $b—b$ 位置的剪应力计算外,还应满足如下计算要求:预加应力阶段产生在净截面形心轴位置的最大剪应力,应与使用阶段相应位置产生的剪应力叠加;使用阶段产生在换算截面形心轴位置的最大剪应力,应和预加应力阶段相应位置产生的剪应力叠加。

因此,对于每个受力阶段,主梁截面均需计算 4 个位置(共 8 种)的剪应力,即需要计算如下几种情况的静矩:①$a—a$ 线以上(或以下)的截面对形心轴(净截面和换算截面)的静矩;②$b—b$ 线以上(或以下)的截面对形心轴(净截面和换算截面)的静矩;③净截面形心轴($n—n$)以上(或以下)的截面对形心轴(净截面和换算截面)的静矩;④换算截面形心轴(o—o)以上(或以下)的截面对形心轴(净截面和换算截面)的静矩。

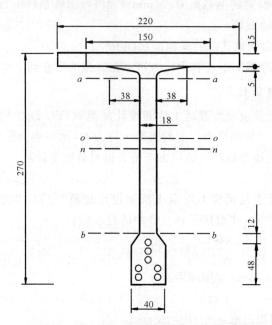

图 4-21 截面静距计算图式(单位:cm)

(三)截面几何特性汇总

采用手算计算截面几何特性需对截面作近似处理,且计算量较大。目前,随着计算机的普及应用,许多商业软件如 CAD 等可对截面几何特性作更加精确的计算。因此,建议读者采用各种软件工具计算截面几何特性,以减少计算量。

本示例的计算结果如表 4-13 所示。

五、预应力损失计算

《公路钢筋混凝土及预应力混凝土桥涵设计规范》(JTG D62—2004)中的 6.2.1 规定,在按正常使用极限状态设计时预应力作为荷载计算其效应,因此需要计算预应力损失值。由于采用后张法预应力混凝土 T 梁,按《公路钢筋混凝土及预应力混凝土桥涵设计规范》(JTG D62—2004)中的 6.2.8 规定应计算以下各项预应力损失值:①预应力钢筋与管道之间的摩擦 σ_{l1};②锚具变形、钢筋回缩和接缝压缩 σ_{l2};③混凝土弹性压缩 σ_{l4};④预应力钢筋的应力松弛 σ_{l5};⑤混凝土的收缩和徐变 σ_{l6}。

各验算截面平均预应力损失将在后文中列出,下面先介绍各项损失的计算方法及计算示例。

表 4-13 主梁截面几何特征汇总

名称			符号	单位	截面		
					跨中	四分点	支点
混凝土净截面	面积		A_n	m²	0.7937	0.7937	1.4758
	抗弯惯矩		I_n	m⁴	0.7065	0.7207	1.0279
	形心轴到截面上缘距离		y_{nu}	m	1.1132	1.1235	1.2128
	形心轴到截面下缘距离		y_{nb}	m	1.5868	1.5765	1.4872
	截面模量	上缘	W_{nu}	m³	0.6347	0.6415	0.8475
		下缘	W_{nb}	m³	0.4453	0.4572	0.6912
	对形心轴静矩	翼板部分截面	S_{a-n}	m³	0.2726	0.2753	0.3045
		净截面形心轴以上截面	S_{n-n}	m³	0.3379	0.3436	0.5373
		换算截面形心轴以上截面	S_{0-n}	m³	0.3392	0.3422	0.5360
		马蹄部分截面	S_{b-n}	m³	0.2581	0.2662	—
	钢束群形心到截面形心轴距离		e_n	m	1.3405	1.0890	0.3420
混凝土换算截面	面积		A_0	m²	0.8987	0.8987	1.5808
	抗弯惯矩		I_0	m⁴	0.8067	0.8228	1.1550
	形心轴到截面上缘距离		y_{0u}	m	0.9919	1.0010	1.1373
	形心轴到截面下缘距离		y_{0b}	m	1.7081	1.6990	1.5627
	截面模量	上缘	W_{0u}	m³	0.8133	0.8220	1.0156
		下缘	W_{0b}	m³	0.4723	0.4843	0.7391
	对形心轴静矩	翼板部分截面	S_{a-0}	m³	0.3365	0.3399	0.3954
		净截面形心轴以上截面	S_{n-0}	m³	0.3843	0.3891	0.5923
		换算截面形心轴以上截面	S_{0-0}	m³	0.3857	0.3903	0.5937
		马蹄部分截面	S_{b-0}	m³	0.2751	0.2917	—
	钢束群形心到截面形心轴距离		e_0	m	1.4618	1.2103	0.4175
	钢束群形心到截面下缘距离		a_p	m	0.2463	0.4978	1.1452

(一)预应力钢筋与管道之间的摩擦损失

在后张法构件中,张拉时预应力钢筋在预留孔道中发生滑动,因而产生摩阻力。由于摩阻力的存在,钢筋中的预应力在张拉端高,向跨中方向逐渐减小。这种预应力的减小称为管道摩阻损失。

《公路钢筋混凝土及预应力混凝土桥涵设计规范》(JTG D62—2004)中的 6.2.2 规定,在后张法构件张拉时,预应力钢筋与管道之间摩擦引起的应力损失计算式为:

$$\sigma_{l1} = \sigma_{con}[1 - e^{-(\mu\theta + kx)}] \tag{4-13}$$

式中：σ_{con}——预应力钢筋锚下的张拉控制应力(MPa)；

　　　μ——预应力钢筋与管道壁的摩擦系数；

　　　θ——从张拉端至计算截面曲线管道部分切线夹角之和(rad)；

　　　k——管道每米局部偏差对摩擦的影响系数；

　　　x——从张拉端至计算截面管道长度(m)，可近似地取该段管道在构件纵轴上的投影长度。

对于预埋金属波纹管 $k=0.0015$，对应钢绞线 $\mu=0.25$，张拉控制应力取 0.7 倍钢绞线抗拉强度标准值，$\sigma_{con}=0.70\times1860=1302$(MPa)。

以主梁四分点 $N_1(N_2)$ 号钢束为例，其 σ_{l1} 计算过程如下。

由表 4-11 可知，从张拉端至计算截面曲线管道部分切线夹角之和 $\theta=6°$，从张拉端至计算截面管道长度 $x=a_{1x}+38.86/4=0.4195+19.43=10.1345\text{m}$，$k=0.0015$，$\mu=0.25$，故：

$$\sigma_{l1}=\sigma_{con}[1-e^{-(\mu\theta+kx)}]=1302\times[1-e^{-(0.25\times6\times\frac{\pi}{180}+0.0015\times10.1345)}]=52.10(\text{MPa})$$

(二)锚具变形、钢筋回缩和接缝压缩产生的预应力损失

当预应力筋张拉完毕，千斤顶放松时，预拉力通过锚具传递到台座或构件上，都会由于锚具、垫板本身的变形，其间缝隙压紧及钢筋在锚具中的滑移等引起钢筋内向回缩滑动，造成预应力下降，从而引起预应力损失。

《公路钢筋混凝土及预应力混凝土桥涵设计规范》(JTG D62—2004)中的 6.2.3 规定，后张法预应力曲线钢筋由锚具变形、钢筋回缩和接缝压缩引起的预应力损失，应考虑锚固后反向摩阻影响。这里采用《公路钢筋混凝土及预应力混凝土桥涵设计规范》(JTG D62—2004)附录 D 给出的方法进行计算。

1. 反向摩擦影响长度计算

$$l_f=\sqrt{\frac{\sum\Delta l\times E_p}{\Delta\sigma_d}}\text{ (mm)}$$

式中：$\sum\Delta l$——锚具变形，钢筋回缩和接缝压缩值(以 mm 计)，《公路钢筋混凝土及预应力混凝土桥涵设计规范》(JTG D62—2004)中的 6.2.3 规定采用夹片(无顶压)锚具 $\sum\Delta l=6\text{mm}$；

　　　E_p——预应力钢筋的弹性模量，查表取 $E_p=1.95\times10^5\text{MPa}$；

　　　$\Delta\sigma_d$——单位长度由管道摩擦引起的预应力损失，按下列公式计算：

$$\Delta\sigma_d=\frac{\sigma_0-\sigma_1}{l}$$

式中：σ_0——张拉端锚下控制应力，按《公路钢筋混凝土及预应力混凝土桥涵设计规范》(JTG D62—2004)中的 6.1.3 的规定采用，本示例取 1302MPa；

　　　σ_1——预应力钢筋扣除沿途摩擦损失后锚固端应力；

　　　l——预应力钢筋张拉至锚固端距离(mm)。各束锚固点距支座中心线平均距离 0.42m，梁全长 40m，$l=40-2\times(0.42+0.12)=38.96(\text{m})$。

2. σ_{l2} 计算

σ_{l2} 计算由《公路钢筋混凝土及预应力混凝土桥涵设计规范》(JTG D62—2004)中的 D.0.2

规定如下。

(1)当 $l_f \leqslant l$ 时,预应力钢筋离张拉端 x 处考虑反摩擦后的预应力损失 $\Delta\sigma_x(\sigma_{l2})$,可按式(4-14)计算:

$$\Delta\sigma_x(\sigma_{l2}) = \Delta\sigma \frac{l_f - x}{l_f} \tag{4-14}$$

$$\Delta\sigma = 2\Delta\sigma_d l_f$$

式中:$\Delta\sigma$——当 $l_f \leqslant l$ 时,在 l_f 影响范围内,预应力钢筋考虑反摩擦后在张拉端锚下的预应力损失值。

(2)当 $l_f > l$ 时,预应力钢筋离张拉端 x' 处考虑反摩擦后的预应力损失 $\Delta\sigma_x'(\sigma_{l2}')$,可按式(4-15)计算:

$$\Delta\sigma_x'(\sigma_{l2}') = \Delta\sigma' - 2x'\Delta\sigma_d \tag{4-15}$$

当 $l_f > l$ 时,在 l 范围内,预应力钢筋考虑反摩擦后在张拉端锚下的预应力损失值,可按以下方法求得:查《公路钢筋混凝土及预应力混凝土桥涵设计规范》(JTG D62—2004)中的图 D.0.2 中的"$ca'bd$"等腰三角形面积 $A = \sum \Delta l \cdot E_p$,试算得到 cd,则 $\Delta\sigma' = cd$。

以主梁四分点 $N_1(N_2)$ 号钢束为例,σ_{l2} 计算过程为:

$$\Delta\sigma_d = \frac{\sigma_0 - \sigma_l}{l} = \frac{89.09}{19\ 480} = 0.004\ 573 (\text{MPa/mm})$$

$$l_f = \sqrt{\frac{\sum \Delta l \times E_p}{\Delta\sigma_d}} = \sqrt{\frac{6 \times 1.95 \times 10^5}{0.004\ 573}} = 15\ 995 (\text{mm})$$

由于 $l_f < l$,所以:

$$\Delta\sigma = 2\Delta\sigma_d l_f = 2 \times 0.004\ 573 \times 15\ 995 = 146.29 (\text{MPa})$$

$$\Delta\sigma_x(\sigma_{l2}) = \Delta\sigma \frac{l_f - x}{l_f} = 146.29 \times \frac{15\ 995 - 10\ 134.5}{15\ 995} = 53.60 (\text{MPa})$$

(三)混凝土弹性压缩产生的预应力损失

当预应力传递到混凝土构件上时,混凝土将因受压而产生弹性缩短,从而使已经锚固在上面的预应力钢筋回缩,应力变小,即产生预应力损失。《公路钢筋混凝土及预应力混凝土桥涵设计规范》(JTG D62—2004)中的 6.2.5 规定,后张法预应力混凝土构件分批张拉时,弹性压缩损失可按式(4-16)计算:

$$\sigma_{l4} = \frac{m-1}{2} \alpha_{EP} \Delta\sigma_{pc} \tag{4-16}$$

式中:α_{EP}——预应力钢筋弹性模量与混凝土弹性模量之比;

$\Delta\sigma_{pc}$——在计算截面钢筋重心,由后张各批钢筋产生的混凝土法向应力(MPa)。

$$\Delta\sigma_{pc} = \frac{N_p}{m} \left(\frac{1}{A_n} + \frac{e_{pn}^2}{I_n} \right)$$

式中:m——张拉批数,$m = 7$;

N_p——所有钢筋预加应力(扣除相应阶段的应力损失和后)的合力(N);

e_{pn}——钢筋预加应力的合力 N_p 至净截面重心轴距离(mm);

A_n, I_n——混凝土梁的净截面面积(mm²)与惯性矩(mm⁴)。

以主梁四分点为例，σ_{l4}计算过程如下。

所有钢筋预加应力(扣除相应阶段的应力损失和后)的合力为：

$$N_p = \sigma_{pe} \cdot A_p = (\sigma_{con} - \sigma_{l1} - \sigma_{l2}) = (5 \times 140 \times 7 + 2 \times 140 \times 6) \times (1302 - 52.10 - 53.60)$$
$$= 7871.65(kN)$$

α_{EP}按张拉预应力钢筋时混凝土的实际强度计算，考虑此时混凝土强度已达到其强度等级的80%，相应的弹性模量近似取为$E'_c = 3.25 \times 10^4$ MPa，则：

$$\alpha_{EP} = \frac{E_p}{E_c} = \frac{1.95 \times 10^5}{3.25 \times 10^4} = 6$$

由后张各批钢筋产生的混凝土法向应力为：

$$\Delta\sigma_{pc} = \frac{N_p}{m}(\frac{1}{A_n} + \frac{e_{pn}^2}{I_n}) = \frac{7871.65 \times 10^3}{7} \times (\frac{1}{7.973 \times 10^5} + \frac{1089^2}{7.207 \times 10^{11}}) = 3.26(MPa)$$

故：

$$\sigma_{l4} = \frac{m-1}{2}\alpha_{EP}\Delta\sigma_{pc} = \frac{7-1}{2} \times 6 \times 3.25 = 58.5(MPa)$$

(四)预应力钢筋应力松弛产生的预应力损失

不论先张法或后张法，预应力钢筋都持续处于高应力状态下，因而都会产生应力松弛现象。由预应力钢筋应力松弛产生的预应力损失是时间的函数。《公路钢筋混凝土及预应力混凝土桥涵设计规范》(JTG D62—2004)中的6.2.6规定，终极值可按式(4-17)计算：

$$\sigma_{l5} = \Psi \cdot \xi \cdot (0.52\frac{\sigma_{pe}}{f_{pk}} - 0.26)\sigma_{pe} \tag{4-17}$$

式中：Ψ——张拉系数，一次张拉时$\Psi=1.0$；

ξ——钢筋松弛系数，$\xi=0.3$；

σ_{pe}——传力锚固时的钢筋应力，对后张法预应力构件$\sigma_{pe} = \sigma_{con} - \sigma_{l1} - \sigma_{l2} - \sigma_{l4}$。

以主梁四分点为例，σ_{l5}计算过程如下。

查表4-1可知，$f_{pk} = 1860(MPa)$，传力锚固时的钢筋应力为：

$$\sigma_{pe} = \sigma_{con} - \sigma_{l1} - \sigma_{l2} - \sigma_{l4} = 1302 - 52.10 - 53.60 - 58.5 = 1137.8(MPa)$$

故：

$$\sigma_{l5} = \Psi \cdot \xi \cdot (0.52\frac{\sigma_{pe}}{f_{pk}} - 0.26)\sigma_{pe} = 1.0 \times 0.3 \times (0.52 \times \frac{1137.80}{1860} - 0.26) \times 1137.62$$
$$= 19.83(MPa)$$

(五)混凝土的收缩和徐变产生的预应力损失

在一般条件下，混凝土要发生体积收缩，在持续压力作用下，混凝土还会产生徐变，两者均使构件的长度缩短，从而造成预应力损失。又由于收缩和徐变有着密切的联系，许多影响收缩变形的因素也同样影响着徐变的变形值，故将混凝土的收缩和徐变值的影响综合在一起进行计算。由《公路钢筋混凝土及预应力混凝土桥涵设计规范》(JTG D62—2004)中的6.2.7可知，混凝土的收缩和徐变产生的预应力损失可按式(4-18)计算：

$$\sigma_{l6} = \frac{0.9[E_p\varepsilon_{cs}(t,t_0) + \alpha_{EP}\sigma_{pc}\varphi(t,t_0)]}{1+15\rho\rho_{ps}} \tag{4-18}$$

$$\rho = \frac{A_p + A_s}{A_0}, \rho_{ps} = 1 + \frac{e^2}{i^2}, i = \frac{I_0}{A_0}$$

$$\sigma_{pc} \text{ 或 } \sigma_{pt} = \frac{N_P}{A_n} \pm \frac{N_P e_{pn}}{I_n} y_n \pm \frac{M_{P2}}{I_n} y_n$$

式中,σ_{pc}——构件受拉区全部纵向钢筋截面重心处由预应力产生的混凝土法向压应力(MPa);

ρ——构件受拉区全部纵向钢筋配筋率;

A_n——构件净截面面积(mm^2);

I_n——构件净截面惯性矩(mm^4);

i——截面回转半径(mm);

e_{pn}——预应力合力偏心距(mm);

$\varepsilon_{cs}(t,t_0)$——预应力钢筋传力锚固龄期为t_0,计算考虑的龄期为t时的凝土收缩应变,查《公路钢筋混凝土及预应力混凝土桥涵设计规范》(JTG D62—2004)中表的6.2.7取用;

$\varphi(t,t_0)$——加载龄期为t_0,计算考虑的龄期为t时的徐变系数,查《公路钢筋混凝土及预应力混凝土桥涵设计规范》(JTG D62—2004)中表的6.2.7取用;

N_p——后张法构件预应力钢筋的合力(N);

y_n——净截面重心至计算纤维处的距离(mm);

M_{P2}——由预加力在N_p后张法预应力混凝土连续梁上产生的次弯矩。

以主梁四分点为例,σ_{l6}计算过程如下。

1. 混凝土收缩应变终极值 $\varepsilon_{cs}(t_u,t_0)$ 和徐变系数终极值计算

该桥位于野外一般地区,相对湿度为75%,其构件理论厚度由跨中截面计算 $h = \frac{2A}{u}$,其中 A 为主梁混凝土截面面积,u 为构件与大气接触的周边长度。考虑到混凝土收缩和徐变较大部分在成桥之前完成,A 和 u 均采用预制梁毛截面的数据。$A = 0.8256 m^2$(表5-2),$u = 10.2588 m$,所以 $h = \frac{2 \times 0.8256}{10.2588} \times 10^3 = 161 (mm)$。

由于混凝土一期加载龄期为28d,查《公路钢筋混凝土及预应力混凝土桥涵设计规范》(JTG D62—2004)中表的6.2.7并内插得相应的徐变系数终极值为 $\varphi(t_u,t_0) = \varphi(t_u,28) = 1.705$,混凝土收缩应变终极值 $\varepsilon_{cs}(t_u,t_0) = \varepsilon_{cs}(t_u,28) = 0.22 \times 10^3$。混凝土二期加荷龄期为90d,其徐变系数终极值 $\varphi(t_u,90) = 1.367$。

表6.2.7中的数值系按强度等级C40混凝土计算所得,对C50及以上混凝土,表列数据应乘以 $\sqrt{\frac{32.4}{f_{ck}}} = \sqrt{\frac{32.4}{32.4}} = 1$,式中 f_{ck} 为混凝土轴心抗压强度标准值(MPa)。

所以 $\varphi(t_u,28) = 1.705$,$\varepsilon_{cs}(t_u,28) = 0.22 \times 10^{-3}$,$\varphi(t_u,90) = 1.367$。

2. 预应力钢筋合力作用点混凝土应力 σ_{pc} 计算

引起混凝土徐变的应力,由预加力、梁的结构一期重力及结构二期重力组成。考虑结构二期重力在混凝土龄期90d施加,《公路钢筋混凝土及预应力混凝土桥涵设计规范》(JTG D62—2004)中的6.1.6规定,计算混凝土应力为:

$$\sigma_{pc} = \frac{N_p}{A_n} + \frac{N_p e_{pn}^2}{I_n} - \frac{M_{g1} e_{pn}}{I_n} - \frac{\varphi(t_u,90)}{\varphi(t_u,28)} \cdot \frac{M_{g2} e_{p_0}}{I_0}$$

式中：
$$N_p = (\sigma_{con} - \sigma_{l1} - \sigma_{l2} - \sigma_{l4}) \cdot A_p = (1302 - 52.10 - 53.60 - 58.68) \times 6580$$
$$= 7485.54 (\text{kN})$$

于是：
$$\sigma_{pc} = \frac{7485.54 \times 10^3}{7.937 \times 10^5} + \frac{7485.54 \times 10^3 \times 1089^2}{7.207 \times 10^{11}} - \frac{3513.81 \times 10^6 \times 1089}{7.207 \times 10^{11}} -$$
$$\frac{1.367}{1.705} \times \frac{2168 \times 10^6 \times 1210.3}{8.228 \times 10^{11}} = 13.88 (\text{MPa})$$

3. 截面配筋率 ρ 和系数 ρ_{ps} 计算

截面配筋仅考虑预应力钢筋，即：
$$\rho = \frac{A_p}{A_0} = \frac{6580}{8.987 \times 10^5} = 0.732\%$$

ρ_{ps} 按式(4-18)计算：
$$\rho_{ps} = 1 + \frac{e_p^2}{i^2} = 1 + \frac{1210.3^2 \times 8.987 \times 10^5}{8.228 \times 10^{11}} = 2.600$$

4. σ_{l6} 计算

$$\sigma_{l6} = \frac{0.9 \times (1.95 \times 10^5 \times 0.22 \times 10^{-3} + 5.65 \times 13.88 \times 1.705)}{1 + 15 \times 0.007\ 32 \times 2.600} = 123.65 (\text{MPa})$$

（六）有效预应力计算

对于后张法预应力构件，传力锚固时的有效预应力为：
$$\sigma_{peI} = \sigma_{con} - \sigma_{l1} - \sigma_{l2} - \sigma_{l4}$$

传力锚固后的有效预应力为：
$$\sigma_{peII} = \sigma_{peI} - \sigma_{l5} - \sigma_{l6}$$

对于四分点：
$$\sigma_{peI} = \sigma_{con} - \sigma_{l1} - \sigma_{l2} - \sigma_{l4} = 1302 - 52.10 - 53.60 - 58.68 = 1137.62 (\text{MPa})$$
$$\sigma_{peII} = \sigma_{peI} - \sigma_{l5} - \sigma_{l6} = 1137.62 - 19.83 - 123.65 = 994.14 (\text{MPa})$$

六、主梁截面验算

（一）持久状况承载能力极限状态验算

1. 正截面抗弯验算

根据《公路钢筋混凝土及预应力混凝土桥涵设计规范》(JTG D62—2004)中 5.2.3 的规定，在不考虑普通钢筋作用时若满足式(4-19)的要求，则：
$$f_{pd}A_p \leqslant (f'_{pd} - \sigma'_{p0})A'_p + b'_f h'_f f_{cd} \tag{4-19}$$

这说明受压区中性轴在翼缘内，则按照公式(4-20)计算混凝土受压区高度为：
$$x = [f_{pd}A_p - (f'_{pd} - \sigma'_{p0})A'_p] / b'_f f_{cd} \tag{4-20}$$

按照公式(4-21)计算正截面抗弯承载力：

$$\gamma_0 M_d \leqslant (f'_{pd} - \sigma'_{p0})A'_p(h_0 - a'_p) + f_{cd}b'_f x(h_0 - x/2) \tag{4-21}$$

当不满足公式(4-19)要求时,说明受压区中性轴在腹板内,则按照公式(4-22)计算混凝土受压区高度为:

$$x = \{[f_{pd}A_p - (f'_{pd} - \sigma'_{p0})A'_p]/f_{cd} - b'_f h'_f\}/b + h'_f \tag{4-22}$$

按照公式(4-23)计算正截面抗弯承载力:

$$\gamma_0 M_d \leqslant (f'_{pd} - \sigma'_{p0})A'_p(h_0 - a'_p) + f_{cd}[(b'_f - x)h'_f(h_0 - h'_f/2) + bx(h_0 - x/2)] \tag{4-23}$$

本示例采用 MIDAS/CIVIL 2015 的 PSC 设计功能来计算承载能力极限状态下正截面抗弯承载力,验算结果如表 4-15 所示。

表 4-15 正截面抗弯承载力验算   单位:kN·m

截面位置	$\gamma_0 M_u$	M_n	验算
支点	0	7200.83	OK
四分点	10 752.42	18 208.10	OK
跨中	14 327.84	19 579.51	OK

2. 斜截面抗剪验算

根据《公路桥涵设计通用规范》(JTG D62—2004)中 5.2.7 的规定,矩形、T 形和 I 形截面的受弯构件,当配置箍筋和弯起钢筋时,其斜截面抗剪承载能力应符合下列规定:

$$\gamma_0 V_d \leqslant V_{cs} + V_{sb} + V_{pb} \tag{4-24}$$

$$V_{cs} = \alpha_1 \alpha_2 \alpha_3 0.45 \times 10^{-3} bh_0 \sqrt{(2+0.6P)\sqrt{f_{cu,k}}\rho_{sv}f_{sv}} \tag{4-25}$$

$$V_{sb} = 0.75 \times 10^{-3} f_{sd} \sum A_{sb}\sin\theta_s \tag{4-26}$$

$$V_{sb} = 0.75 \times 10^{-3} f_{pd} \sum A_{pb}\sin\theta_p \tag{4-27}$$

式中:V_d——斜截面受压端上由作用效应所产生的最大剪力组合设计值。对变高度连续梁和悬臂梁,当该截面处于变高度梁段时,应计算换算剪力设计值:

$$V_d = V_{cd} - \frac{M_d}{h_0}\tan\alpha \tag{4-28}$$

根据《公路桥涵设计通用规范》(JTG D62—2004)中 5.2.9 的规定,矩形、T 形和 I 形截面的受弯构件,其抗剪截面应符合下列要求:

$$\gamma_0 V_d \leqslant 0.51 \times 10^{-3}\sqrt{f_{cu,k}}bh_0 \tag{4-29}$$

式中,V_d——验算截面处由作用产生的剪力组合设计值(kN);

b——相应于剪力组合设计值处的矩形截面宽度或 T 形和 I 形截面腹板宽度(m);

h_0——相应于剪力组合设计值处的截面有效高度,即自纵向受拉钢筋合力点至受压边缘的距离(m)。

本示例采用 MIDAS/CIVIL 2015 的 PSC 设计功能来计算承载能力极限状态下斜截面抗剪承载力,验算结果如表 4-16 所示。

表 4-16　斜截面抗剪承载力验算　　　　　　　　　　　　　　单位:kN

截面位置	$\gamma_0 V_u$	V_n	验算
支点	1528.15	3093.01	OK
四分点	856.44	1449.40	OK
跨中	215.44	1260.07	OK

(二)持久状况正常使用极限状态验算

1. 使用阶段正截面抗裂验算

根据《公路钢筋混凝土及预应力混凝土桥涵设计规范》(JTG D62—2004)中 6.3.1 的规定,全预应力混凝土受弯构件在结构自重作用下控制截面受拉边缘不得消压。

$$\sigma_{st} - 0.80\sigma_{pc} \leqslant 0 \tag{4-30}$$

式中:σ_{st}——在荷载短期效应组合下构件抗裂验算边缘混凝土的法向拉应力(MPa);

　　σ_{lt}——在荷载长期效应组合下构件抗裂验算边缘混凝土的法向拉应力(MPa);

　　σ_{pc}——扣除全部预应力损失后的预加力在构件抗裂验算边缘混凝土预压应力(MPa)。

受弯构件由作用产生的截面抗裂验算边缘混凝土的法向拉应力,根据《公路钢筋混凝土及预应力混凝土桥涵设计规范》(JTG D62—2004)中 6.3.2 的规定应按式(4-31)、式(4-32)计算:

$$\sigma_{st} = \frac{M_s}{W_n} \tag{4-31}$$

$$\sigma_{lt} = \frac{M_l}{W_n} \tag{4-32}$$

式中:M_s——按荷载短期效应组合计算的弯矩值(kN·m);

　　M_l——按荷载长期效应组合计算的弯矩值(kN·m);

　　W_n——构件净截面抗裂边缘的弹性抵抗矩(m³)。

由预加力产生的混凝土法向应力,根据《公路钢筋混凝土及预应力混凝土桥涵设计规范》(JTG D62—2004)中 6.1.5 的规定应按式(4-33)计算:

$$\sigma_{pc} = \frac{N_p}{A_n} \pm \frac{N_p e_{pn}}{I_n} y_n \pm \frac{M_{p2}}{I_n} y_n \tag{4-33}$$

式中:N_p——预应力钢筋的合力(N);

　　e_{pn}——净截面重心至预应力钢筋的距离(mm);

　　A_n——净截面面积(mm²);

　　I_n——净截面惯性矩(mm⁴);

　　M_{p2}——由预加力 N_p 在后张法预应力混凝土连续梁中产生的次弯矩(kN·m);

　　y_n——净截面重心至计算纤维处的距离(mm)。

本设计采用 MIDAS/CIVIL 2015 的 PSC 设计功能来进行正常使用极限状态下的使用阶段正截面抗裂验算,详细验算结果如表 4-17 所示。

表 4-17　正截面抗裂验算　　　　　　　　　单位：MPa

截面位置	验算	截面上缘	截面下缘	最大值	允许值
支点	OK	1.77	5.707	1.77	0
四分点	OK	8.107	4.02	4.03	0
跨中	OK	9.397	1.33	1.33	0

2. 使用阶段斜截面抗裂验算

根据《公路钢筋混凝土及预应力混凝土桥涵设计规范》(JTG D62—2004)中 6.3.1 的规定,斜截面抗裂应对构件斜截面混凝土的主拉应力 σ_{tp} 进行验算,并应符合下列要求。

全预应力混凝土现浇构件,在作用(或荷载)短期效应组合下:

$$\sigma_{tp} \leqslant 0.4 f_{tk} \tag{4-34}$$

式中：σ_{tp}——在荷载短期效应组合和预加力产生的混凝土主拉应力；

f_{tk}——混凝土的抗拉强度标准值。

预应力混凝土受弯构件由作用短期效应组合和预加力产生的混凝土主拉应力 σ_{tp},根据《公路钢筋混凝土及预应力混凝土桥涵设计规范》(JTG D62—2004)中 6.3.3 的规定,按式(4-35)~式(4-38)计算:

$$\sigma_{tp} = \frac{\sigma_{cx} + \sigma_{cy}}{2} - \sqrt{\left(\frac{\sigma_{cx} - \sigma_{cy}}{2}\right)^2 + \tau^2} \tag{4-35}$$

$$\sigma_{cx} = \sigma_{pc} + \frac{M_s y_0}{I_0} \tag{4-36}$$

$$\sigma_{cy} = 0.6 \frac{n\sigma'_{pe} A_{pv}}{bs_v} \tag{4-37}$$

$$\tau = \frac{V_s S_0}{bI_0} - \frac{\sum \sigma''_{pe} A_{pb} \cdot \sin\theta_p s_n}{bI_n} \tag{4-38}$$

本设计采用 MIDAS/CIVIL 2015 的 PSC 设计功能来进行正常使用极限状态下的使用阶段斜截面抗裂验算,详细验算结果如表 4-18 所示。

表 4-18　斜截面抗裂验算　　　　　　　　　单位：MPa

截面位置	验算	最大应力	允许应力
支点	OK	−0.05	−1.59
四分点	OK	−0.05	−1.59
跨中	OK	−0.02	−1.59

(三)持久状况和短暂状况主梁截面应力验算

1. 持久状况正截面压应力验算

根据《公路钢筋混凝土及预应力混凝土桥涵设计规范》(JTG D62—2004)中 7.1.5 的规

定,全预应力混凝土分段浇注构件正截面混凝土的压应力应满足:

$$\sigma_{kc}+\sigma_{pt} \leqslant 0.5 f_{ck}=16.20\text{MPa} \tag{4-39}$$

$$\sigma_{kc}=\frac{M_k}{I_0}y_0 \tag{4-40}$$

$$\sigma_{pc}\, or\, \sigma_{pt}=\frac{N_{pn}}{A_n}\pm\frac{N_p e_{pn}}{I_n}y_n \pm \frac{M_{p2}}{I_n}y_n \tag{4-41}$$

式中:M_k——按作用标准组合计算的弯矩值(kN·m);

N_{pe}——扣除全部预应力损失后预应力钢筋对截面的合力(kN);

M_{pe}——扣除全部预应力损失后预应力钢筋对截面的弯矩(kN·m);

y_n——构件净截面重心轴至受压区或受拉区计算纤维出的距离(mm);

σ_{kc}——由作用标准组合计算的混凝土法向压应力(MPa);

σ_{pt}——由预加力产生的混凝土法向拉应力(MPa)。

本设计采用 MIDAS/ CIVIL 2015 的 PSC 设计功能来进行持久状况下预应力混凝土正截面压应力验算,详细验算结果如表 4-19 所示。

表 4-19 使用阶段正截面压应力验算 单位:MPa

截面位置	验算	翼板顶部应力	T梁底部应力	应力最大值	允许值
支点	OK	1.9103	6.9408	6.9408	16.2
四分点	OK	4.7978	12.0255	12.0255	16.2
跨中	OK	11.5013	0.8757	11.5013	16.2

2. 持久状况斜截面主压应力验算

根据《公路钢筋混凝土及预应力混凝土桥涵设计规范》(JTG D62—2004)中 7.1.6 的规定,全预应力混凝土分段浇注构件混凝土主压应力应满足:

$$\sigma_{cp} \leqslant 0.6 f_{ck}=19.44\text{MPa} \tag{4-42}$$

本设计采用 MIDAS/ CIVIL 2015 的 PSC 设计功能来进行持久状况下预应力混凝土斜截面主压应力验算,详细验算结果如表 4-20 所示。

表 4-20 使用阶段斜截面主压应力验算 单位:MPa

截面位置	验算	应力最大值	允许值
支点	OK	6.94	19.44
四分点	OK	12.03	19.44
跨中	OK	11.50	19.44

3. 持久状况受拉区钢筋的拉应力验算

根据《公路钢筋混凝土及预应力混凝土桥涵设计规范》(JTG D62—2004)中 7.1.5 的规定,全预应力混凝土分段浇注构件预应力钢筋最大拉应力应满足:

$$\sigma_{pe} + \sigma_p \leqslant 0.65 f_{pk} = 1209 \text{MPa} \tag{4-43}$$

$$\sigma_{kt} = \frac{M_k}{I_h} y \tag{4-44}$$

$$\sigma_p = \alpha_{EP} \sigma_{kt} \tag{4-45}$$

式中：σ_{pe}——A类预应力混凝土受弯构件，受拉区预应力钢筋扣除全部预应力损失后的有效预应力。

本设计采用 MIDAS/CIVIL 2015 的 PSC 设计功能来进行持久状况下受拉区预应力钢筋的最大拉应力验算，详细验算结果如表 4-21 所示。

表 4-21 受拉区钢筋的拉应力验算　　　　　　　　　　　单位：MPa

钢束	验算	Sig_DL	Sig_LL	Sig_ADL	Sig_ALL
1	OK	1044.07	1186.78	1395.00	1209.00
2	OK	1044.07	1186.78	1395.00	1209.00
3	OK	1063.24	1188.02	1395.00	1209.00
4	OK	1063.24	1188.02	1395.00	1209.00
5	OK	1097.73	1174.58	1395.00	1209.00
6	OK	1101.39	1169.38	1395.00	1209.00
7	OK	1102.27	1161.25	1395.00	1209.00

在表 4-21 中：

(1) DL 指的是施工阶段扣除短期预应力损失后的预应力钢筋锚固端的有效预应力；

(2) LL 指的是扣除全部预应力损失并考虑使用阶段作用标准值引起的钢束应力变化后的预应力钢筋的拉应力；

(3) ADL 指的是施工阶段预应力钢筋锚固端张拉控制应力容许值；

(4) ALL 指的是使用阶段预应力钢筋拉应力容许值，按规范 7.1.5（第 2 条）取用。

4. 短暂状况正截面法向应力验算

根据《公路钢筋混凝土及预应力混凝土桥涵设计规范》(JTG D62—2004) 中 7.2.7 和 7.2.8 的规定验算施工阶段正截面法向应力。

施工阶段正截面法向应力需满足以下两个条件。

压应力：

$$f'_{cc} \leqslant 0.7 f'_{ck} = 18.14 \text{MPa} \tag{4-46}$$

拉应力：

$$f'_{ct} \leqslant 0.7 f'_{tk} = 1.48 \text{MPa} \tag{4-47}$$

本设计采用 MIDAS/CIVIL 2015 的 PSC 设计功能来进行短暂状况下预应力混凝土正截面法向应力验算，详细验算结果如表 4-22 所示。

表 4-22 施工阶段正截面法向应力验算　　　　　　　　　　单位:MPa

截面位置	最大/最小	验算	翼板顶部应力	T梁底部应力	应力最大值	允许值
支点	最大	OK	1.97	7.23	7.23	18.14
支点	最小	OK	1.97	7.23	1.97	-1.48
四分点	最大	OK	2.32	15.93	15.93	18.14
四分点	最小	OK	2.32	15.93	2.32	-1.48
跨中	最大	OK	2.27	14.80	14.80	18.14
跨中	最小	OK	2.27	14.80	2.27	-1.48

注:MIDAS/CIVIL 2015 默认混凝土强度达到 80% 时开始张拉预应力钢束，$f'_{ck}=26.8\text{MPa}$，$f'_{tk}=2.40\text{MPa}$

七、主梁端部局部承压验算

后张预应力混凝土梁的端部，由于锚头集中力的作用，锚下混凝土将承受很大的局部应力，它可能使梁端产生纵向裂缝。设计时，除了在锚下设置钢垫板和钢筋网符合《公路钢筋混凝土及预应力混凝土桥涵设计规范》(JTG D62—2004) 中 9.4.1 的构造要求外，还应验算它在预应力作用下的局部承压强度和梁端的抗裂计算(局部承压区截面尺寸)。

(一)局部承压区的截面尺寸验算

根据《公路钢筋混凝土及预应力混凝土桥涵设计规范》(JTG D62—2004) 中 5.7.1 的规定，配置间接钢筋的混凝土构件，其局部受压区的截面尺寸应满足下列要求:

$$\gamma_0 F_{ld} \leqslant 1.3\eta_s \beta f_{cd} A_{ln} \tag{4-48}$$

$$\beta = \sqrt{\frac{A_b}{A_l}} \tag{4-49}$$

式中: F_{ld}——局部受压面积上的局部压力设计值，应取 1.2 倍张拉时的最大压力，本示例中，每根预应力钢束的截面面积为 980mm^2，张拉控制应力为 1302MPa，则 $F_{ld}=1.2\times1302\times980\times10^{-3}=1531.15(\text{kN})$；

f_{cd}——预应力钢束张拉时混凝土轴心抗压强度设计值，本设计取混凝土强度等级为 C45，则 $f_{cd}=20.5(\text{MPa})$；

η_s——混凝土局部承压修正系数，混凝土强度等级为 C50 及以下时，取 $\eta_s=1.0$，本示例取 1.0；

β——混凝土局部承压强度提高系数；

A_b——局部受压时的计算底面积，按《公路钢筋混凝土及预应力混凝土桥涵设计规范》(JTG D62—2004) 中的图 5.7.1 确定；

A_{ln}, A_l——混凝土局部受压面积，当局部受压面有孔洞时，A_{ln} 为扣除孔洞后的面积，A_l 为不扣除孔洞的面积，对有喇叭管并与垫板形成整体的锚具，A_{ln} 可取垫板面积扣除喇叭管尾端内孔面积。

本示例(图 4-22)采用夹片式锚具，该锚具的垫板与后面的喇叭管形成整体。锚垫板尺寸为 210mm×160mm，喇叭管尾端接内径 70mm 的波纹管。根据梁端锚具布置尺寸，取最不利的 1♯钢束的锚固区进行局部承压验算。代入数据：

$$A_{ln}=210\times160-\frac{\pi}{4}\times70^2=29\,752(\mathrm{mm}^2)$$

$$A_l=210\times160=33\,600(\mathrm{mm}^2)$$

$$A_b=(160+55\times2)\times(210+160\times2)$$
$$=143\,100(\mathrm{mm}^2)$$

$$\beta=\sqrt{\frac{A_b}{A_l}}=\sqrt{\frac{143\,100}{33\,600}}=2.064$$

公式(4-48)右边 = $1.3\times1.0\times2.064\times20.5\times29\,752=1636.53(\mathrm{kN})$

公式(4-48)左边 = $1.0\times1531.15=1531.15(\mathrm{kN})$ < 公式右边

所以，主梁局部受压区的截面尺寸满足规范要求。

（二）局部抗压承载力验算

根据《公路钢筋混凝土及预应力混凝土桥涵设计规范》(JTG D62—2004)中 5.7.2 的规定，对锚下设置间接钢筋的局部承压构建，按式(4-50)、式(4-51)进行局部抗压承载力验算：

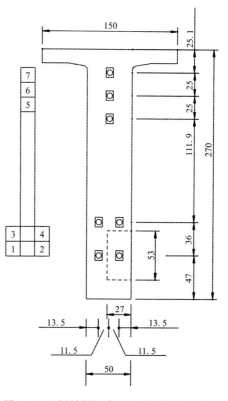

图 4-22 梁端锚具布置尺寸(单位:cm)

$$\gamma_0 F_{ld}\leqslant 0.9(\eta_s\beta f_{cd}+k\rho_v\beta_{cor}f_{sd})A_{ln} \tag{4-50}$$

$$\beta_{cor}=\sqrt{\frac{A_{cor}}{A_l}} \tag{4-51}$$

式中：β_{cor}——配置间接钢筋时局部抗压承载力提高系数，当 $A_{cor}>A_b$ 时取 $A_{cor}=A_b$；

k——间接钢筋影响系数，按《公路钢筋混凝土及预应力混凝土结构设计规范》中的 5.3.2 取用，当混凝土强度等级在 C50 及以下时 k 取 2.0；

A_{cor}——间接钢筋内表面范围内的混凝土核芯面积(mm^2)，其形心应与 A_l 重合，计算时按同心、对称原则取值；

ρ_v——间接钢筋体积配筋率，对螺旋筋，$\rho_v=4A_{ssl}/(d_{cor}s)$；

A_{ssl}——单根螺旋形间接钢筋的截面积(mm^2)；

d_{cor}——螺旋形间接钢筋内表面范围内混凝土核芯面积的直径(mm)；

s——螺旋形间接钢筋的层距(mm)。

本示例采用间接钢筋为 HPB400 的螺旋形钢筋，$f_{sd}=330\mathrm{MPa}$，直径为 14mm，间距 $s=50\mathrm{mm}$[《公路钢筋混凝土及预应力混凝土桥涵设计规范》(JTG D62—2004)中的图 5.7.2 推荐为 30~80mm]，螺旋筋钢筋中心直径为 200mm。代入数据：

$$d_{cor}=200-14=186(\mathrm{mm})$$

$$A_{cor}=\frac{\pi d_{cor}^2}{4}=\frac{\pi\times186^2}{4}=27\,172(\mathrm{mm}^2)$$

$$\beta_{cor} = \sqrt{\frac{A_{cor}}{A_l}} = \sqrt{\frac{27\ 172}{33\ 600}} = 0.8993$$

$$\rho_v = \frac{4A_{ssl}}{d_{cor}s} = \frac{\pi \times 14^2}{186 \times 50} = 0.0662$$

公式(4-43)右边 $= 0.9 \times (1.0 \times 2.064 \times 20.5 + 2.0 \times 0.0662 \times 0.8993 \times 330) \times 29\ 752 \times 10^{-3} = 2185.10(kN) >$ 公式(4-43)左边 $= 1531.15(kN)$

因此,主梁端部的局部抗压承载力满足规范要求。

八、主梁变形验算

为了掌握主梁在各受力阶段的变形(通常指竖向挠度)情况,需要计算各阶段的挠度值,并且对体现结构刚度的活载挠度进行验算。梁沿跨度方向是变刚度梁,为简化计算,取梁的 1/4 跨截面的换算截面惯性矩作为全梁的平均惯性矩来计算。

(一)可变荷载作用下的挠度

根据《公路钢筋混凝土及预应力混凝土桥涵设计规范》(JTG D62—2004)中 6.5.2 的规定,全预应力混凝土构件的刚度采用 $B_0 = 0.95E_cI_0$。由于边梁荷载较大,故取边梁计算:

$B_0 = 0.95E_cI_0 = 0.95 \times 3.45 \times 10^4 \times 0.8228 \times 10^{12} = 2.697 \times 10^{16} (mm^4 \cdot N/mm^2)$

可变荷载的频遇值在跨中截面产生的弯矩值为 $M_{qsd} = 2506.22(kN \cdot m)$

可变荷载的频遇值在跨中截面产生的挠度为:

$$f_{qs} = \frac{5}{48} \cdot \frac{M_{qsd}l^2}{0.95E_cI_0} = \frac{5}{48} \cdot \frac{2506.22 \times 38\ 860^2 \times 10^6}{2.697 \times 10^{16}} = 14.62(mm)(\downarrow)$$

根据《公路钢筋混凝土及预应力混凝土桥涵设计规范》(JTG D62—2004)中 6.5.3 的规定,受弯构件在使用阶段的挠度应考虑荷载长期效应的影响,即按荷载短期效应组合[《公路桥涵设计通用规范》(JTG D60—2015)为荷载频遇组合]计算的挠度乘以挠度长期增长系数 η_θ。当为 C50 混凝土时 $\eta_\theta = 1.425$,则荷载在消除结构自重产生的长期挠度为:

$$f_{ql} = \eta_\theta f_{qs} = 1.425 \times 14.62 = 20.83(mm) < [f] = \frac{l}{600} = \frac{38\ 860}{600} = 64.77(mm)$$

满足要求。

(二)考虑荷载长期效应恒载作用下的挠度

一期和二期恒载作用下跨中截面产生的弯矩 $M_{g_1} + M_{g_2} = 7097.47(kN \cdot m)$

恒载效应产生的跨中挠度可近似计算:

$$f_g = \frac{5}{48} \cdot \frac{(M_{g_1} + M_{g_2})l^2}{0.95E_cI_0} = \frac{5}{48} \cdot \frac{7097.47 \times 38\ 860^2 \times 10^6}{2.697 \times 10^{16}} = 41.40(mm)(\downarrow)$$

荷载长期效应恒载作用下的挠度为:

$$f_{gl} = \eta_\theta f_g = 1.425 \times 41.40 = 59.00(mm)(\downarrow)$$

(三)预加力引起的跨中反拱度

采用 1/4 跨截面的永存预加力作为全梁平均预加力计算。

$$\sigma_{pe}^{II} = \sigma_{con} - \sigma_{l1} - \sigma_{l2} - \sigma_{l4} - \sigma_{l5} - \sigma_{l6} = 1302 - 52.10 - 57.51 - 58.50 - 19.39 - 123.18$$
$$= 991.32 (\text{MPa})$$

$$N_{pII} = \sigma_{pe}^{II} A_p = 991.32 \times 6580 = 6522.89 (\text{kN})$$

$$e_{p0} = 1.4618 (\text{m})$$

$$M_p = N_{pII} e_{p0} = 6522.89 \times 1.4618 = 9535.15 (\text{kN} \cdot \text{m})$$

$$f_p = \frac{1}{8} \times \frac{M_p l^2}{B_0} = \frac{1}{8} \times \frac{9535.15 \times 10^6 \times 38\,860^2}{2.697 \times 10^{16}} = 66.74 (\text{mm})$$

根据《公路钢筋混凝土及预应力混凝土桥涵设计规范》(JTG D62—2004)中 6.5.4 的规定,考虑荷载长期效应影响,预加力引起的跨中反拱度应乘以长期增长系数 2.0,则:

$$f_{pl} = 2.0 \times f_p = 2.0 \times 66.74 = 133.48 (\text{mm})$$

(四)预拱度设置

按《公路钢筋混凝土及预应力混凝土桥涵设计规范》(JTG D62—2004)中 6.5.5 的规定,当预加力产生的长期反拱值大于按荷载短期效应组合计算的长期挠度时,可不设预拱度。

梁在预加力和短期作用效应组合并考虑长期效应的影响,跨中截面的挠度为:

$$f = f_{gl} + f_{ql} - f_{pl} = 59.00 + 20.83 - 133.48 = -53.65 (\text{mm}) < 0$$

故不设预拱度。

第四节 下部结构计算

一、下部结构设计资料

(一)上部构造

上部结构设计资料见本章第一节桥梁基本设计资料。

(二)水文地质

根据钻探揭露,在勘探深度内,桥位区地层共分三大层,主要为第四系全新统、上更新统与中更新统冲洪积形成的碎石土,中间夹较多薄砂层及圆砾层,现自上而下分层描述。

1. 粉砂层(N)

粉砂层呈红褐色。碎屑结构,碎屑物质为细砂。泥质胶结,局部泥钙质胶结,胶结较好,岩芯呈长柱状。

该层最大揭露厚度 8.0m,主要在桥台附近分布。

2. 细砂(Q_4^{al+pl})

细砂呈灰色。含零星砾石。砂矿物成分以石英、长石为主。砂质纯净。局部夹亚黏土薄层。松散,稍湿。

该层厚度 1.2m，主要在 ZK4 孔附近分布。

3. 圆砾(Q_4^{al+pl})

圆砾呈灰褐色。含少量卵漂石。砾卵石成分以安山岩、辉绿岩为主。中等风化，磨圆中等，亚圆形。粒径大于 20mm 的圆砾为含量 25%～30%，粒径在 2～20mm 的圆砾含量约 30%，其余物质为中细砂，混少量黏性土。中密，很湿—饱和。

1#桥墩下桩基设计参数见表 4-23。

表 4-23 桩基设计有关参数

名称	数值	单位
地基土的比例系数(m)	30 000	kN/m⁴
桩身与土的极限摩阻力(τ_p)	60	kPa
土的内摩擦角(φ)	30	°
桩尖以上土的平均重度(γ_2)	19	kN/m³
桩底土的比例系数(m_1)	30 000	kN/m⁴
地基土的承载力(σ_0)	500	kPa
考虑桩入土长度影响的修正系数(λ)	0.7	
考虑桩尖以上土层的附加荷载作用系数(K_2)	3	
清底系数(m)	0.8	

（三）上部恒载

各梁恒载反力见表 4-24。

表 4-24 各梁恒载反力表

每片边梁 (kN/m)	每片中梁 (kN/m)	一孔上部构造 (kN)	各梁支座反力(kN)	
			边梁	中梁
37.60	40.14	9420.97	751.25	802.00

注：二期恒载已分配到边中梁恒载中。

（四）主要材料

台帽与墩柱盖梁均采用 C40 混凝土，$f_{ck}=26.8$MPa，$f_{tk}=2.40$MPa，$E_c=3.25\times10^4$MPa。
墩柱与桩基用 C30 混凝土，$f_{ck}=20.1$MPa，$f_{tk}=2.01$MPa，$E_c=3.0\times10^4$MPa。
主筋采用 HRB400 钢筋，$f_{sk}=400$MPa，$E_s=2.0\times10^5$MPa。
箍筋采用 HPB300 钢筋，$f_{sk}=300$MPa；$E_s=2.1\times10^5$MPa。

(五)支座型号

板式橡胶支座摩阻系数 $f=0.05$,滑板支座最小摩阻系数为 $f=0.03$,一般情况为 $f=0.05$。

(六)桥墩一般构造及桥面连续布置

桥墩一般构造见图 4-23,桥面连续布置见图 4-24。

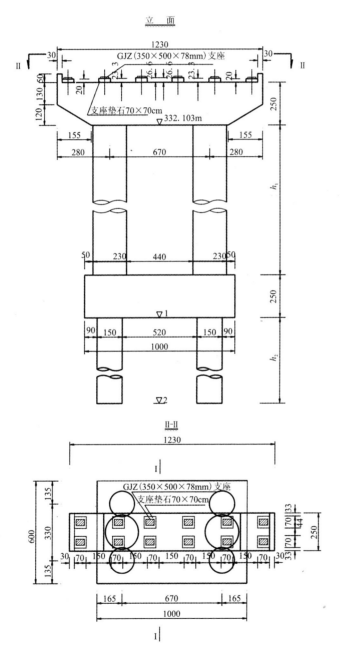
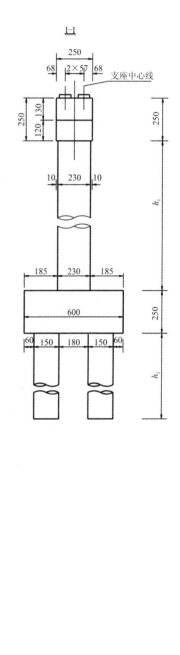

图 4-23 桥墩一般构造(单位:cm)

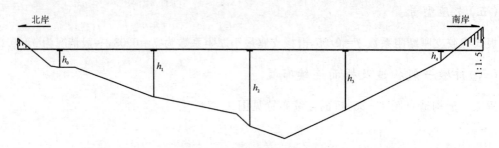

图 4-24 桥面连续布置

$h_0 = h_4 = 5.1\mathrm{m}; h_1 = 16.2\mathrm{m}; h_2 = 29.1\mathrm{m}; h_3 = 21.9\mathrm{m}$

二、桥墩盖梁计算

(一)盖梁尺寸

桥墩盖梁长 12.3m,宽 2.5m,端部高度 1.3m,跨中高 2.5m,变化段长度 1.55m,悬臂长度 2.8m。

盖梁的尺寸计算见图 4-25。

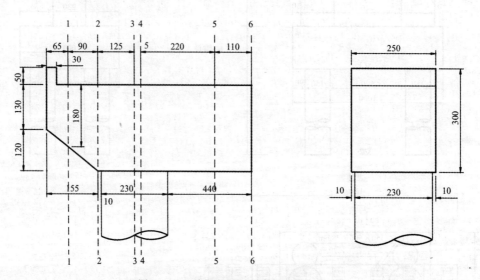

图 4-25 盖梁的尺寸计算图(单位:cm)

(二)垂直荷载计算

1. 盖梁自重及内力计算(表 4-25)

表 4-25 盖梁自重及内力计算表

截面编号	自重 Q(kN)	弯矩(kN·m)	剪力(kN) $Q_左$	剪力(kN) $Q_右$
1-1	$[0.5\times(1.3+1.8)\times0.65+0.3\times 0.5]\times2.5\times25=72.34$	$-72.34\times0.33=-23.87$	-72.34	-72.34
2-2	$0.5\times(1.8+2.5)\times0.9\times 2.5\times25=120.94$	$-72.34\times(0.9+0.33)- 120.94\times0.42=-139.77$	-193.28	-193.28
3-3	$1.25\times2.5\times2.5\times25=195.31$	$-72.34\times2.48-120.94\times1.67- 195.31\times0.625=-503.44$	-388.59	503.44
4-4	$0.05\times2.5\times2.5\times25=7.81$	$912.03\times0.05-72.34\times2.53- 120.94\times1.72-195.31\times0.675- 7.81\times0.025=-477.47$	515.63	515.63
5-5	$2.2\times2.5\times2.5\times25=343.75$	$912.03\times2.25-[72.34\times (2.53+2.2)+120.94\times3.92+ 195.31\times2.875+7.81\times2.225+ 343.75\times1.1]=278.80$	171.88	171.88
6-6	$1.1\times2.5\times2.5\times25=171.88$	$912.03\times3.35-72.34\times5.83- 120.94\times5.02-195.31\times3.975- 7.81\times3.325-343.75\times2.2=467.86$	0	0

2. 可变荷载计算

根据《公路桥涵设计通用规范》(JTG D60—2015)中 4.3.1 的第 2 款规定,桥梁结构的整体计算采用车道荷载,第 6 款规定车道荷载的横向分布系数应按设计车道数布置车辆荷载进行计算。

1)活载横向分布系数计算

荷载对称布置用杠杆原理法,非对称布置用偏心受压法。

(1)单列公路-Ⅰ级车道荷载对称布置如图 4-26 所示。

$$\eta_1=\eta_2=\eta_5=\eta_6=0$$
$$\eta_3=\eta_4=\frac{1}{2}(0.909+0.091)=0.500$$

(2)双列公路-Ⅰ级车道荷载对称布置如图 4-27 所示。

$$\eta_1=\eta_6=0$$

$$\eta_2 = \eta_5 = \frac{1}{2} \times 0.614 = 0.307$$

$$\eta_3 = \eta_4 = \frac{1}{2}(0.386 + 0.795 + 0.205) = 0.693$$

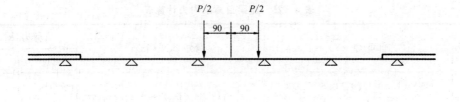

图 4-26 单列公路-Ⅰ级车道荷载对称布置(单位:cm)

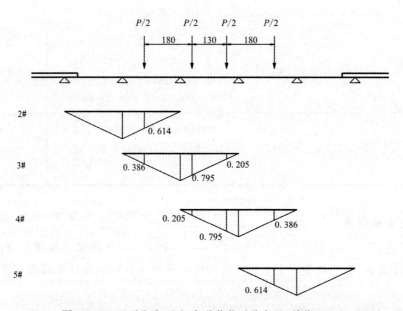

图 4-27 双列公路-Ⅰ级车道荷载对称布置(单位:cm)

(3)单列公路-Ⅰ级车道荷载非对称布置如图 4-28 所示。

由 $\eta_i = \dfrac{1}{n} \pm \beta \dfrac{ea_i}{\sum\limits_{i=1}^{n} a_i^2}$,已知 $n=6, e=3.60\text{m}, \beta=0.96, \sum\limits_{i=1}^{6} a_i^2 = 84.7$,则:

$$\eta_1 = \frac{1}{6} + 0.96 \frac{3.6 \times 5.5}{84.7} = 0.391$$

$$\eta_2 = \frac{1}{6} + 0.96\frac{3.6 \times 3.3}{84.7} = 0.301$$

$$\eta_3 = \frac{1}{6} + 0.96\frac{3.6 \times 1.1}{84.7} = 0.212$$

$$\eta_4 = \frac{1}{6} - 0.96\frac{3.6 \times 1.1}{84.7} = 0.122$$

$$\eta_5 = \frac{1}{6} - 0.96\frac{3.6 \times 3.3}{84.7} = 0.032$$

$$\eta_6 = \frac{1}{6} - 0.96\frac{3.6 \times 5.5}{84.7} = -0.027$$

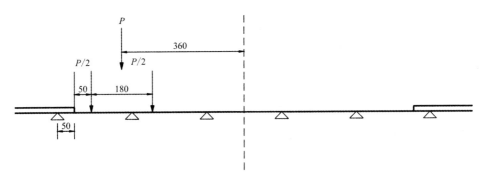

图 4-28 单列公路-Ⅰ级车道荷载非对称布置(单位:cm)

(4)双列公路-Ⅰ级车道荷载非对称布置如图 4-29 所示。

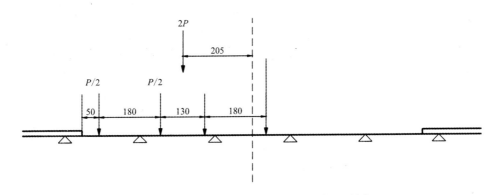

图 4-29 双列公路-Ⅰ级车道荷载非对称布置(单位:cm)

已知 $n=6, e=3.60\text{m}, \beta=0.96, \sum_{i=1}^{6}a_i^2 = 84.7$,则:

$$\eta_1 = \frac{1}{6} + 0.96\frac{2.05 \times 5.5}{84.7} = 0.294$$

$$\eta_2 = \frac{1}{6} + 0.96\frac{2.05 \times 3.3}{84.7} = 0.243$$

$$\eta_3 = \frac{1}{6} + 0.96\frac{2.05 \times 1.1}{84.7} = 0.192$$

$$\eta_4 = \frac{1}{6} - 0.96\,\frac{2.05 \times 1.1}{84.7} = 0.141$$

$$\eta_5 = \frac{1}{6} - 0.96\,\frac{2.05 \times 3.3}{84.7} = 0.090$$

$$\eta_6 = \frac{1}{6} - 0.96\,\frac{2.05 \times 5.5}{84.7} = 0.039$$

2)公路-Ⅰ级车道荷载作用下墩台反力计算

根据《公路桥涵设计通用规范》(JTG D60—2015)中 4.3.1 的规定,公路-Ⅰ级车道均布荷载标准值为:

$$q_k = 10.5\,\text{kN/m}$$

集中荷载标准值为:

$$P_k = 2 \times (38.86 + 130) = 337.72\,(\text{kN})$$

根据《公路桥涵设计通用规范》(JTG D60—2015)中 4.3.1 的第 4 款规定,计算剪力时,车道荷载标准值得集中力要乘以 1.2 的系数。

计算剪力效应时:

$$P_k = 1.2 \times 337.72 = 405.26\,(\text{kN})$$

(1)单孔单列公路-Ⅰ级车道荷载如图 4-30 所示。

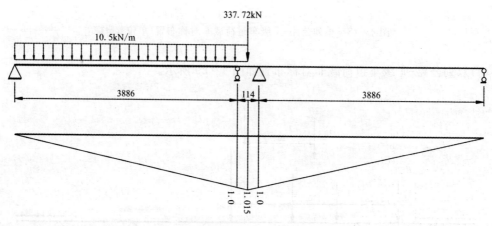

图 4-30 单孔单列公路-Ⅰ级车道荷载(单位:cm)

公路-Ⅰ级车道荷载作用下墩台支反力为:

$$B = 10.5 \times 39.34 \times 1.015 \times 0.5 + 405.26 \times 1.015 = 621.46\,(\text{kN})$$

(2)双孔单列公路-Ⅰ级车道荷载如图 4-31 所示。

公路-Ⅰ级车道荷载作用下墩台支反力为:

$$B = 10.5 \times 39.34 \times 1.015 + 405.26 \times 1.015 = 831.57\,(\text{kN})$$

3)可变荷载横向分布后各梁支点反力

计算式为:

$$R_i = B \times \eta_i$$

计算结果见表 4-26。

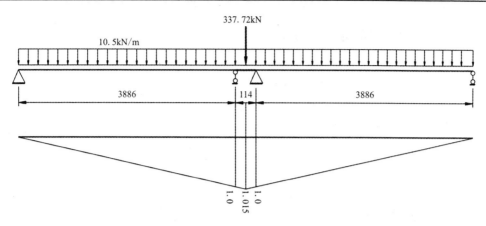

图 4-31 双孔单列公路-Ⅰ级车道荷载(单位:cm)

表 4-26 各梁可变荷载反力汇总表

计算方法	荷载横向分布情况		公路-Ⅰ级			
	荷载布置	横向分布系数 η_i	单孔荷载		双孔荷载	
			B(kN)	R_i(kN)	B(kN)	R_i(kN)
按杠杆法计算	单行行车对称布置	$\eta_1=0$	621.46	0	831.57	0
		$\eta_2=0$		0		0
		$\eta_3=0.5$		310.73		415.79
		$\eta_4=0.5$		310.73		415.79
		$\eta_5=0$		0		0
		$\eta_6=0$		0		0
	双行行车对称布置	$\eta_1=0$	621.46	0	831.57	0
		$\eta_2=0.307$		190.79		255.29
		$\eta_3=0.693$		430.67		576.28
		$\eta_4=0.693$		430.67		576.28
		$\eta_5=0.307$		190.79		255.29
		$\eta_6=0$		0		0
按偏心受压法计算	单行行车非对称布置	$\eta_1=0.391$	621.46	242.99	831.57	325.14
		$\eta_2=0.301$		187.06		250.30
		$\eta_3=0.212$		131.75		176.29
		$\eta_4=0.122$		75.82		101.45
		$\eta_5=0.032$		19.89		26.61
		$\eta_6=-0.027$		-16.78		-22.45
	双行行车非对称布置	$\eta_1=0.294$	621.46	182.71	831.57	244.48
		$\eta_2=0.243$		151.01		202.07
		$\eta_3=0.192$		119.32		159.66
		$\eta_4=0.141$		87.63		117.25
		$\eta_5=0.090$		55.93		74.84
		$\eta_6=0.039$		24.24		32.43

(三)永久荷载、可变荷载反力汇总

永久荷载、可变荷载反力汇总见表4-27。

表4-27 各梁反力汇总表

荷载情况	1#梁 R_1(kN)	2#梁 R_2(kN)	3#梁 R_3(kN)	4#梁 R_4(kN)	5#梁 R_5(kN)	6#梁 R_6(kN)
上构恒载	1502.5	1604	1604	1604	1604	1502.5
公路-I级(双孔双列对称布置)×$(1+\mu)$	0	306.60	692.11	692.11	306.60	0
公路-I级(双孔单列对称布置)×$(1+\mu)$	390.4	300.61	211.72	121.84	31.96	-26.96

注:$1+\mu=1.201$(其计算过程详见上部结构计算)。

(四)双柱反力 G_i 计算

由 $\sum M_{o2}=0$ 得:

$$G_1=\frac{1}{670}(885R_1+665R_2+445R_3+225R_4+5R_5-215R_6)$$

其计算结果见表4-28。

表4-28 桩柱反力计算表

荷载情况	计算式	G_1(kN)
上部恒载	$\frac{1}{670}(885\times1502.5+665\times1604+445\times1604+225\times1604+5\times1604-215\times1502.5)$	4710.49
公路-I级(双孔双列对称布置)	$\frac{1}{670}(885\times0+665\times306.60+445\times692.11+225\times692.11+5\times306.60-215\times0)$	998.70
公路-I级(双孔单列对称布置)	$\frac{1}{670}(885\times390.49+665\times300.61+445\times211.72+225\times121.84+5\times31.96-26.96\times215)$	987.29

(五)盖梁各截面内力计算(图4-32)

1. 弯矩计算

双柱式墩台盖梁在计算盖梁柱顶处负弯矩时,汽车横桥向采用非对称布置,横向分布系数采用偏心受压法计算;在计算盖梁跨中正弯矩时,汽车横桥向采用对称布置,横向分布系数采用杠杆法计算。各截面的弯矩计算式分别为:

$M_{1-1}=0$

$M_{2-2}=-0.90R_1$

$M_{3-3}=-2.15R_1$

$M_{4-4}=-2.20R_1+0.05G_1$

$M_{5-5}=-4.40R_1-2.20R_2+2.25G_1$

$M_{6-6}=-5.50R_1-3.30R_2-1.10R_3+3.35G_1$

其盖梁各截面弯矩计算结果见表 4-29。

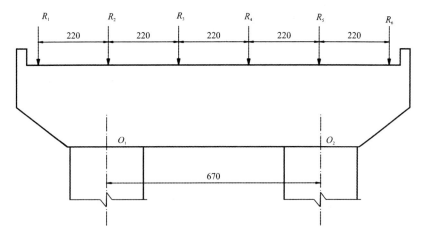

图 4-32 盖梁各截面内力计算图示(单位:cm)

表 4-29 盖梁截面弯矩计算表

荷载情况		墩柱反力	梁的反力			各截面弯矩					
		G_1(kN)	R_1(kN)	R_2(kN)	R_3(kN)	1-1	2-2	3-3	4-4	5-5	6-6
上部恒载		4710.49	1502.5	604	1604	0	-1352.25	-3230.38	-3069.98	458.80	458.79
公路-I级	对称	998.70	0	0	692.11	0	0	0	49.94	1572.56	1582.53
	非对称	987.29	390.49	390.49	211.72	0	-351.44	-839.55	-809.71	-158.10	-65.18

2. 剪力计算

各截面的剪力计算式如下所示。

截面 1—1:$Q_左=0, Q_右=-R_1$

截面 2—2:$Q_左=Q_右=-R_1$

截面 3—3:$Q_左=-R_1, Q_右=-R_1+G_1$

截面 4—4:$Q_左=-R_1+G_1, Q_右=-R_1-R_2+G_1$

截面 5—5:$Q_左=-R_1-R_2+G_1, Q_右=-R_1-R_2-R_3+G_1$

截面 6—6:$Q_左=-R_1-R_2-R_3+G_1, Q_右=-R_1-R_2-R_3+G_1$

相应最大弯矩时剪力计算结果见表 4-30。

表 4-30　盖梁截面剪力计算表

荷载情况			上部恒载	公路-Ⅰ级	
				对称	非对称
墩柱反力(kN)		G_1	4710.49	998.7	987.29
梁的反力(kN)		R_1	1502.5	0	390.49
		R_2	1604	0	300.61
		R_3	1604	692.11	211.72
各截面剪力	1—1	$Q_左$	0	0	0
		$Q_右$	−1502.5	0	−390.49
	2—2	$Q_左$	−1502.5	0	−390.49
		$Q_右$	−1502.5	0	−390.49
	3—3	$Q_左$	−1502.5	0	−390.49
		$Q_右$	3207.99	998.7	596.8
	4—4	$Q_左$	3207.99	998.7	596.8
		$Q_右$	1603.99	692.1	296.19
	5—5	$Q_左$	1603.99	692.1	296.19
		$Q_右$	0	0	0
	6—6	$Q_左$	0	0	0
		$Q_右$	0	0	0

3. 截面内力组合

1)弯矩组合

各截面弯矩组合见表 4-31。

表 4-31　盖梁截面弯矩组合

	截面号 内力值	1—1	2—2	3—3	4—4	5—5	6—6
1	上部恒载	0	−1352.25	−3230.38	−3069.98	458.80	458.79
2	盖梁自重	−23.87	−139.77	−503.44	−477.47	278.80	467.86
3	活载对称布置	0	0	0	49.94	1572.56	1582.53
4	活载非对称布置	0	−351.44	−839.55	−809.71	−158.10	−65.18
活载对称布置	承载能力极限状态基本组合	−31.51	−1969.47	−4928.64	−4605.73	3395.37	3660.27
	正常使用极限状态准永久组合	−23.87	−1492.02	−3733.82	−3530.82	1261.35	1453.72
活载非对称布置	承载能力极限状态基本组合	−31.51	−2510.68	−6221.55	−5929.59	730.16	1122.80
	正常使用极限状态准永久组合	−23.87	−1609.07	−4013.44	−3817.13	684.94	904.94

注：结构重要性系数为 1.1，正常使用极限状态作用准永久组合下扣除冲击力。

2)剪力组合

各截面弯矩组合见表 4-32。

表 4-32 盖梁截面剪力组合

内力组合值		截面号	1—1	2—2	3—3	4—4	5—5	6—6
1	上部恒载	$Q_左$	0	−1502.5	−1502.5	3207.99	1603.99	0
		$Q_右$	−1502.5	−1502.5	3207.99	1603.99	0	0
2	盖梁自重	$Q_左$	−72.34	−193.28	−388.59	515.63	171.88	0
		$Q_右$	−72.34	−193.28	523.44	515.63	171.88	0
3	活载对称布置	$Q_左$	0	0	0	998.70	692.10	0
		$Q_右$	0	0	998.70	692.10	0	0
4	活载非对称布置	$Q_左$	0	−390.49	−390.49	596.80	296.19	0
		$Q_右$	−390.49	−390.49	596.80	296.19	0	0
活载对称布置	承载能力极限状态基本组合	$Q_左$	−95.49	−2238.43	−2496.24	6453.18	3409.98	0
		$Q_右$	−2078.79	−2238.43	6463.49	3863.73	226.19	0
	正常使用极限状态准永久组合	$Q_左$	−72.34	−1695.78	−1891.09	4056.24	2006.38	0
		$Q_右$	−1574.81	−1695.78	4064.05	2350.13	171.88	0
活载非对称布置	承载能力极限状态基本组合	$Q_左$	−95.49	−2839.78	−3097.59	834.25	2800.28	0
		$Q_右$	−2680.14	−2839.78	5844.56	3254.03	226.88	0
	正常使用极限状态准永久组合	$Q_左$	−72.34	−1825.83	−2021.14	3922.39	1874.52	0
		$Q_右$	−1704.89	−1825.83	3930.20	2218.27	171.88	0

注:结构重要性系数为1.1,正常使用极限状态作用准永久组合下扣除冲击力。

(六)各墩台水平力计算

纵向水平力一般包括制动力、温度力及收缩作用。本例忽略收缩的计算。

本例上部结构为一联桥面连续。在纵向水平力中,除支座摩阻力由桥台承受外,其余各力均将按集成刚度法将水平力分配给各个支座及墩台顶。活动支座承受的纵向力不得超过支座摩阻力。

在墩上有两排支座并联,两排支座并联后,再与墩顶抗推刚度串联,串联后的刚度就是支座顶部由支座与桥墩联合的集成刚度。

桥台采用肋形桥台,其刚度可以假定为无穷大。桥台与支座刚度串联,根据公式可以知道串联刚度即为一排支座刚度。

上部构造每片边梁支点反力为 751.25kN,每片中梁支点反力为 802.00kN。

中墩橡胶支座中钢板总厚度为 20mm,剪切模量 $G=1200\text{kN/m}^2$,每跨梁一端设有 6 个支

座,每排支座抗推刚度为:

$$K_r = \frac{FG}{h}n = \frac{0.35 \times 0.50 \times 1200}{0.078} \times 6 = 16\ 153.85 (kN/m)$$

式中:F——橡胶板支座平面面积(m^2);
G——橡胶板支座剪切模量(kN/m^2);
h——支座橡胶板厚度(m);
n——墩上支座设置数量。

每个墩上设有两排橡胶支座,两排支座并联后其支座刚度为:

$$K'_r = 2 \times 16\ 153.85 = 32\ 307.70 (kN/m)$$

取桥台及两联间桥墩的滑板支座的模组因数 $f = 0.05$,其最小模组因数 $f = 0.03$。

1. 桥墩抗推刚度计算

桥墩(台)采用 C30 混凝土,其弹性模量为:

$$E_h = 3.00 \times 10^4 MPa = 3.00 \times 10^7 (kN/m^2)$$

(1)各墩悬臂刚度 $\overline{K_1} \sim \overline{K_3}$ 计算如图 4-33 所示。

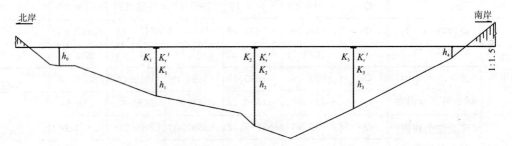

图 4-33 各墩悬臂刚度计算图示
$h_0 = h_4 = 5.1m; h_1 = 16.2m; h_2 = 29.1m; h_3 = 21.9m$

一墩两柱的抗推刚度:

$$K = \frac{n}{\frac{h^3}{3 \times 0.8 E_{h1} I_{h1}} + \delta_{HH} + h\delta_{MH} + \delta_{HM}h + \delta_{MM}h^2}$$

式中:n——一个桥墩墩柱数 $n=2$;
H——墩柱高度(m);
I_{h1}——单柱毛截面惯性矩,$I = \frac{\pi d^4}{64} = \frac{\pi 2.3^4}{64} = 1.3737 (m^4)$;
E_{h1}——墩柱抗压弹性模量,$E_{h1} = 3.0 \times 10^7 kN/m^2$;
δ_{HH}、δ_{MH}、δ_{HM}、δ_{MM}——用"m"法计算桩基的有关系数。

已知:桩抗压弹性模量 $E_{h2} = 3.0 \times 10^7 kN/m^2$,毛截面惯性矩 $I_{h2} = \frac{\pi d^4}{64} = \frac{\pi \cdot 1.5^4}{64} = 0.2485$ (m^4),$K_r = 16\ 153.85 kN/m$,$K'_r = 32\ 307.69 kN/m$,则:

$$\frac{h^3}{3 \times 0.8 E_{h1} I_{h1}} = \frac{16.2^3}{3 \times 0.8 \times 3.0 \times 10^7 \times 1.3737} = 0.000\ 04$$

$$\frac{h^3}{3\times 0.8E_{h1}I_{h1}}=\frac{29.1^3}{3\times 0.8\times 3.0\times 10^7\times 1.3737}=0.0002$$

$$\frac{h^3}{3\times 0.8E_{h1}I_{h1}}=\frac{21.9^3}{3\times 0.8\times 3.0\times 10^7\times 1.3737}=0.0001$$

得：

$$\delta_{HH}=\frac{1}{\alpha^3\times 0.8E_{h2}I_{h2}}\times\frac{B_3D_4-B_4D_3}{A_3B_4-A_4B_3}=6.443\times 10^{-6}$$

$$\delta_{MH}=\frac{1}{\alpha^2\times 0.8E_{h2}I_{h2}}\times\frac{A_3D_4-A_4D_3}{A_3B_4-A_4B_3}=1.711\times 10^{-6} \quad\quad (4-52)$$

$$\delta_{HM}=\delta_{MH}=1.711\times 10^{-6}$$

$$\delta_{MM}=\frac{1}{\alpha\times 0.8E_{h2}I_{h2}}\times\frac{A_3C_4-A_4C_3}{A_3B_4-A_4B_3}=7.358\times 10^{-7}$$

式中：α——桩的变形系数，其计算过程详见桩基设计；

$\dfrac{B_3D_4-B_4D_3}{A_3B_4-A_4B_3}$、$\dfrac{A_3D_4-A_4D_3}{A_3B_4-A_4B_3}$、$\dfrac{A_3C_4-A_4C_3}{A_3B_4-A_4B_3}$——计算桩顶变位用表的系数，其取值可参考弹性桩计算用表（盛洪飞《桥梁墩台与基础工程》附录Ⅱ）：

$$\frac{B_3D_4-B_4D_3}{A_3B_4-A_4B_3}=2.441$$

$$\frac{A_3D_4-A_4D_3}{A_3B_4-A_4B_3}=1.625$$

$$\frac{A_3C_4-A_4C_3}{A_3B_4-A_4B_3}=1.751$$

故有：

$$\overline{K_1}=\frac{n}{\dfrac{h^3}{3\times 0.8E_{h1}I_{h1}}+\delta_{HH}+h\delta_{MH}+\delta_{HM}h+\delta_{MM}h^2}$$

$$=\frac{2}{0.0004+6.443\times 10^{-6}+16.2\times 1.711\times 10^{-6}+16.2\times 1.711\times 10^{-6}+7.358\times 10^{-7}\times 16.2^2}$$

$$=3053.52(kN/m^2)$$

$$\overline{K_2}=\frac{n}{\dfrac{h^3}{3\times 0.8E_{h1}I_{h1}}+\delta_{HH}+h\delta_{MH}+\delta_{HM}h+\delta_{MM}h^2}$$

$$=\frac{2}{0.0002+6.443\times 10^{-6}+29.1\times 1.711\times 10^{-6}+29.1\times 1.711\times 10^{-6}+7.358\times 10^{-7}\times 29.1^2}$$

$$=2152.61(kN/m^2)$$

$$\overline{K_3}=\frac{n}{\dfrac{h^3}{3\times 0.8E_{h1}I_{h1}}+\delta_{HH}+h\delta_{MH}+\delta_{HM}h+\delta_{MM}h^2}$$

$$=\frac{2}{0.0001+6.443\times 10^{-6}+21.9\times 1.711\times 10^{-6}+21.9\times 1.711\times 10^{-6}+7.358\times 10^{-7}\times 21.9^2}$$

$$=3743.34(kN/m^2)$$

0#、4#台为肋形桥台。假定抗推刚度为无穷大。

(2) 墩与支座串联,串联后各刚度 K_i 计算如下。

对桥墩:

$$K_1 = \frac{\overline{K_1}K'_r}{\overline{K_1}+K'_r} = \frac{3053.52 \times 32\,307.69}{3053.52 + 32\,307.69} = 2789.84(\text{kN/m})$$

$$K_2 = \frac{\overline{K_2}K'_r}{\overline{K_2}+K'_r} = \frac{2152.61 \times 32\,307.69}{2152.61 + 32\,307.69} = 2018.14(\text{kN/m})$$

$$K_3 = \frac{\overline{K_3}K'_r}{\overline{K_3}+K'_r} = \frac{3743.34 \times 32\,307.69}{3743.34 + 32\,307.69} = 3354.65(\text{kN/m})$$

对桥台:

$$K_0 = K_4 = K_r = \frac{\overline{K_0}K_r}{\overline{K_0}+K_r} = \frac{\infty \times 16\,153.85}{\infty + 16\,153.85} = 16\,153.85(\text{kN/m})$$

2. 制动力分配

1) 制动力计算

公路-Ⅰ级车道荷载排列如图 4-34 所示。

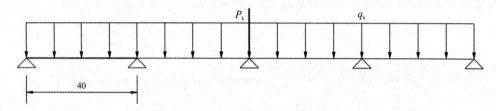

图 4-34 公路-Ⅰ级车道荷载排列图示

公路-Ⅰ级车道荷载全桥布载时,$P_k = 360\text{kN}$,$q_k = 10.5\text{kN/m}$。单列行车产生的制动力,全桥布载时:$T = [4 \times 40 \times 10.5 + 360] \times 10\% = 168(\text{kN})$,取 168kN。

单孔布载时:$T = (40 \times 10.5 + 360) \times 10\% = 78(\text{kN})$,小于 165kN,取用 165kN。

根据《公路桥涵设计通用规范》(JTG D60—2015)中 4.3.1 的规定,双向行驶的两车道按照同向行驶的车道进行计算。即本桥按照一个车道荷载进行计算,制动力 $T = 168\text{kN}$。

2) 制动力分配

以全桥布载时,单列行车产生的制动力最大。制动力按桥墩墩顶与上面的支座的集成刚度及桥台支座刚度进行分配。桥台系活动支座,有摩阻力存在,它仍然传递一部分制动力,摩阻力与制动力不得叠加。但对设有板式橡胶支座的刚性台,制动力按板式橡胶支座的抗推刚度参与墩台的制动力分配。制动力分配如下。

总刚度为:

$$\sum K = K_0 + K_1 + K_2 + K_3 + K_4 = (16\,153.85 + 2789.84 + 2018.14 + 3354.6 + 16\,153.85)$$
$$= 40\,470.33(\text{kN/m})$$

$$\Delta_r = \frac{T}{\sum K} = \frac{168}{40\,470.33} = 0.004\,15$$

那么,各桥墩分配的制动力为:

$$H_0 = H_4 = \Delta_r K_0 = 0.004\,15 \times 16\,153.85 = 67.06(\text{kN})$$

$$H_1 = \Delta_r K_1 = 0.004\ 15 \times 2789.84 = 11.58(\text{kN})$$
$$H_2 = \Delta_r K_2 = 0.004\ 15 \times 2018.14 = 8.38(\text{kN})$$
$$H_3 = \Delta_r K_3 = 0.004\ 15 \times 3354.65 = 13.92(\text{kN})$$

3)桥台滑板支座水平力

取摩阻系数 $f=0.05$,则滑板支座产生的摩阻力为:$F=0.05G_1=0.05 \times 4710.49 = 235.52(\text{kN})$,大于所分配的制动力,所以:

$$H_0 = H_4 = 67.06(\text{kN})$$

温度影响水平力的分配(设温度上升 20℃)。

根据《公路桥涵设计通用规范》(JTG D60—2015)中 4.3.12 的规定,温度对桥梁的作用分为均匀温度作用和梯度温度作用。均匀温度作用导致桥梁沿纵向均匀地位移,当受到约束时引起温度次应力。梯度温度作用也会导致次应力。梯度温度作用计算参照《公路钢筋混凝土及预应力混凝土桥涵设计规范》(JTG D62—2004)中的附录 B。

均匀温度作用(整体升温、降温):按设计资料整体降温 $25-(-5)=30(℃)$,整体升温 $30-15=15℃$。

对于均匀温度作用,本桥情况是两端向中部缩短,因此,中部必有一个不动点,它离桥台的距离可为:

$$x = \frac{c\sum K_i l_i + \sum \mu N}{c \sum K_i}$$

式中:c——收缩系数,$c=0.000\ 01 \times 30=0.0003$;

$K_i l_i$——第 i 号墩支座顶集成刚度(kN/m)×桥墩距 0# 台的距离(m);

μN——0#、4# 台活动支座的支座摩阻力,μ 为摩阻系数,N 为上部结构的恒载反力(kN),正负规定是先假设不动点在桥梁中部一点,μN 在该点左用负号,在该点右用正号。

如果 x 计算出负值,表示 0# 台上的支座摩阻力很大,则不动点在 0# 桥台上。如果计算的 x 大于全桥长度,则表示摩阻力在 4# 台上很大,不动点设在 4# 桥台上。本例桥台摩阻力相等,故此项为 0。故:

$$x = \frac{\sum K_i l_i}{\sum K_i}$$

(1)对一联中间各墩设橡胶支座的情况。

①求温度变化临界点距 0# 台的距离为:

$$x = \frac{\sum K_i l_i}{\sum K_i} = \frac{16\ 153.85 \times 0 + 2789.84 + 2 \times 40 \times 2018.14 + 3 \times 40 \times 3354.65 + 4 \times 40 \times 16\ 153.85}{40\ 470.33 \times 2}$$

$$= \frac{3\ 260\ 218.8}{40\ 470.33} = 80.56(\text{m})$$

②计算各墩整体降温影响力为:

$$\Delta_i = x_i a t$$

式中:x_i——桥墩距离不动点的距离;$a=0.000\ 01, t=30℃$。

故:

$$\Delta_i = 0.000\ 01 \times 30 x_i = 0.003 x_i$$

各墩的支座顶由于整体降温引起的水平力为：
$$H_i = K_i \Delta_i$$

临界点以左：

$$H_0 = K_0 \Delta_0 = 16\ 153.85 \times 0.0003 \times (80.56 - 0) = 390.406 \text{(kN)}$$

$$H_1 = K_1 \Delta_1 = 2789.84 \times 0.0003 \times (80.56 - 40) = 33.95 \text{(kN)}$$

$$H_2 = K_2 \Delta_2 = 2018.14 \times 0.0003 \times (80.56 - 80) = 0.34 \text{(kN)}$$

临界点以右：

$$H_3 = K_3 \Delta_3 = 3354.65 \times 0.0003 \times (120 - 80.56) = 39.69 \text{(kN)}$$

$$H_4 = K_4 \Delta_4 = 16\ 153.85 \times 0.0003 \times (160 - 80.56) = 384.98 \text{(kN)}$$

③整体升温引起的水平力计算方法与上同，为上述作用力的 15/30=0.5 倍。

(2) 对桥台及两联间桥墩设板式橡胶支座的情况。

取摩阻系数 $f=0.05$，则板式橡胶支座产生的摩阻力 $F=0.05 \times 4710.49 = 235.52 \text{(kN)}$，小于所分配的温度影响力，所以：

$$H_0 = 235.52 \text{kN}, H_4 = -235.52 \text{kN}$$

梯度温度作用（温差作用效应）计算如下。

简支梁温差内力为：

$$H_t = \sum A_y t_y a_c E_c, M_t^0 = -\sum A_y t_y a_c E_c e_y$$

可以根据《公路桥涵设计通用规范》（JTG D60—2015）中 4.3.12 的第 3 款规定进行计算。本例不作为控制设计。

(3) 对桥台及两联间桥墩设滑板支座时对温度影响力的情况。

滑板支座摩阻力为 235.52kN，大于温度影响力，故 0#台为 195.20kN，4#台为 195.20kN。

3. 各墩台水平力汇总

相应于双孔布载时的水平力汇总如表 4-33 所示。

表 4-33 双孔布载时的水平力汇总表

	墩（台）号 荷载名称	0	1	2	3	4
1	制动力（kN）	67.06	11.58	8.38	13.92	67.06
2	整体降温影响力（kN）	236.52	33.95	0.34	39.69	236.52
3	整体升温影响力（kN）	195.20	16.98	0.17	19.85	195.20
4	制动力+温度最不利组合（kN）	431.72	45.53	8.72	53.61	431.72

注：0#台及 4#台未计算台后填土压力，各墩（台）均未考虑活载土压力。

4. 制动力计算

相应于单孔布载时，根据《公路桥涵设计通用规范》（JTG D60—2015）中 4.3.5 的第 1 款规定，公路-Ⅰ级汽车荷载的制动力标准值不得小于 165kN。故取值 $T=165$kN。

总刚度为：
$$\sum K = K_0 + K_1 + K_2 + K_3 + K_4 = 2 \times 16\,153.85 + 2789.84 + 2018.14 + 3354.65$$
$$= 40\,470.33(\text{kN/m})$$
$$\Delta_r = \frac{T}{\sum K} = \frac{165}{40\,470.33} = 0.004\,08$$

那么，各墩分配的制动力为：
$$H_0 = H_4 = \Delta_r K_0 = 0.004\,08 \times 16\,153.85 = 65.91(\text{kN})$$
$$H_1 = \Delta_r K_1 = 0.004\,08 \times 2789.84 = 11.38(\text{kN})$$
$$H_2 = \Delta_r K_2 = 0.004\,08 \times 2018.14 = 8.23(\text{kN})$$
$$H_3 = \Delta_r K_3 = 0.004\,08 \times 3354.65 = 13.69(\text{kN})$$

滑板支座摩阻力 $F = 235.52\text{kN}$，大于 0#台 H_0(65.91kN) 及 4#台 H_4(65.91kN)，故取：
$$H_0 = H_4 = 65.91\text{kN}$$

相应于单孔布载时的水平力汇总表如 4-34 所示。

表 4-34 单孔布载时的水平力汇总表

	墩(台)号 荷载名称	0	1	2	3	4
1	制动力(kN)	65.91	11.38	8.23	13.69	65.91
2	整体降温影响力(kN)	236.52	33.95	0.34	39.69	236.52
3	整体升温影响力(kN)	195.20	16.98	0.17	19.85	195.20
4	制动力+温度最不利组合(kN)	431.72	45.33	8.57	53.38	431.72

注：0#台及 4#台未计算台后填土压力，各墩(台)均未考虑活载土压力。

(七) 盖梁截面配筋设计与承载力校核

盖梁采用 C40 混凝土，其轴心抗压强度设计值为：
$$f_{cd} = 18.4\text{MPa}$$
主筋采用 ⏀25 Ⅲ级钢筋，其抗拉设计强度为：
$$f_{sd} = 330\text{MPa}$$
钢筋的保护层厚度取 $a = 6\text{cm}$，一根 ⏀25 钢筋的面积为 $A_s = 4.909\text{cm}^2$。

1. 弯矩作用下各截面配筋设计

对Ⅲ级钢筋，采用 C40 混凝土时，正截面相对受压区高度 $\xi_b = 0.53$。

根据《公路钢筋混凝土及预应力混凝土桥涵设计规范》(JTG D62—2004) 中 8.2.4 的规定，矩形截面盖梁正截面抗弯承载力计算应符合下列规定：
$$\gamma_0 M_d \leqslant f_{sd} A_s z$$
$$z = (0.75 + 0.05\frac{l}{h})(h_0 - 0.5x)$$

式中：M_d——盖梁最大弯矩组合设计值(kN·m)；

f_{sd}——纵向普通钢筋抗拉强度设计值(MPa);

A_s——受拉区普通钢筋截面面积(mm^2);

s——内力臂;

x——截面受压区高度,按《公路钢筋混凝土及预应力混凝土桥涵设计规范》(JTG D62—2004)中的式(5.2.2-2)规定计算;

h_0——截面有效高度(mm)。

1)跨中截面(6-6)

截面下缘钢筋采用24⏀25,A_s=117.82cm^2,由$f_{sd}A_s = f_{cd}bx$得:

$$x = \frac{f_{sd}A_s}{f_{cd}b} = \frac{330 \times 117.82}{18.4 \times 250} = 8.45 \text{(cm)}$$

$h_0 = 250 - 6 = 244$(cm),所求$x < \xi_b h_0 = 0.53 \times 244 = 129.32$(cm)。

对于盖梁的计算跨径l,根据《公路钢筋混凝土及预应力混凝土桥涵设计规范》(JTG D62—2004)中8.2.3的规定,取l_c与$1.15l_n$中的较小者,$l_c = 670$cm,$1.15l_n = 1.15 \times 440 = 506$(cm),取$l = 506$cm。

$l/h = 506/250 = 2.024$,满足《公路钢筋混凝土及预应力混凝土桥涵设计规范》(JTG D62—2004)中8.2.2条关于盖梁构造的规定:

$$z = (0.75 + 0.05 \frac{l}{h})(h_0 - 0.5x) = (0.75 + 0.05 \times 2.024) \times (244 - 0.5 \times 8.45)$$
$$= 204.10 \text{(cm)}$$

故:

$f_{cd}A_s z = 330 \times 117.82 \times 204.10 = 7935.53$(kN·m) $> \gamma_0 M_d = 3660.27$(kN·m),符合规定。

2)支点截面(3—3)

截面上缘钢筋采用32⏀25,$A_s = 32 \times 4.909 = 157.09$($mm^2$)。

由$f_{sd}A_s = f_{cd}bx$得:

$$x = \frac{f_{sd}A_s}{f_{cd}b} = \frac{330 \times 157.09}{18.4 \times 250} = 11.27 \text{(cm)}$$

$h_0 = 250 - 6 = 244$(cm),所求$x < \xi_b h_0 = 0.53 \times 244 = 129.32$(cm)。

盖梁计算跨径取$l = 506$cm,$l/h = 506/250 = 2.024$,则:

$$z = (0.75 + 0.05 \frac{l}{h})(h_0 - 0.5x) = (0.75 + 0.05 \times 2.024) \times (244 - 0.5 \times 11.27) = 202.90 \text{(cm)}$$

故:

$f_{cd}A_s z = 330 \times 157.09 \times 202.90 = 10518.28$(kN·m) $> \gamma_0 M_d = 6221.55$(kN·m),符合规定。

3)悬臂截面(1—1)

截面上缘钢筋采用24⏀25,$A_s = 117.82 cm^2$。

按照《公路钢筋混凝土及预应力混凝土桥涵设计规范》(JTG D62—2004)中8.2.7的规定,钢筋混凝土盖梁两端位于柱外的悬臂部分设有外边梁,当边梁作用点至柱边缘的距离(圆形截面柱可换算为边长等于0.8倍直径的方形截面柱)等于或小于盖梁截面高度时,则按照8.5.3中的"撑杆-系杆体系"方法计算悬臂部分正截面抗弯承载力。

如图 4-25 所示，R_1 作用净跨径为 $90+125-0.8\times230/2=123$(cm)，小于盖梁高度 250cm，符合"撑杆-系杆体系"的要求。

撑杆抗压承载力可按下列规定计算：

$$\gamma_0 D_{id} \leqslant tb_s f_{cd,s}$$

$$f_{cd,s} = \frac{f_{cu,k}}{1.43+304\varepsilon_1} \leqslant 0.48 f_{cu,k}$$

$$\varepsilon_1 = (\frac{T_{id}}{A_s E_s}+0.002)\cot^2\theta_i$$

$$t = b\sin\theta_i + h_a\cos\theta_i$$

$$h_a = s+6d$$

式中：D_{id}——撑杆压力设计值，包括 $D_{1d}=N_{1d}/\sin\theta_1$，$D_{2d}=N_{2d}/\sin\theta_2$，其中 N_{1d} 和 N_{2d} 分别为承台悬臂下面"1"排桩和"2"排桩内该排桩的根数乘以该排桩中最大单桩竖向力设计值，单桩竖向力按《公路钢筋混凝土及预应力混凝土桥涵设计规范》(JTG D62—2004)中的式(8.5.3-1)计算；按式(8.5.3-1)计算压杆抗压承载力时，D_{id} 取 D_{1d} 和 D_{2d} 两者较大者；

$f_{cd,s}$——撑杆混凝土轴心抗压强度设计值(MPa)；

t——撑杆计算高度(mm)；

b_s——撑杆计算宽度(mm)，按《公路钢筋混凝土及预应力混凝土桥涵设计规范》(JTG D62—2004)第 8.5.2 条有关正截面抗弯承载力计算时对计算宽度的规定；

b——桩的支撑宽度，方形截面桩取截面边长，圆形截面桩取直径的 0.8 倍(mm)；

$f_{cu,k}$——边长为 150mm 的混凝土立方体抗压强度标准值(MPa)；

T_{id}——与压杆相应的拉杆拉力设计值(N)，包括 $T_{1d}=N_{1d}/\tan\theta_1$，$T_{2d}=N_{2d}/\tan\theta_2$；

s——系杆钢筋的顶层钢筋中心至承台底的距离(mm)；

d——系杆钢筋直径，当采用不同直径的钢筋时，d 取加权平均值(mm)；

θ_i——压杆压力线与拉杆拉力线的夹角，包括 $\theta_1=\tan^{-1}\frac{h_0}{a+x_1}$，$\theta_2=\tan^{-1}\frac{h_0}{a+x_2}$，其中 h_0 为承台有效高度(mm)，a 为压杆压力线在承台顶面的作用点至墩台边缘的距离(mm)，取 $a=0.15h_0$，x_1 和 x_2 为桩中心至墩台边缘的距离(mm)。

D_{id} 的计算如下。

已知：$h_0=250-6=244$cm，$a=0.15h_0=0.15\times244=36.6$，$x_1=100$cm，$\theta=\tan^{-1}\frac{h_0}{a+x_1}=\tan^{-1}\frac{244}{36.6+100}=60.76°$，$P_{1d}=-2680.14$kN 表 4-32)，则：

$$D_{1d}=\frac{P_{1d}}{\sin\theta}=\frac{2680.14}{\sin60.76°}=3071.51(\text{kN})$$

t 的计算如下。

已知：$b=50$cm，$s=6$cm，$d=25$cm，$h_a=s+6d=6+6\times2.5=21$(cm)，则：

$$t=b\sin\theta+h_a\cos\theta=50\sin60.76°+21\sin60.76°=61.95(\text{cm})$$

$f_{cd,s}$ 的计算如下。

已知：$f_{cu,k}=40$MPa，$T_{1d}=\frac{P_{1d}}{\tan\theta}=\frac{2680.14}{\tan60.76°}=1500.34$kN，$E_s=2.0\times10^5$MPa，采用 24 ⌽

25，$A_s = 117.82 \text{cm}^2$，则：

$$\varepsilon_1 = \left(\frac{T_{id}}{A_s E_s} + 0.002\right)\cot^2\theta_i = \left(\frac{1500.34}{117.82 \times 2 \times 10^5} + 0.002\right)\cot^2 60.76° = 6.47 \times 10^{-4}$$

$$f_{cd,s} = \frac{f_{cu,k}}{1.43 + 304\varepsilon_1} = \frac{40}{1.43 + 304 \times 6.47 \times 10^{-4}} = 24.59 > 0.48 f_{cu,k} = 19.2 \text{(MPa)}$$

采用 $f_{cd,s} = 19.2 \text{MPa}$，则：

$\gamma_0 D_{1d} = 1.0 \times 3071.51 = 3071.51 \text{(kN)} \leqslant tb_s f_{cd,s} = 61.95 \times 230 \times 19.2 = 27357.12 \text{(kN)}$，符合规定。

系杆抗拉承载力可按《公路钢筋混凝土及预应力混凝土桥涵设计规范》(JTG D62—2004) 中 8.5.3 的第 2 款规定计算：

$$\gamma_0 T_{id} \leqslant f_{sd} A_s$$

式中：T_{id}——拉杆拉力设计值，见 8.5.3 的第 1 款规定，取 T_{1d} 与 T_{2d} 两者较大者；

f_{sd}——拉杆钢筋抗拉强度设计值；

$\gamma_0 T_{1d} = 1.0 \times 1500.34 = 1500.34 \text{kN} \leqslant f_{sd} A_s = 330 \times 117.82 = 3888.06 \text{(kN)}$，符合规定。

2. 剪力作用时各截面的强度验算

1) 计算公式

钢筋混凝土盖梁的抗剪截面尺寸应符合《公路钢筋混凝土及预应力混凝土桥涵设计规范》(JTG D62—2004) 中 8.2.5 的规定。其抗剪截面应符合下列要求：

$$\gamma_0 V_d \leqslant \frac{\frac{l}{h} + 10.3}{30} \cdot 10^{-3} \sqrt{f_{cu,k}} b h_0$$

式中：V_d——验算截面处的剪力组合设计值 (kN)；

b——盖梁截面宽度 (mm)；

h_0——盖梁截面有效高度 (mm)；

$f_{cu,k}$——边长 150mm 的混凝土立方体抗压强度标准值 (MPa)，取设计的混凝土强度等级。

最不利情况下 $\gamma_0 V_d = 6463.49 \text{(kN)} \leqslant \dfrac{\frac{l}{h} + 10.3}{30} \times 10^{-3} \sqrt{f_{cu,k}} b h_0 = \dfrac{2.024 + 10.3}{30} \times 10^{-3} \sqrt{40} \times 2500 \times 2440 = 15848.58 \text{(kN)}$，满足要求。

钢筋混凝土盖梁的斜截面抗剪承载力按《公路钢筋混凝土及预应力混凝土桥涵设计规范》(JTG D62—2004) 中 8.2.6 的规定为：

$$\gamma_0 V_d \leqslant \alpha_1 \left(\frac{14 - \frac{l}{h}}{20}\right) \times 10^{-3} b h_0 \sqrt{(2 + 0.6P)\sqrt{f_{cu,k}} \rho_{sv} f_{sv}}$$

式中：V_d——验算截面处的剪力组合设计值 (kN)；

α_1——连续梁异号弯矩影响系数，计算近边支点梁段的抗剪承载力时，$\alpha_1 = 1.0$，计算中间支点梁段及刚构各节点附近时，$\alpha_1 = 0.9$；

P——受拉区纵向受拉钢筋的配筋百分率，$P = 100\rho$，$\rho = A_s / bh_0$，当 $P > 2.5$ 时，取 $P = 2.5$；

ρ_{sv}——箍筋配筋率,$\rho_{sv}=A_{sv}/s_vb$,此处,A_{sv}为同一截面内箍筋各肢的总截面面积,s_v为箍筋间距,箍筋配筋率应符合《公路钢筋混凝土及预应力混凝土桥涵设计规范》(JTG D62—2004)中 9.3.12 的规定;

f_{sv}——箍筋的抗拉强度设计值(MPa);

b——盖梁的截面宽度(mm);

h_0——盖梁的截面有效高度(mm)。

各截面的抗剪验算如表 4 - 35 所示。

2)计算参数

箍筋采用 ϕ10 I 级热轧光圆钢筋,其中 $f_{sv}=f_{sd}=270$MPa,$A_k=0.785$cm²,设置 4 肢。$A_{sv}=0.785\times 8=6.28$(cm²)。

斜截面箍筋配筋率为:

$$\rho_{sv}=\frac{A_{sv}}{s_vb}$$

C40 混凝土:$f_{cd}=18.4$MPa,$f_{td}=1.65$MPa。

斜(弯起)钢筋采用 Φ25 钢筋:$f_{sd}=330$MPa,$A_k=4.909$cm²。

3)各截面抗剪强度验算

各截面抗剪强度验算结果见表 4 - 35。

3. 持久状况正常使用极限状态计算

裂缝宽度计算按《公路钢筋混凝土及预应力混凝土桥涵设计规范》(JTG D62—2004)中 6.4.3 计算,但是其中系数根据 8.2.8 取为:

$$C_3=\frac{1}{3}(\frac{0.4l}{h}+1)$$

$$W_{fk}=C_1C_2C_3\frac{\sigma_{ss}}{E_s}(\frac{30+d}{0.28+10\rho})$$

$$\rho=\frac{A_s+A_p}{bh_0+(b_f-b)h_f}$$

对于支点截面(3—3):

$N_l=3230.38+477.47+0.4\times 809.71/1.201=3977.53$(kN·m)

$N_s=3230.38+477.47+0.7\times 809.71/1.201=4179.79$(kN·m)

式中:N_l,N_s——正常使用极限状态下长期作用组合和作用短期效应组合计算的内力值(弯矩或轴向力),按《公路钢筋混凝土及预应力混凝土桥涵设计规范》(JTG D62—2004)中的 6.4.3 计算。

$C_1=1.0$

$C_2=1+0.5\frac{N_l}{N_s}=1+0.5\frac{3977.53}{4179.79}=1.476$

$C_3=\frac{1}{3}(\frac{0.4l}{h}+1)=\frac{1}{3}(0.4\times 2.024+1)=0.603$

$M_s=3230.38+477.47+0.7\times 809.71/1.201=4179.79$(kN·m)

$\sigma_{ss}=\frac{M_s}{0.87A_sh_0}=\frac{4179.79}{0.87\times 157.09\times 244}=125$(MPa)

表 4-35 盖梁各截面抗剪强度验算表

截面号		$\gamma_0 V_d$ (kN)	b (cm)	h_0 (cm)	P	$\rho_{sv}=\dfrac{A_{sv}}{s_v b}$	$\sqrt{(2+0.6P)}\sqrt{f_{cu,k}}\rho_{sv}f_{sv}$	α_1	$\alpha_1\left(14-\dfrac{l}{h}\right)/20 \cdot 10^{-3}bh_0$ (m²)	$\sqrt{(2+0.6P)}\sqrt{f_{cu,k}}\rho_{sv}f_{sv} \cdot \alpha_1\left(14-\dfrac{l}{h}\right)/20 \cdot 10^{-3}bh_0$ (kN)	是否符合规定
1—1	左	−95.49	250	174	0.2709	0.002 512	3.0457	0.9	2344.30	7140.03	符合
	右	−2680.14	250	174		0.002 512	3.0457	0.9		7140.03	符合
2—2	左	−2839.78	250	244	0.1931	0.002 512	3.0127	0.9	3233.52	9741.63	符合
	右	−2839.78	250	244		0.002 512	3.0127	0.9		9741.63	符合
3—3	左	−3097.59	250	244	0.2575	0.002 512	3.0400	0.9	3233.52	9829.90	符合
	右	6463.49	250	244		0.002 512	3.0400	0.9		9829.90	符合
4—4	左	6453.18	250	244	0.2575	0.002 512	3.0400	0.9	3233.52	9829.90	符合
	右	3863.73	250	244		0.002 512	3.0127	0.9		9741.63	符合
5—5	左	3409.98	250	244	0.1931	0.001 256	2.1303	0.9	3233.52	6888.37	符合
	右	226.88	250	244		0.001 256	2.1303	0.9		6888.37	符合
6—6	左	0	250	244	0.1931	0.001 256		0.9			符合
	右	0	250	244							符合

注：$\gamma_0 V_d$ 取承载能力极限状态下最不利组合，截面 5—5 以左部分箍筋间距取 $s_v=10$cm，截面 5—5 以右部分箍筋间距取 $s_v=20$cm，符合《公路钢筋混凝土及预应力混凝土桥涵设计规范》(JTG D62—2004) 中 9.3.13 的规定。

$$\rho = \frac{A_s}{bh_0} = \frac{157.09}{250 \times 244} = 0.002\,575$$

$$W_{fk} = C_1 C_2 C_3 \frac{\sigma_{ss}}{E_s}\left(\frac{30+d}{0.28+10\rho}\right) = 1.0 \times 1.476 \times 0.603 \frac{125}{2.0 \times 10^5}\left(\frac{30+25}{0.28+10 \times 0.002\,575}\right)$$
$$= 0.1001(\text{mm})$$

按照《公路钢筋混凝土及预应力混凝土桥涵设计规范》(JTG D62—2004)中 6.4.2 的规定，钢筋混凝土在Ⅰ类环境下裂缝宽度限值为 0.20mm，本例未超过限值。

4. 挠度验算

按照《公路钢筋混凝土及预应力混凝土桥涵设计规范》(JTG D62—2004)中 8.2.9 的规定，$\frac{l}{h}=2.024 \leqslant 5.0$ 的钢筋混凝土盖梁可不作挠度验算。

三、桥墩墩柱计算

(一)恒载计算

由前述计算可得以下结论。

(1) 一孔上部构造恒载为 9420.97kN。
(2) 墩帽(盖梁)自重(半边墩帽)为 912.03kN。
(3) 一根墩柱自重(当 $h_i = 29.1$m)：

$$G_1 = \frac{\pi}{4} \times 2.3^2 \times 13.7 \times 25 = 1423.00(\text{kN})$$

作用在墩柱底面的恒载垂直力为：

$$N_{恒} = \frac{1}{2} \times 9420.97 + 3022.59 + 912.03 = 8645.11(\text{kN})$$

(二)汽车荷载计算

荷载布置及行驶情况见图 4-26～图 4-29，由盖梁计算可得如下结论。

1. 公路-Ⅰ级单孔荷载

单列车时：$B = 621.46$kN

2. 公路-Ⅰ级双孔荷载

单列车时：$B = 831.57$kN

3. 双柱反力横向分布系数计算

双柱反力横向分布系数在偏载情况下最大。

1) 公路-Ⅰ级车道荷载单列布置(图 4-35)

$$\eta_1 = \frac{360+335}{670} = 1.037, \quad \eta_2 = 1 - 1.037 = -0.037$$

2) 公路-Ⅰ级车道荷载双列布置(图 4-36)

$$\eta_1 = \frac{205+335}{670} = 0.806, \quad \eta_2 = 1 - 0.806 = 0.194$$

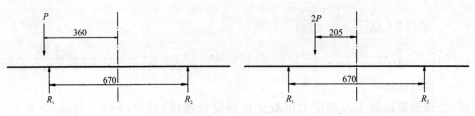

图 4-35　公路-Ⅰ级车道荷载单列布置　　图 4-36　公路-Ⅰ级车道荷载双列布置
（单位：cm）　　　　　　　　　　　　（单位：cm）

4. 可变荷载内力计算

汽车荷载中双孔荷载产生支点处最大反力值，即为产生最大墩柱垂直力；汽车荷载中单孔荷载产生最大偏心弯矩，即为产生最大墩柱低弯矩。

1）最大垂直力和最小垂直力计算（表 4-36）

表 4-36　可变荷载垂直力计算结果表

荷载情况		B_1(kN)	B_2(kN)	B(kN)	最大垂直力		最小垂直力	
					η_1	$(1+\mu)\times B\times\eta_1$	η_2	$(1+\mu)\times B\times\eta_2$
公路-Ⅰ级车道荷载	双孔，单列	831.57	0	831.57	1.037	1035.67	-0.037	-36.95
	双孔，双列	831.57	831.57	1663.14	0.806	1609.93	0.194	387.50

注：冲击系数 $1+\mu=1.201$。

2）相应于最大垂直力和最小垂直力时的弯矩计算（表 4-37）

表 4-37　可变荷载弯矩计算结果表

荷载情况		公路-Ⅰ级		制动力	温度影响力
		双孔，单列	双孔，双列		
H(kN)		—	—	11.58	33.95
B_1(kN)		831.57	831.57	—	—
B_2(kN)		0	831.57	—	—
B(kN)		831.57	1663.14	—	—
η_1		1.037	0.806	—	—
η_2		-0.037	0.194	—	—
A 墩墩底弯矩（kN·m）	$13.7H/2$	—	—	79.32	232.56
	$0.57(B_2-B_1)(1+\mu)\eta_1$	590.33	0	—	—
B 墩墩底弯矩（kN·m）	$13.7H/2$	—	—	79.32	232.56
	$0.57(B_2-B_1)(1+\mu)\eta_2$	-21.06	0	—	—

3)最大弯矩计算(表 4-38)

表 4-38 最大弯矩计算结果表

荷载情况		公路-Ⅰ级		制动力	温度影响力
		单孔,单列	单孔,双列		
H(kN)		—	—	11.38	33.95
B_1(kN)		0	0	—	—
B_2(kN)		621.46	1242.92	—	—
η_1		1.037	0.806	—	—
η_2		−0.037	0.194	—	—
垂直力(kN)	$(1+\mu)\times B\times\eta_1$	773.99	1203.16		
	$(1+\mu)\times B\times\eta_2$	−27.95	289.6		
A墩墩底弯矩 (kN·m)	$13.7H/2$	—	—	77.95	232.56
	$0.57(B_2-B_1)(1+\mu)\eta_1$	441.18	685.8	—	—
B墩墩底弯矩 (kN·m)	$13.7H/2$	—	—	77.95	232.56
	$0.57(B_2-B_1)(1+\mu)\eta_2$	−15.73	165.06	—	—

(三)墩柱底截面内力组合

墩柱底截面内力组合见表 4-39。

表 4-39 墩柱底截面内力组合值

	截面位置		A柱底截面			B柱底截面		
	内力名称		N(kN)	H(kN)	M(kN·m)	N(kN)	H(kN)	M(kN·m)
1	上部恒载		4710.94	—	—	4710.94	—	—
2	盖梁自重		912.03	—	—	912.03	—	—
3	墩柱自重		1432.00	—	—	1432.00	—	—
4	公路-Ⅰ级 车道荷载	双孔,单列	1035.67	—	590.33	−36.95	—	−21.06
5		双孔,双列	1609.93	—	0	387.50	—	0
6		单孔,单列	773.99	—	441.18	−27.95	—	−15.73
7		单孔,双列	1203.16	—	685.80	289.60	—	165.06
8	温度影响力		—	33.95	232.56	—	33.95	232.56
9	双孔荷载时的制动力		—	11.58	79.32	—	11.58	79.32
10	单孔荷载时的制动力		—	11.38	77.95	—	11.38	77.95

续表 4-39

截面位置 内力名称			A 柱底截面			B 柱底截面		
			N(kN)	H(kN)	M(kN·m)	N(kN)	H(kN)	M(kN·m)
11	承载能力 极限状态 基本组合	双孔单列	10 907.49	52.59	1269.33	9255.66	52.59	327.79
		双孔双列	11 791.85	52.59	360.22	9909.31	52.59	360.22
		单孔单列	10 504.51	52.36	1038.06	9269.52	52.36	334.41
		单孔双列	11 165.43	52.36	1414.77	9758.54	52.36	612.83
12	正常使用 极限状态 准永久组合	双孔单列	7399.91	18.21	321.36	7042.66	18.21	117.74
		双孔双列	7591.17	18.21	124.75	7184.03	18.21	124.75
		单孔单列	7312.75	18.13	271.14	7045.66	18.13	118.97
		单孔双列	7455.68	18.13	352.61	7151.42	18.13	179.18
13	正常使用 极限状态 频遇组合	双孔单列	7917.31	31.87	468.82	7024.20	31.87	112.48
		双孔双列	8395.46	31.87	124.75	7377.62	31.87	124.75
		单孔单列	7699.42	31.73	381.34	7031.70	31.73	115.04
		单孔双列	8056.77	31.73	523.92	7296.10	31.73	220.41

注：本表内力组合按《公路桥涵设计通用规范》(JTG D60—2015)中的 4.1.5 和 4.1.6 计算。

(四) 墩柱强度验算

1. 墩柱内力最不利组合值

由内力组合表取得最不利组合值进行验算。
承载能力极限状态下计算如下：
$$N_j = 10\ 907.49\text{kN}, H_j = 52.59\text{kN}, M_j = 1414.77\text{kN·m}$$

2. 墩柱配筋设计

墩柱采用 C30 混凝土，主筋采用Ⅲ级钢筋，取混凝土保护层厚度 6cm，那么，对于最不利内力组合：$N_j = 10\ 907.49\text{kN}, H_j = 52.59\text{kN}, M_j = 1\ 414.77\text{kN·m}$，初偏心距 $e_0 = \dfrac{M_j}{N_j} = \dfrac{1414.77}{10\ 907.49} = 0.1297$。假定按墩柱一端固定，一端自由计算，计算长度 $l_0 = 2l = 2 \times 13.7 = 27.4(\text{m})$，$\gamma_0 = 1.1$。

由于 $i = \sqrt{\dfrac{I}{A}} = 0.575\text{m}$，$\dfrac{l_0}{i} = \dfrac{27.4}{0.575} = 47.65 > 17.5$，所以偏心距离增大系数按照《公路钢筋混凝土及预应力混凝土桥涵设计规范》(JTG D62—2004)中的 5.3.10 计算：

$$\eta = 1 + \dfrac{1}{1400\dfrac{e_0}{h_0}}\left(\dfrac{l_0}{h}\right)^2 \zeta_1 \zeta_2$$

$$\zeta_1 = 0.2 + 2.7\dfrac{e_0}{h_0} \leqslant 1.0$$

$$\zeta_2 = 1.15 - 0.01\dfrac{l_0}{h} = 1.0$$

圆截面直径 $d=2.3$m,半径 $r=1.15$m。

C30 混凝土,$f_{cd}=13.8$MPa;HRB400 钢筋,$40\oplus 28$,$f_{sd}=330$MPa。

纵向钢筋所在圆周半径 r_s 与圆截面半径之比 $g=r_s/r=1.09/1.15=0.9478$,纵向钢筋配筋率 $\rho=\dfrac{A_s}{\pi r^2}=\dfrac{6.1575\times 40}{3.1415926\times 115\times 115}=0.005928$。

圆形墩柱承载力按《公路钢筋混凝土及预应力混凝土桥涵设计规范》(JTG D62—2004)中的 5.3.9 计算:

$$h_0=r+r_s=1.15+1.09=2.24(\text{m})$$
$$\xi_1=0.2+2.7e_0/h_0=0.2+2.7\times 0.1297/2.24=0.356$$
$$\xi_2=1.15-0.01l_0/h=1.15-0.01\times 27.4/2.24=1.028(\text{取 }1.0)$$
$$\eta=1+\frac{1}{1400e_0/h_0}(\frac{l_0}{h})^2\xi_1\xi_2=1+\frac{1}{1400\times 0.1297/2.24}\times(\frac{27.4}{2.3})^2\times 0.308\times 1.0=1.624$$
$$\eta e_0=1.624\times 0.1297=0.2106(\text{m})$$
$$\gamma_0 N_d\leqslant Ar^2 f_{cd}+C\rho^2 f'_{sd}$$
$$\gamma_0 N_d e_0\leqslant Br^3 f_{cd}+D\rho gr^3 f'_{sd}$$

先求偏心距增大系数 η 和增大后的偏心距 ηe_0,再按《公路钢筋混凝土及预应力混凝土桥涵设计规范》(JTG D62—2004)中的 5.3.10 计算:

$$h=2r=2\times 1.15=2.3(\text{m})$$

按照《公路钢筋混凝土及预应力混凝土桥涵设计规范》(JTG D62—2004)附录 C 第 C.0.2 条第 1 款验算承载力。

根据 f_{cd}, f'_{sd}, ρ, r 设定 ξ 值,查《公路钢筋混凝土及预应力混凝土桥涵设计规范》(JTG D62—2004)附录表 C.0.2,将查得的系数 A,B,C,D 代入公式计算值。如 e_0 值与实际计算值相符(允许偏差在 2% 以内),则设定的 ξ 值为所求者;若不相符,重新设定值,重复上述计算,直到相符为止。最终当 $\xi=0.95$ 时,结果相符。此时 $A=2.562, B=0.415, C=2.060, D=0.836$。

$$e_0=\frac{Bf_{cd}+D\rho gf'_{sd}}{Af_{cd}+C\rho f'_{sd}}r=\frac{0.415\times 13.8+0.836\times 0.005928\times 0.9478\times 330}{2.562\times 13.8+2.060\times 0.005928\times 330}\times 1.15=$$

0.2127(m),接近于 $\eta e_0=0.1598$m。

按《公路钢筋混凝土及预应力混凝土桥涵设计规范》(JTG D62—2004)中的式(5.3.9-1)和式(5.3.9-2)验算柱的承载力:

$$r_0 N_d=1.0\times 10907.49=10907.49(\text{kN})\leqslant Ar^2 f_{cd}+C\rho r^2 f_{sd}$$
$$=2.562\times 1150^2\times 13.8+2.060\times 0.005928\times 1150^2\times 330=52084(\text{kN})$$

符合规定。

$$\gamma N_d\eta e_0=1.0\times 10907.49\times 0.2106=2297.36(\text{kN·m})\leqslant Br^3 f_{cd}+D\rho gr^3 f'_{sd}$$
$$=0.415\times 11503\times 13.8+0.836\times 0.005928\times 0.9478\times 1150^3\times 330$$
$$=11077.98(\text{kN·m})$$

符合规定。

采用同样的方法可以验算另外几种最不利情况。经过计算,符合规定。

3. 正常使用极限状态下墩身裂缝验算

按照《公路钢筋混凝土及预应力混凝土桥涵设计规范》(JTG D62—2004)中 6.4.5 的规

定,最大裂缝宽度 W_{fk} 计算公式为:

$$W_{fk}=C_1C_2[0.03+\frac{\sigma_{ss}}{E_s}(0.004\frac{d}{\rho}+1.52C)]$$

$$\sigma_{ss}=[59.42\frac{N}{\pi r^3 f_{cu,k}}(2.80\frac{\eta_s e_0}{r}-1.0)-1.65]\rho^{-\frac{2}{3}}$$

准永久组合内力如下。
双孔单列:$N_l=7399.91kN$,$M_l=321.36kN·m$
双孔双列:$N_l=7591.17kN$,$M_l=124.75kN·m$
单孔双列:$N_l=7455.68kN$,$M_l=352.61kN·m$
频遇组合内力如下。
双孔单列:$N_s=7917.31kN$,$M_s=468.82kN·m$
双孔双列:$N_s=8395.46kN$,$M_s=124.75kN·m$
单孔双列:$N_s=8056.77kN$,$M_s=523.92kN·m$

以计算单孔双列为例。其余两种情况的计算与之相同。

圆截面直径 $D=2.3m$,半径 $r=1150mm$。纵向钢筋采用 40⌀28,$A_s=24\,630mm^2$,配筋率 $\rho=A_s/\pi r^2=0.005\,928$,符合《公路钢筋混凝土及预应力混凝土桥涵设计规范》(JTG D62—2004)中 9.1.12 要求的配筋百分率不应小于 0.5 的规定。纵向钢筋所在圆周半径 $r_s=1150-60=1090mm$。构件计算长度 $l_0=27.4m$。截面高度 $h=2r=2300mm$,截面有效高度 $r+r_s=1150+1090=2240(mm)$。混凝土保护层厚度 $c=60mm$。$E_s=2.0\times10^5 MPa$,$f_{cu,k}=30.0MPa$。

初始偏心距:

$$e_0=\frac{M_s}{N_s}=\frac{523.92}{8056.77}=0.0650(m)$$

$$W_{fk}=C_1C_2[0.03+\frac{\sigma_{ss}}{E_s}(0.004\frac{d}{\rho}+1.52C)]$$

$$\sigma_{ss}=[59.42\frac{N}{\pi r^3 f_{cu,k}}(2.80\frac{\eta_s e_0}{r}-1.0)-1.65]\rho^{-\frac{2}{3}}$$

$$\eta_s=1+\frac{1}{4000\times 68.6/2240}\times(\frac{27\,400}{2300})^2=2.1585$$

$$\sigma_{ss}=[59.42\frac{8056.77}{\pi\cdot 1500^3\times 30}(2.80\times\frac{2.1585\times 65.0}{1150}-1.0)-1.65]\times 0.005\,928^{-\frac{2}{3}}$$

$$=50.45(MPa)$$

$$C_1=1.0$$

$$C_2=1+0.5\frac{N_l}{N_s}=1+0.5\times\frac{7455.68}{8056.77}=1.463$$

$$C=60mm$$

$$W_{fk}=1.0\times 1.463\times[0.03+\frac{50.45}{2\times 10^5}\times(0.004\times\frac{28}{0.005\,928}+1.52\times 60)]=0.0845(mm)$$

按照《公路钢筋混凝土及预应力混凝土桥涵设计规范》(JTG D62—2004)中 6.4.2 的规定,对于钢筋混凝土构件,裂缝最大宽度,在Ⅰ类或Ⅱ类环境为 0.2mm,故符合规定。

经过计算,其余两种情况计算也符合规定。

四、桩基设计

计算方式:一般按《公路钢筋混凝土及预应力混凝土桥涵设计规范》(JTG D62—2004)中 8.5.1 的简化方法计算。但是对铁大桥、大桥的承台,应用精确方法(m 法等)进行比较,特别在强大水平力如地震作用的影响下,更应用精确法核对。本桥用 m 法计算。

下面以 1# 桥墩下的桩基设计为例进行介绍。

(一)荷载计算

1. 恒载计算

承台自重:
$$G_1 = 6 \times 2.5 \times 10 \times 25 = 3750 (\text{kN})$$

桩身每米自重:
$$g_2 = \frac{\pi}{4} \times 1.5^2 \times 1.00 \times 25 = 44.18 (\text{kN})$$

则上部恒载产生反力为:
$$N = 4710.94 + 912.03 + 1432.00 \times 2 + 3750 = 12\ 236.97 (\text{kN})$$

2. 风荷载计算

根据《公路桥梁抗风设计规范》(JTG-T D60-01—2004)中 4.4.1 的规定,桥墩的风荷载可计算为:

$$F_H = \frac{1}{2} \rho V_g^2 C_H A_n$$

式中:C_H——桥梁各构件的阻力系数,$C_H = 0.5$;

A_n——桥梁各构件顺风向投影面积(m^2);

ρ——空气密度(kg/m^3),取为 1.25;

V_g——静阵风速,$V_g = G_v V_z = 1.25 \times 25.6 = 32 (\text{m/s})$。

对于盖梁:

顺桥方向 $A_n = 29.19 \text{m}^2$

$$F_H = \frac{1}{2} \rho V_g^2 C_H A_n = \frac{1}{2} \times 1.25 \times 32^2 \times 0.5 \times 29.19 = 9.341 (\text{kN})$$

距桩顶力臂为 $1.25 + 13.7 + 2.5 = 17.45 (\text{m})$

对于墩柱:

顺桥方向 $A_n = 31.51 \text{m}^2$

$$F_H = \frac{1}{2} \rho V_g^2 C_H A_n = \frac{1}{2} \times 1.25 \times 32^2 \times 0.5 \times 31.51 = 10.083 (\text{kN})$$

距桩顶力臂为 $13.7/2 + 2.5 = 9.35 (\text{m})$

3. 承台底内力组合(表4-40)

表4-40 承台底内力组合表

	荷载名称	内力	N_j(kN)	H_j(kN)	M_j(kN)
1	恒载		12 236.97	—	—
2	公路-Ⅰ级车道荷载	双孔,单列	998.72	—	334.57
3		双孔,双列	1997.43	—	0
4		单孔,单列	746.04	—	250.04
5		单孔,双列	1492.76	—	500.07
6	温度影响力		—	33.95	465.12
7	相应双孔汽车制动力		—	11.58	158.65
8	相应单孔汽车制动力		—	11.38	155.91
9	顺桥方向风力	盖梁	—	9.34	162.98
10		墩柱	—	10.08	94.28
11	承载能力极限状态基本组合	双孔单列	17 690.83	70.21	1110.14
12		双孔双列	19 228.84	70.21	233.46
13		单孔单列	17 301.70	69.98	888.65
14		单孔双列	18 451.65	69.98	1543.78
15	正常使用极限状态准永久组合	双孔单列	12 569.60	25.98	542.01
16		双孔双列	12 902.23	25.98	352.41
17		单孔单列	12 485.44	25.90	493.01
18		单孔双列	12 734.14	25.90	634.7
19	正常使用极限状态频遇组合	双孔单列	12 819.07	45.46	661.85
20		双孔双列	13 401.17	45.46	429.59
21		单孔单列	12 671.80	45.32	602.07
22		单孔双列	13 107.02	45.32	775.64

注:本表内力组合按《公路桥涵设计通用规范》(JTG D60—2015)中的4.1.5和4.1.6计算。

由承台底内力组合表知,控制强度设计的承载能力极限状态荷载组合如下。

双孔单列:

$N_j = 17\ 690.83$ kN

$H_j = 70.21$ kN

$M_j = 1110.14$ kN·m

(二)桩长估算

由于地基土层较为单一,根据地质情况桩长不可定,可采用承载能力极限状态基本组合,按单桩轴向容许承载力公式反算桩长。

拟采用 4 根直径 1.5m 钻孔灌注桩基础,并将最大冲刷线以下桩重一半作为外荷载计。

河床至最大冲刷线的距离 $l=315.903-310.555=4.7(m)$

由工程地质勘测资料可知,粗略估计单根桩竖向力为:

$$P=\frac{1}{4}N_j+g_2 l+\frac{1}{2}g_2(h-l)=\frac{1}{4}\times17\,690.83+44.18\times4.7+\frac{1}{2}\times44.18(h-4.7)$$
$$=4526.53+22.09h$$

桩的容许承载力根据《公路桥涵地基与基础设计规范》(JTG D63—2007)中 5.3.3 的规定计算,公式如下:

$$[R_a]=\frac{1}{2}u\sum_{i=1}^{n}q_{ik}l_i+A_p q_r \qquad (4-53)$$

$$q_r=m_0\lambda\{[f_{ao}]+K_2\gamma_2(h-3)\} \qquad (4-54)$$

其中, $u=\pi d=1.5\pi=4.71(m)$, $A=\frac{\pi}{4}d^2=\frac{\pi}{4}\times1.5^2=1.77(m^2)$, $\lambda=0.7$, $m_0=0.8$, $K_2=3$, $[f_{ao}]=500kPa$,细砂层的桩侧摩阻力标准值 $q_{1k}=55kPa$,圆砾层的桩侧摩阻力标准值 $q_{2k}=120kPa$,桩端以上各土层的加权平均重度 $\gamma_2=19kN/m^3$,则:

$$q_r=m_0\lambda\{[f_{ao}]+K_2\gamma_2(h-3)\}=0.8\times0.7\{500+3\times19\times(h-3)\}$$
$$=184.24+31.92h$$

$$[R_a]=\frac{1}{2}u\sum_{i=1}^{n}q_{ik}l_i+A_p q_r=\frac{1}{2}\times4.71[55\times1.2+120\times(h-1.2)]+$$
$$1.77\times(184.24+31.92h)$$
$$=339.1h+142.41$$

由 $P=[R_a]$ 得:

$$4526.53+22.09h=339.1h+142.41, h=13.83m$$

为安全起见,并考虑现场施工情况,取 $h=15m$。

(三)桩基强度验算

1. 桩的各项参数确定及 α 计算

由于 $L_1<0.6h_1$,所以 $k=b_2+\frac{1-b_2}{0.6}\times\frac{L_1}{h_1}=0.6+\frac{1-0.6}{0.6}\times\frac{3.3}{7.5}=0.89$

顺桥向桩的计算宽度:

$$b_1=kk_f(d+1)=0.9\times0.89\times(1.5+1)=2.00(m)<2d=3.0(m)$$

桩的变形系数:

$$\alpha=\sqrt[5]{\frac{mb_1}{EI}}=\sqrt[5]{\frac{30\,000\times2.0}{0.8\times3\times10^7\times0.248\,5}}=0.399(m=30\,000kN/m^4)$$

$$h>\frac{2.5}{\alpha}=6.27(m)$$

为弹性桩。

2. 桩顶向力分配

1)单位力作用局部冲刷线处,桩在该处变位 $\delta_{QQ}^{(0)}$, $\delta_{QM}^{(0)}=\delta_{MQ}^{(0)}$, $\delta_{MM}^{(0)}$ 计算

因桩底为非岩类土，且 $\alpha h > 2.5$，所以 $K_h = 0$，按 $\alpha h = 4.0$，由《桥梁墩台与基础工程》一书（盛洪飞，2014）附录 Ⅱ 的弹性桩计算用表可知：

$$\delta_{QQ}^{(0)} = \frac{1}{\alpha^3 EI} \cdot \frac{B_3 D_4 - B_4 D_3}{A_3 B_4 - A_4 B_3} = \frac{2.441}{0.399^3 \times 2.4 \times 10^7 \times 0.2485} = 6.44 \times 10^{-6} \, (\text{m/kN})$$

$$\delta_{QM}^{(0)} = \delta_{MQ}^{(0)} = \frac{1}{\alpha^2 EI} \cdot \frac{B_3 C_4 - B_4 C_3}{A_3 B_4 - A_4 B_3} = \frac{1.625}{0.399^2 \times 2.4 \times 10^7 \times 0.2485} = 1.71 \times 10^{-6} \, (\text{m/kN})$$

$$\delta_{MM}^{(0)} = \frac{1}{\alpha EI} \cdot \frac{A_3 C_4 - A_4 C_3}{A_3 B_4 - A_4 B_3} = \frac{1.751}{0.399 \times 2.4 \times 10^7 \times 0.2485} = 0.735 \times 10^{-6} \, (\text{m/kN})$$

2）单位力作用桩顶时桩顶变位 δ_{HH}，$\delta_{HM} = \delta_{MH}$，$\delta_{MM}$ 计算

$$\delta_{HH} = \frac{l_0^3}{3EI} + \delta_{MM}^{(0)} l_0^2 + 2\delta_{MQ}^{(0)} l_0 + \delta_{QQ}^{(0)}$$

$$= \frac{4.7^3}{3 \times 2.4 \times 10^7 \times 0.2485} + 0.735 \times 10^{-6} \times 4.7^2 + 2 \times 1.71 \times 10^{-6} \times 4.7 + 6.44 \times 10^{-6}$$

$$= 4.46 \times 10^{-5}$$

$$\delta_{HM} = \frac{l_0^2}{2EI} + \delta_{MM}^{(0)} l_0^2 + \delta_{MQ}^{(0)}$$

$$= \frac{4.7^2}{2 \times 2.4 \times 10^7 \times 0.2485} + 0.735 \times 10^{-6} \times 4.7 + 1.71 \times 10^{-6}$$

$$= 7.02 \times 10^{-6}$$

$$\delta_{MM} = \frac{l_0}{EI} + \delta_{MM}^{(0)} = \frac{4.7}{2.4 \times 10^7 \times 0.2485} + 0.735 \times 10^{-6} = 1.52 \times 10^{-6}$$

3）桩顶发生单位变位时桩顶内力 ρ_1，ρ_2，ρ_3，ρ_4 计算

桩顶仅产生单位轴向位移时，在桩顶引起的轴向力为：

$$\rho_1 = \frac{1}{\dfrac{l_0 + \zeta h}{EA} + \dfrac{1}{C_0 A_0}}$$

式中：EA——桩身受压弹模与桩身截面之乘积；

l_0——地面线或局部冲刷线以上桩身的自由长度（m）；

ζ——系数，对于端承桩；对于摩擦桩（或摩擦支撑管桩），打入或振动下沉时 $\zeta = 2/3$，钻（挖）孔时 $\zeta = 1/2$；

h——桩长（m）；

C_0——地基系数，$C_0 = mh = 30\,000 \times 15 = 4.5 \times 10^5$；

A_0——桩底受压面积（m²）。

对于钻孔桩：

$\zeta = 1/2$

$l_0 = 4.7 \text{m}$

$h = 15 \text{m}$

由于该桩为摩擦桩，桩底受压面积 A_0 为：

$$A_0 = \begin{cases} \pi \left(\dfrac{d}{2} + h \tan \dfrac{\overline{\varphi}}{4}\right)^2 \\ \pi \dfrac{S^2}{4} \end{cases} \quad (A_0 \text{ 取其中的小值})$$

土的摩擦角 $\varphi=30°$,则:

$$\pi(\frac{d}{2}+h\tan\frac{\bar{\varphi}}{4})^2=\pi(\frac{1.5}{2}+15\times\tan\frac{30°}{4})^2=8.56(\text{m}^2)$$

$$\pi\frac{S^2}{4}=\pi\times\frac{3.3^2}{4}=8.55(\text{m}^2)(S\text{ 为桩底面中心距})$$

故

$$A_0=8.55\text{m}^2$$

$$\rho_1=\frac{1}{\frac{l_0+\zeta h}{EA}+\frac{1}{C_0A_0}}=\frac{1}{\frac{4.7+0.5\times15}{2.4\times10^7\times1.767}+\frac{1}{4.5\times10^5\times8.55}}=1.826\times10^6(\text{kN/m})$$

桩顶仅产生单位横轴向位移时,在桩顶引起的横轴向力为:

$$\rho_2=\frac{\delta_{\text{MM}}}{\delta_{\text{HH}}\cdot\delta_{\text{MM}}-(\delta_{\text{MH}})^2}=\frac{1.52\times10^{-6}}{4.46\times10^{-5}\times1.52\times10^{-6}-(7.02\times10^{-6})^2}=0.082\times10^6(\text{kN})$$

桩顶仅产生单位横轴向位移时,在桩顶引起的弯矩为:

$$\rho_3=\frac{\delta_{\text{MH}}}{\delta_{\text{HH}}\cdot\delta_{\text{MM}}-(\delta_{\text{MH}})^2}=\frac{7.02\times10^{-6}}{4.46\times10^{-5}\times1.52\times10^{-6}-(7.02\times10^{-6})^2}=0.379\times10^6(\text{kN/m})$$

桩顶仅产生单位转角时,在桩顶引起的弯矩为:

$$\rho_4=\frac{\delta_{\text{HH}}}{\delta_{\text{HH}}\cdot\delta_{\text{MM}}-(\delta_{\text{MH}})^2}=\frac{4.46\times10^{-5}}{4.46\times10^{-5}\times1.52\times10^{-6}-(7.02\times10^{-6})^2}=2.409\times10^6(\text{kN/m})$$

4)承台发生单位位移时引起的基桩反力计算

$$\gamma_{\text{bb}}=n\rho_1=4\times1.826\times10^6=7.304\times10^6(\text{kN/m})$$

$$\gamma_{\text{aa}}=n\rho_2=4\times0.082\times10^6=0.328\times10^6(\text{kN})$$

$$\gamma_{\alpha\beta}=-n\rho_3=-4\times0.379\times10^6=-1.516\times10^6(\text{kN/m})$$

$$\gamma_{\beta\beta}=n\rho_4+\rho_1\sum_{i=1}^{m}K_iX_i^2=4\times2.409\times10^6+1.826\times10^6\times4\times1.65^2=2.95\times10^7(\text{kN/m})$$

式中:m——在验算平面内桩的排数;

K_i——每排桩的桩数;

X_i——各桩至承台中心处的距离(m)。

5)承台变位,b_0,a_0,β_0 计算

双孔单列:

$$N_j=17\,690.83\text{kN}$$

$$H_j=70.21\text{kN}$$

$$M_j=1110.14\text{kN}\cdot\text{m}$$

承台底面中心处在外力 N_j、H_j、M_j 的作用下产生竖向位移:

$$b_0=\frac{N_j}{\gamma_{\text{bb}}}=\frac{17\,690.83}{7.304\times10^6}=2.422\times10^{-3}(\text{m})$$

水平位移:

$$a_0=\frac{\gamma_{\beta\beta}\cdot H_j-\gamma_{\alpha\beta}\cdot M_j}{\gamma_{\text{aa}}\cdot\gamma_{\beta\beta}-\gamma_{\alpha\beta}^2}=\frac{2.95\times10^7\times70.21+1.516\times10^6\times1110.14}{0.328\times10^6\times2.95\times10^7-(-1.516\times10^6)^2}$$

$$=0.5089\times10^{-3}(\text{m})$$

转角:

$$\beta_0 = \frac{\gamma_{aa} \cdot M_j - \gamma_{a\beta} \cdot H_j}{\gamma_{aa} \cdot \gamma_{\beta\beta} - \gamma_{a\beta}^2} = \frac{0.328 \times 10^6 \times 1110.14 + 1.516 \times 10^6 \times 70.21}{0.328 \times 10^6 \times 2.95 \times 10^7 - (-1.516 \times 10^6)^2}$$
$$= 0.0638 \times 10^{-3}$$

6) 外力作用下各桩桩顶内力计算

轴向力 $N_0 = (b_0 \pm \beta_0 X_i)\rho_1 = (2.422 \times 10^{-3} \pm 0.0638 \times 10^{-3} \times 1.65) \times 1.826 \times 10^6$
$$= \begin{cases} 4614.80(\text{kN}) \\ 4230.35(\text{kN}) \end{cases}$$

水平力 $H_0 = a_0 \rho_2 - \beta_0 \rho_3 = 0.5089 \times 10^{-3} \times 0.082 \times 10^6 - 0.0638 \times 10^{-3} \times 0.379 \times 10^6$
$$= 17.55(\text{kN})$$

弯矩 $M_0 = \beta_0 \rho_4 - a_0 \rho_3 = 0.0638 \times 10^{-3} \times 2.409 \times 10^6 - 0.5089 \times 10^{-3} \times 0.379 \times 10^6$
$$= -39.18(\text{kN} \cdot \text{m})$$

校核 $nH_0 = 4 \times 17.55 = 70.2(\text{kN})$

$\sum X_i P_i + nM_0 = 2 \times (4614.80 - 4230.35) \times 1.65 - 4 \times 39.18 = 1111.96(\text{kN})$

由计算可知,桩顶内力为:
$$N_0 = \begin{cases} 4614.80\text{kN} \\ 4230.35\text{kN} \end{cases}$$
$$H_0 = 17.55\text{kN}$$
$$M_0 = -39.18\text{kN} \cdot \text{m}$$

3. 地面线以下深度 Z 处截面弯矩 M_Z 及桩侧水平应力 σ_Z 计算

1) 局部冲刷线处桩身内力计算

$$N'_0 = \begin{cases} 4614.80 + 1.1 \times 1.2 \times 44.18 \times 4.7 \times 0.5 = 4751.85(\text{kN}) \\ 4230.35 + 1.1 \times 1.2 \times 44.18 \times 4.7 \times 0.5 = 4367.40(\text{kN}) \end{cases}$$

$H'_0 = H_0 = 17.55(\text{kN})$

$M'_0 = -39.18 + 17.55 \times 4.7 = 43.31(\text{kN} \cdot \text{m})$

2) 地面线以下深度 Z 处截面弯矩 M_Z 计算

局部冲刷线处桩柱变位:

$X_0 = H'_0 \delta_{QQ}^{(0)} + M'_0 \delta_{QM}^{(0)} = 17.55 \times 6.44 \times 10^{-6} + 43.31 \times 1.71 \times 10^{-6} = 0.187 \times 10^{-3}(\text{m})$

$\varphi_0 = -(H'_0 \delta_{MQ}^{(0)} + M'_0 \delta_{MM}^{(0)}) = -(17.55 \times 1.71 \times 10^{-6} + 43.31 \times 0.735 \times 10^{-6})$
$= -6.184 \times 10^{-5}(\text{rad})$

局部冲刷线以下深度 Z 处截面弯矩计算:

$$M_Z = \alpha^2 EI X_0 A_3 + \alpha EI \varphi_0 B_3 + M_0 C_3 + \frac{1}{\alpha} H_0 D_3$$

无量纲系数 A_3, B_3, C_3, D_3 可从《桥梁墩台与基础工程》一书(盛洪飞,2014)附录Ⅱ的弹性桩计算用表中查得。

$\alpha^2 EI X_0 = 0.399^2 \times 2.4 \times 10^7 \times 0.2485 \times 0.187 \times 10^{-3} = 177.55$

$\alpha EI \varphi_0 = 0.399 \times 2.4 \times 10^7 \times 0.2485 \times (-6.184 \times 10^{-5}) = -147.16$

$\frac{1}{\alpha} H'_0 = \frac{1}{0.399} \times 17.55 = 43.98$

则得:

$$M_Z = 177.55A_3 - 147.16B_3 + 43.31C_3 + 43.98D_3$$

桩身截面配筋只需弯矩,不会发生剪力破坏,在此只计弯矩。

M_Z 值的计算结果见表 4-41,绘制的桩身弯矩图见图 4-37。

表 4-41 桩身弯矩计算表

α_z	Z	A_3	B_3	C_3	D_3	M_Z
0.2	0.50	−0.001 33	−0.000 13	0.999 99	0.200 00	51.89
0.4	1.00	−0.010 67	−0.002 13	0.999 74	0.399 98	59.31
0.6	1.50	−0.036 00	−0.001 08	0.998 06	0.599 74	63.37
0.8	2.01	−0.085 32	−0.034 12	0.991 81	0.798 54	67.95
1.0	2.51	−0.166 52	−0.083 29	0.975 01	0.994 65	68.66
1.4	3.51	−0.455 15	−0.319 33	0.865 73	1.358 21	63.41
1.8	4.51	−0.955 64	−0.867 15	0.529 97	1.611 62	51.77
2.2	5.51	−1.693 34	−1.905 67	−0.270 87	1.575 38	37.34
2.6	6.52	−2.621 26	−3.599 87	−1.877 34	0.916 79	23.36
3.0	7.52	−3.540 58	−5.999 79	−4.687 88	−0.819 26	15.24
3.5	8.77	−3.919 21	−9.546 67	−10.340 40	−5.854 02	3.73
4.0	10.03	−1.614 28	−11.730 66	−17.918 60	−15.075 50	0.59

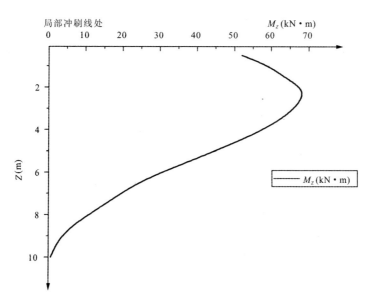

图 4-37 桩身弯矩图

3) 桩侧水平应力 σ_Z 计算

$$\sigma_Z = \frac{m}{\alpha^3 EI} M_z = \frac{m}{\alpha^3 EI} (\alpha^2 EI X_0 A_3 + \alpha EI \varphi_0 B_3 + M_0 C_3 + \frac{1}{\alpha} H_0 D_3)$$

$$\frac{m}{\alpha^3 EI} = \frac{30\,000}{0.399^3 \times 2.4 \times 10^7 \times 0.2485} = 0.0316$$

无量纲系数 A_3、B_3、C_3、D_3 可从《桥梁墩台与基础工程》一书（盛洪飞,2014）附录Ⅱ的弹性桩计算用表中查得。

σ_Z 值的计算结果见表 4-42，绘制的桩身水平压应力图见图 4-38。

表 4-42 桩侧水平应力计算表

α_z	Z	A_3	B_3	C_3	D_3	σ_Z
0.2	0.50	−0.001 33	−0.000 13	0.999 99	0.200 00	1.64
0.4	1.00	−0.010 67	−0.002 13	0.999 74	0.399 98	1.87
0.6	1.50	−0.036 00	−0.001 08	0.998 06	0.599 74	2.00
0.8	2.01	−0.085 32	−0.034 12	0.991 81	0.798 54	2.15
1.0	2.51	−0.166 52	−0.083 29	0.975 01	0.994 65	2.17
1.4	3.51	−0.455 15	−0.319 33	0.865 73	1.358 21	2.00
1.8	4.51	−0.955 64	−0.867 15	0.529 97	1.611 62	1.64
2.2	5.51	−1.693 34	−1.905 67	−0.270 87	1.575 38	1.18
2.6	6.52	−2.621 26	−3.599 87	−1.877 34	0.916 79	0.74
3.0	7.52	−3.540 58	−5.999 79	−4.687 88	−0.819 26	0.48
3.5	8.77	−3.919 21	−9.546 67	−10.340 40	−5.854 02	0.12
4.0	10.03	−1.614 28	−11.730 66	−17.918 60	−15.075 50	0.02

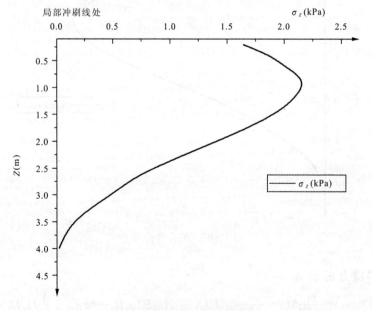

图 4-38 桩身水平压应力图

4. 桩身强度验算

由表 4-41 看出,桩截面最大弯矩发生在局部冲刷线以下 $Z=2.51\text{m}$ 处,故只需对此处桩截面的强度进行验算。该截面处桩的内力为:竖直力=桩顶竖直力+所计算截面以上桩重的一半+所计算截面以上摩擦力的一半。

$$M=68.66\text{kN}\cdot\text{m}$$

$$N=\begin{Bmatrix}4751.85\\4367.40\end{Bmatrix}+1.1\times1.2\times\left\{44.18\times2.51\times0.5-1.5\pi\times\frac{1}{2}\times[120\times(2.51+4.7-1.2)+1.2\times55]\right\}$$

$$=\begin{Bmatrix}2376.71(\text{kN})\\1992.26(\text{kN})\end{Bmatrix}$$

桩基采用 C30 混凝土:

$$f_{cd}=13.8\text{MPa}=13.8\times10^3\text{kN/m}^2$$
$$E_h=3.0\times10^4\text{MPa}=3.0\times10^7\text{kN/m}^2$$

Ⅲ级钢筋,采用 20⌀28,$f_{sd}=330\text{MPa}=330\times10^3\text{kN/m}^2$,$A_s=6.1575\times20=123.15$（$\text{cm}^2$）。

配筋率为:

$$\rho=123.15/(\frac{1}{4}\times\pi\times1.5^2)=0.0070$$

取混凝土保护层厚度 6cm,当 N 取大值时初偏心距 $e_0=\dfrac{M_j}{N_j}=\dfrac{68.66}{2376.71}=0.0289$,桩的计算长度为:

$$\bar{h}=\alpha h=0.399\times20=5.985(\text{m})$$
$$\gamma_0=1.0$$

偏心距离增大系数按照《公路钢筋混凝土及预应力混凝土桥涵设计规范》(JTG D62—2004)中的 5.3.10 计算:

$$\eta=1+\frac{1}{1400\dfrac{e_0}{h_0}}(\frac{l_0}{h})^2\zeta_1\zeta_2$$

$$\zeta_1=0.2+2.7\frac{e_0}{h_0}\leqslant1.0$$

$$\zeta_2=1.15-0.01\frac{e_0}{h}=1.0$$

桩截面直径 $d=1.5\text{m}$,半径 $r=0.75\text{m}$,纵向钢筋所在圆周半径 r_s 与圆截面半径之比为:

$$g=\frac{r_s}{r}=\frac{0.75-0.06-(0.028/2)}{0.75}=0.9013$$

纵向钢筋配筋率为:

$$\rho=\frac{A_s}{\pi r^2}=\frac{6.1575\times20}{3.1415926\times75\times75}=0.0070$$

圆形桩承载力按《公路钢筋混凝土及预应力混凝土桥涵设计规范》(JTG D62—2004)中的 5.3.9 计算为:

$$\gamma_0 N_d\leqslant Ar^2 f_{cd}+C\rho^2 f'_{sd}$$

$$\gamma_0 N_d e_0 \leqslant Br^3 f_{cd} + D\rho g r^3 f'_{sd}$$

先求偏心距增大系数 η 和增大后的偏心距 ηe_0，再按《公路钢筋混凝土及预应力混凝土桥涵设计规范》(JTG D62—2004)中的 5.3.10 计算为：

$$h = 2r = 2 \times 0.75 = 1.5 (\text{m})$$

$$h_0 = r + r_s = 0.75 + 0.676 = 1.426 (\text{m})$$

$$\xi_1 = 0.2 + 2.7 e_0/h_0 = 0.2 + 2.7 \times 0.0289/1.426 = 0.255$$

$$\xi_2 = 1.15 - 0.01 l_0/h = 1.15 - 0.01 \times 5.985/1.5 = 1.1101 (\text{取 } 1.0)$$

$$\eta = 1 + \frac{1}{1400 e_0/h_0} \left(\frac{l_0}{h}\right)^2 \xi_1 \xi_2 = 1 + \frac{1}{1400 \times 0.0289/1.426} \times \left(\frac{5.985}{1.5}\right)^2 \times 0.255 \times 1.0$$

$$= 1.143$$

$$\eta e_0 = 1.143 \times 0.0289 = 0.0330 (\text{m})$$

按《公路钢筋混凝土及预应力混凝土桥涵设计规范》(JTG D62—2004)附录 C 第 C.0.2 条第 1 款验算承载力。

根据 f_{cd}, f'_{sd}, ρ, r 设定 ξ 值，查《公路钢筋混凝土及预应力混凝土桥涵设计规范》(JTG D62—2004)附录表 C.0.2，将查得的系数 A, B, C, D 代入公式计算值。如 e_0 值与实际计算值相符（允许偏差在 2% 以内），则设定的 ξ 值为所求者；若不相符，重新设定值，重复上述计算，直到相符为止。最终当 $\xi = 1.27$ 时，结果相符。此时 $A = 3.033$, $B = 0.098$, $C = 2.734$, $D = 0.348$。

$$e_0 = \frac{B f_{cd} + D\rho g f'_{sd}}{A f_{cd} + C\rho f'_{sd}} r = \frac{0.098 \times 13.8 + 0.348 \times 0.0070 \times 0.9013 \times 330}{3.033 \times 13.8 + 2.734 \times 0.0070 \times 330} \times 0.75 = 0.0324 (\text{m})$$

接近于 $\eta e_0 = 0.0330 \text{m}$。

按《公路钢筋混凝土及预应力混凝土桥涵设计规范》(JTG D62—2004)中的式(5.3.9-1)和式(5.3.9-2)验算桩的承载力。

$$r_0 N_d = 1.0 \times 2376.71 = 2376.71 (\text{kN}) \leqslant A r^2 f_{cd} + C\rho r^2 f_{sd}$$

$$= 3.033 \times 75^2 \times 13.8 + 2.734 \times 0.0070 \times 75^2 \times 330 = 27\,083 (\text{kN})$$

符合规定。

$$\gamma N_d \eta e_0 = 1.0 \times 2376.71 \times 0.0330 = 78.476 (\text{kN} \cdot \text{m}) \leqslant B r^3 f_{cd} + D\rho g r^3 f'_{sd}$$

$$= 0.098 \times 75^3 \times 13.8 + 0.348 \times 0.0070 \times 0.9013 \times 75^3 \times 330$$

$$= 877.50 (\text{kN} \cdot \text{m})$$

符合规定。

（四）墩顶水平位移 Δ 计算

对桥墩墩顶水平位移的限制，是要求桥墩具有足够的水平刚度，以保证运营时线路稳定，汽车得以舒适、安全、迅速地通过。它是根据线路变形对行车的影响等诸多因素拟定的。当高度较高和采用轻型桥墩时，其墩顶水平位移往往成为设计的控制条件。

墩顶弹性水平位移由两部分组成，一个是墩身的弹性变形，另外一个是基底土壤不均匀下沉而产生的基础变位所引起的墩顶位移。

根据结构力学，墩台顶的水平位移：

$$\Delta = \alpha + \beta l + \Delta_0$$

式中：α——承台底的水平位移；
β——承台底的转角；
Δ——由承台底至墩台顶面间的弹性挠曲所引起的墩台顶的水平位移。
由前面计算得：
$$\alpha = 0.5089 \times 10^{-3}$$
$$\beta = 0.0638 \times 10^{-3}$$
$$l = 16.2 \text{m}$$

考虑到墩顶盖梁及支座摩阻力、系梁对墩顶位移的影响比较大，将墩柱模拟成一端固定，一端为不移动的铰，则计算长度为：
$$l_0 = h = 0.7l = 0.7 \times 16.2 = 11.34 \text{(m)}$$

其中由表4-39知，正常使用极限状态短期效应单孔双列时最不利荷载为：
$$H = 52.36 \text{kN}$$
$$M = 1414.77 \text{kN·m}$$

一端固定，一端为铰时为超静定结构，铰接端水平剩余力 $H = 52.36$ kN，固定端弯矩 $M = 1414.77$ kN·m。用结构力学的方法很快可以计算出墩顶弹性位移。可得：
$$\Delta_0 = \frac{H}{3EI}h^3 + \frac{M}{2EI}h^2$$

计算得到：
$$\Delta_0 = \frac{52.36}{3 \times 2.4 \times 10^7 \times 1.3737} \times 11.34^3 + \frac{1414.77}{2 \times 2.4 \times 10^7 \times 1.3737} \times 11.34^2 = 0.00353 \text{(m)}$$

按照《公路钢筋混凝土及预应力混凝土桥涵设计规范》(KJTG D62—2004)中6.5.3的规定，按照荷载短期效应和6.5.2中规定的刚度计算的挠度值，要乘以挠度长期增长系数 η_θ，对于C40以下混凝土，$\eta_\theta = 1.60$，所以，消除结构自重的长期挠度最大值为：
$$\Delta = (0.5089 \times 10^{-3} + 0.0638 \times 10^{-3} \times 16.2 + 0.00353) \times 1.64 = 0.812 \text{(cm)}$$

水平位移允许值为：
$$[\Delta] = 0.5\sqrt{L} = 0.5 \times \sqrt{40} = 3.16 \text{(cm)} > 0.812 \text{(cm)}$$

满足要求（注：L为桥梁的标准跨径）。

五、桥台计算

(一)桥台基本资料

该桥台为肋式桥台，台高8.16m，台帽、台墙、承台为C40钢筋混凝土，桩基为C30混凝土。

台后地质土为粉砂，桩侧土的地基比例系数 $m = 1 \times 10^4 \text{kN/m}^3$，台后填土内摩擦角 $\varphi = 35°$，地震烈度8度。

桥台的一般构造尺寸拟定见图4-39。

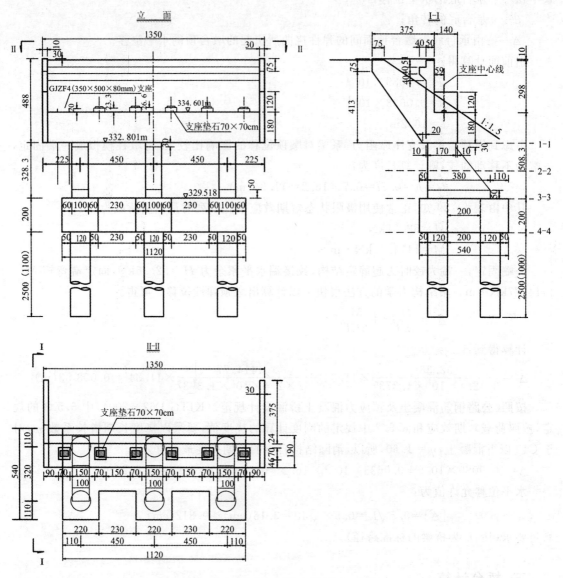

图 4-39 桥台一般构造图(单位:cm)

(二)台帽计算

1. 荷载计算

1)上部构造恒载支点反力

由前面的计算可知,上部构造恒载支点反力如下。

边梁:1502.5kN。

中梁:1604kN。

2)可变荷载支点反力

(1)荷载横向分布系数计算。汽车荷载分对称布置和非对称布置,荷载对称布置时横向分布系数采用杠杆法计算,荷载非对称布置时横向分布系数采用偏心受压法计算。

汽车荷载横向分布系数已在前面的桥墩盖梁计算部分介绍,现将结果列于表4-43中。

表4-43 横向分布系数表(6片梁)

荷载情况		η_1	η_2	η_3	η_4	η_5	η_6
公路-Ⅰ级双列	非对称	0.294	0.243	0.192	0.141	0.090	0.039
	对称	0	0.307	0.693	0.693	0.307	0
公路-Ⅰ级单列	非对称	0.391	0.301	0.212	0.122	0.032	−0.027
	对称	0	0	0.5	0.5	0	0

(2)支点最大反力计算。根据《公路桥涵设计通用规范》(JTG D60—2015)中4.3.1的第2款规定,桥梁结构的整体计算采用车辆荷载。

将车道荷载沿桥纵向布置,集中力作用在最大竖标处,绘制反力影响线,如图4-40所示。

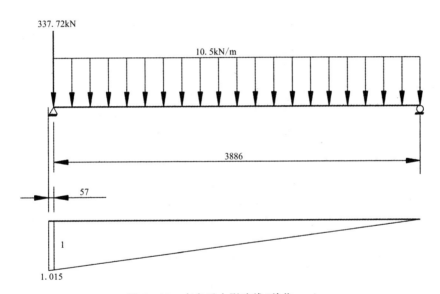

图4-40 支点反力影响线(单位:cm)

可以算得支点最大反力如下。

汽车单列:
$$R = 1.2 \times 337.72 \times 1.015 + 10.5 \times \frac{1}{2} \times 39.43 \times 1.015 = 621.46 \text{(kN)}$$

汽车双列:
$$R = 2 \times 621.46 = 1242.91 \text{(kN)}$$

(3)各种可变荷载的各梁反力计算。各梁反力的计算结果见表4-44。

表 4-44　各梁反力　　　　　　　　　　　　　　　单位:kN

编号		非对称布置	对称布置
汽车双列	R_1	365.42	0
	R_2	302.03	381.57
	R_3	238.64	861.34
	R_4	175.25	861.34
	R_5	111.86	381.57
	R_6	48.47	0
汽车单列	R_1	242.99	0
	R_2	187.06	0
	R_3	131.75	310.73
	R_4	75.82	310.73
	R_5	19.89	0
	R_6	−16.79	0

显然,汽车单列不控制设计,以下计算略。

3) 台身反力

由于盖梁下有 3 个肋板支撑,按双悬臂连续梁计算,如图 4-41 所示。

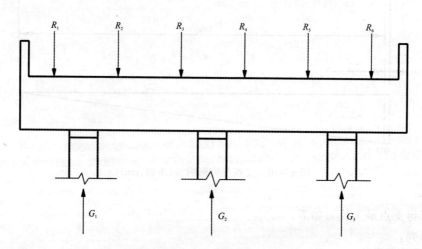

图 4-41　双悬臂连续梁支点反力(单位:cm)

该连续梁为一次超静定结构,可采用力法计算,其上部结构可变荷载作用时,台身反力计算结果如表 4-45 所示。

表 4-45　台身反力　　　　　　　　　　　　　　　　　　　　单位:kN

台身反力	上部恒载	非对称	对称	合计
G_1	3112.99	690.26	303.47	4106.73
G_2	3195.01	403.48	1878.88	5477.38
G_3	3112.99	147.92	303.47	3564.39

2. 内力计算

1) 上部构造恒载、可变荷载所产生的剪力计算

盖梁横截面剪力计算图如图 4-42 所示。盖梁横截面剪力计算见表 4-46。

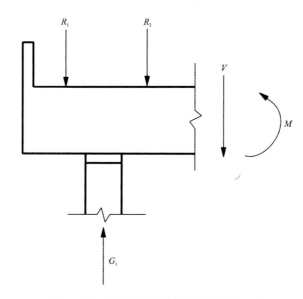

图 4-42　盖梁截面剪力计算图(单位:cm)

表 4-46　恒载、可变荷载剪力(右截面)计算表　　　　　　　　　　　单位:kN

荷载情况	1-1截面	2-2截面	3-3截面	4-4截面	5-5截面
上部恒载	-1502.50	1610.49	6.49	-1597.51	1597.51
非对称	-365.42	324.84	22.81	-215.83	187.66
对称	0.00	303.47	-78.10	-939.44	939.44

2) 上部构造恒载、可变荷载所产生的弯矩计算

盖梁横截面剪力计算见表 4-47。

表 4-47　恒载、可变荷载弯矩计算表　　　　　　　　　　　　单位：kN·m

截面位置	上部恒载	非对称	对称
2－2	－1502.50	－365.42	0.00
3－3	430.09	24.39	364.17
4－4	444.38	74.57	192.35
5－5	－1312.88	－162.84	－841.04

3）盖梁自重反力、剪力、弯矩计算

耳墙：
$$P'_1=0.5\times(0.75+4.88)\times(3.75-0.7)\times0.3\times25=64.39(kN)$$
$$P''_1=0.7\times4.88\times0.3\times25=25.62(kN)$$

挡块：
$$P_2=1.4\times1.2\times0.3\times25=12.6(kN)$$

背墙：
$$P_3=[2.98\times0.5+0.5\times(0.4+0.8)\times0.4]\times12.9\times25=557.93(kN)$$

（每米重 43.25kN）

盖梁：
$$P_4=1.8\times1.8\times12.9\times25=1044.9(kN)$$

（每米重 81kN）

各肋板墙反力为：
$$G_1=746.45(kN)$$
$$G_2=363.75(kN)$$
$$G_3=746.45(kN)$$

各截面盖梁自重剪力见表 4-48。

表 4-48　各截面盖梁自重剪力弯矩计算表

截面位置	1		2		3		4		5	
	左	右	左	右	左	右	左	右	左	右
$Q(kN)$	－244.90	－244.90	－369.20	377.25	228.13	228.13	－45.22	－45.22	－181.87	181.87
$M(kN·m)$	－195.58		－502.74		－193.46		61.74		－63.14	

3. 截面验算

截面验算：采用 C40 混凝土，主筋用 HRB400，钢筋设计强度 $f_{sd}=330MPa$，混凝土设计强度为 $f_{cd}=18.4MPa$，$f_{td}=1.65MPa$，保护层厚度 3cm。

1）荷载组合

荷载组合原则按《公路桥涵设计通用规范》(JTG D60—2015)中的 4.1.5 进行组合；组合时结构重要性系数 $\gamma_0=1.1$，分项系数恒载取 $\gamma_G=1.2$，汽车荷载取 $\gamma_Q=1.8$。荷载组合结果见表 4-49。

表 4-49 荷载组合表

截面位置			恒载			汽车荷载	承载能力极限状态基本组合
			上部构造	盖梁	合计		
1-1	Q_1(kN)	左	0.00	-244.90	-244.90	0.00	-323.27
		右	-1502.50	-244.90	-1747.40	-365.42	-2982.43
	M_1(kN·m)		0.00	-195.58	-195.58	-365.42	-934.02
2-2	Q_2(kN)	左	-1502.50	-369.20	-1871.70	0.00	-2470.64
		右	1610.49	377.25	1987.74	324.84	3224.63
	M_2(kN·m)		-1502.50	-502.74	-2005.24	-365.42	-3322.78
3-3	Q_3(kN)	左	1610.49	228.13	1838.63	324.84	3027.79
		右	6.49	228.13	234.63	-78.10	165.26
	M_3(kN·m)		430.09	-193.46	236.63	364.17	985.89
4-4	Q_4(kN)	左	6.49	-45.22	-38.73	-78.10	-195.57
		右	-1597.51	-45.22	-1642.73	-939.44	-3905.93
	M_4(kN·m)		444.38	61.74	506.12	192.35	1023.83
5-5	Q_5(kN)	左	-1597.51	-181.87	-1779.38	-939.44	-4086.31
		右	1597.51	181.87	1779.38	939.44	4086.31
	M_5(kN·m)		-1312.88	-63.14	-1376.02	-841.04	-3371.88

注：汽车冲击系数为 1.201。

2）盖梁计算跨径 l 的计算

根据桥台一般构造图，按《公路钢筋混凝土及预应力混凝土桥涵设计规范》(JTG D62—2004)中 8.2.1 的规定，帽梁与台的线刚度 $\frac{EI}{l}$ 的比值大于 5，故盖梁计算按简支梁计算。

按《公路钢筋混凝土及预应力混凝土桥涵设计规范》(JTG D62—2004)中 8.2.3 的规定：盖梁的计算跨径取 l_c 与 $1.15l_n$ 中的较小值，$l_c=4.5\mathrm{m}$；$1.15l_n=1.15\times3.5=4.025(\mathrm{m})$，取 $l=4.025\mathrm{m}=4025\mathrm{mm}$；因 $l/h=4.025/1.8=2.236<5$，属于深弯构件。

盖梁构造及横向配筋见图 4-43。

3）正截面抗弯强度计算

5—5 截面抗弯承载力计算（按承载能力极限状态）：

$$a_s=3\mathrm{cm}$$
$$h_0=h-a_s=180-3=177(\mathrm{cm})$$
$$b=180\mathrm{cm}$$

由 $\gamma_0 M_d = f_{cd}bx(h_0-\frac{x}{2})$ 得：

$$1.1\times3371.88\times10^6=18.4\times1800x(1770-\frac{x}{2})$$

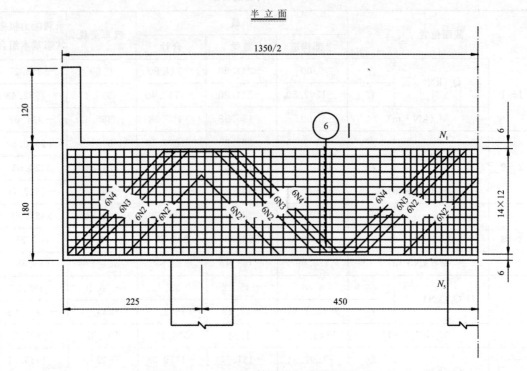

图 4-43 盖梁构造及横向配筋图(单位:cm)

求解得：

$$x = 64.44 \text{mm} < \zeta_b h_0 = 0.53 \times 1740 = 922.2 \text{mm}$$

同时：

$$x > 2a_s = 2 \times 3 = 6 \text{(cm)}$$

又：

$$f_{cd}bx = f_{sd}A_s$$

$$A_s = \frac{f_{cd}bx}{f_{sd}} = \frac{18.4 \times 1800 \times 64.4}{330} = 6467.43 \text{(mm}^2\text{)}$$

采用 18Φ25，故：

$$A_s = 8836.2 \text{mm}^2$$

$$\rho = \frac{A_s}{bh_0} = \frac{8836.2}{1800 \times 1770} = 0.277\% > \rho_{\min} = 0.2\%$$

其他截面的计算方法相同，在此不再列出。

4) 正截面抗剪强度验算

(1) 5—5 截面抗剪承载力计算(按承载能力极限状态)如下。

① 验算截面尺寸[按《公路钢筋混凝土及预应力混凝土桥涵设计规范》(JTG D62—2004)中 5.2.9 的规定]

$$f_{cu,k} = 40 \text{MPa}$$

$$b = 1800 \text{mm}$$

$h = 1800 \text{mm}$

$h_0 = 1770 \text{mm}$

V_d 取承载能力极限状态基本组合的值,$\gamma_0 V_d = 4086.31 \text{kN}$,$0.51 \times 10^{-3} \sqrt{f_{cu,k}} b h_0 = 0.51 \times 10^{-3} \times \sqrt{40} \times 1800 \times 1770 = 10\,276 \text{kN} > \gamma_0 V_d = 4086.31 \text{kN}$,符合规定。

②验算抗剪承载力[按《公路钢筋混凝土及预应力混凝土桥涵设计规范》(JTG D62—2004)中 5.2.7 的规定]

$f_{cu,k} = 40 \text{MPa}$

$b = 1800 \text{mm}$

$h = 1800 \text{mm}$

$h_0 = 1770 \text{mm}$

取承载能力极限状态基本组合的值,$\gamma_0 V_d = 4086.31 \text{kN}$,箍筋采用 6 肢 $\phi 10$,$f_{sv} = 250 \text{MPa}$,$A_s = 8836.2 \text{mm}^2$,$A_{sv} = 6 \times 78.5 = 471 (\text{mm}^2)$,$s_v = 100 \text{mm}$,$\rho = \dfrac{A_s}{bh_0} = \dfrac{8836.2}{1800 \times 1770} = 0.277\% > \rho_{min} = 0.2\%$,$P = 100\rho = 0.277$,符合《公路钢筋混凝土及预应力混凝土桥涵设计规范》(JTG D62—2004)中 9.1.12 的规定。

$\rho_{sv} = \dfrac{A_{sv}}{s_v b} = \dfrac{471}{100 \times 1800} = 0.262\% > 0.18\%$,符合《公路钢筋混凝土及预应力混凝土桥涵设计规范》(JTG D62—2004)中 9.3.13 的规定。

弯起钢筋 $A_{sb} = 24 \times 490.9 = 11\,781.6 (\text{mm})^2$,$\theta_s = 45°$,$\alpha_1 \alpha_2 \alpha_3 \times 0.45 \times 10^{-3} b h_0 \sqrt{(2+0.6P)} \sqrt{f_{cu,k} \rho_{sv} f_{sv}} + 0.75 \times 10^{-3} \times f_{sd} \times \sum A_{sb} \times \sin \theta_s = 1.0 \times 1.0 \times 1.1 \times 0.45 \times 10^{-3} \times 1800 \times 1770 \times \sqrt{(2+0.6 \times 0.277)} \times \sqrt{40} \times 0.002\,62 \times 250 + 0.75 \times 10^{-3} \times 330 \times 11\,781.6 \times \sin 45° = 4724.80 (\text{kN}) > \gamma_0 V_d = 4086.3 (\text{kN})$,符合规定。

(三)肋板计算(边肋板)

1. 垂直荷载计算

1)荷载计算

上部结构:

$P_o = (1502.5 \times 2 + 4 \times 1604)/6 = 1570.17 (\text{kN})$

耳墙:

$P_1 = 64.39 + 25.62 = 90.01 (\text{kN})$

挡块:

$P_2 = 12.6 \text{kN}$

背墙:

$P'_3 = [\dfrac{1}{2} \times (0.4 + 0.8) \times 0.4] \times 12.9 \times \dfrac{1}{3} \times 25 = 25.8 (\text{kN})$

$P''_3 = 0.5 \times 2.98 \times 12.9 \times \dfrac{1}{3} \times 25 = 160.18 (\text{kN})$

背墙后填土：
$$P'''_3 = 0.4 \times 0.65 \times 12.9 \times 18 = 60.372(kN)$$

盖梁：
$$P_4 = 81 \times 13.5 \times \frac{1}{3} = 364.5(kN)$$

肋板（2—2 截面以上）：
$$P_5 = [0.3 \times 1.7 + \frac{1}{2} \times (1.7 + 2.75) \times 2.14] \times 1.0 \times 25 = 131.79(kN)$$

肋板上土重：
$$P'_5 = [\frac{1}{2} \times (2.75 - 1.7) \times 2.14 + 1.07 \times 0.3] \times 1.0 \times 18 + \frac{1}{2} \times (1.30 + 1.95) \times 0.97 \times 1.0 \times 18 = 52.33(kN)$$

肋板（3—3 截面以上）：
$$P_5 = [0.3 \times 1.7 + 3.8 \times 0.5 + \frac{1}{2} \times (1.7 + 3.8) \times 4.283] \times 1.0 \times 25 = 407.92(kN)$$

肋板上土重：
$$P'_5 = 52.33 + 3.4 \times 1.03 \times 1.0 \times 18 = 115.37(kN)$$

承台：
$$P_6 = (11.2 \times 5.4 - 4 \times 2.3 \times 1.7) \times 2.0 \times \frac{1}{3} \times 25 = 747.33(kN)$$

承台以上土重：
$$P_7 = \frac{1}{2} \times (3.4 + 3.15) \times 1.1 \times Y202 \times 18 + 115.37 + [(6.77 + 6.5) \times \frac{1}{2} \times 0.4 + 0.1 \times 3.28]$$
$$\times 1.0 \times 18 + \frac{1}{2} \times (6.77 + 3.4) \times 4.3 \times 1.0T18 + \frac{1}{2} \times (5.59 + 4.32) \times 2 \times \frac{4.6}{3} \times 18$$
$$= 978.8(kN)$$

2) 恒载对肋板各截面所产生的弯矩

截面 1—1：
$$M_{P_1} = 64.39 \times (1.15 + 1) + 25.62 \times (1 - 0.35) = 161.53(kN \cdot m)$$
$$M_{P_2} = 12.6 \times (0.95 - 1.2) = -3.15(kN \cdot m)$$
$$M_{P_3} = 25.8 \times (0.178 + 0.95) + 160.18 \times (0.95 - 0.25) +$$
$$60.372 \times (0.2 + 0.95) = 210.66(kN \cdot m)$$
$$\sum M = 161.53 - 3.15 + 210.66 = 369.04(kN \cdot m)$$
$$\sum P_{1-4} = 90.01 + 12.6 + 25.8 + 160.18 + 60.372 + 364.5 = 695.46(kN)$$

截面 2—2：
$$M_{P_1} = 64.39 \times (1.15 + 0.3 + \frac{2.75}{2}) + 25.62 \times (0.2 + \frac{2.75}{2}) = 222.25(kN \cdot m)$$
$$M_{P_2} = 12.6 \times (\frac{2.75}{2} - 1.1) = 3.47(kN \cdot m)$$
$$M_{P_3} = 25.8 \times (0.178 + 0.1 + \frac{2.75}{2}) + 160.18 \times (\frac{2.75}{2} - 0.15) +$$

$$60.372\times(0.3+\frac{2.75}{2})=339.99(\text{kN}\cdot\text{m})$$

$$M_{\text{P}_4}=364.5\times(\frac{2.75}{2}-0.85)=191.36(\text{kN}\cdot\text{m})$$

$$M_{\text{P}_5}=131.79\times(\frac{2.75}{2}-1.13)=32.29(\text{kN}\cdot\text{m})$$

$$M'_{\text{P}_5}=-52.33\times(0.472+0.592)=-55.68(\text{kN}\cdot\text{m})$$

$$\sum M=222.25+3.47+339.99+191.36+32.29-55.68=733.68(\text{kN}\cdot\text{m})$$

$$\sum P_{1-5}=695.46+131.79+52.33=879.58(\text{kN})$$

$$M_{\text{P}_0}=1570.17\times(\frac{2.75}{2}-0.99)=604.52(\text{kN})$$

截面3—3：

$$M_{\text{P}_1}=64.39\times(1.15+0.3+1.9)+25.62\times(0.2+1.9)=269.51(\text{kN}\cdot\text{m})$$

$$M_{\text{P}_2}=12.6\times(1.9-1.1)=10.08(\text{kN}\cdot\text{m})$$

$$M_{\text{P}_3}=25.8\times(0.178+0.1+1.9)+160.18\times(1.9-0.15)+$$
$$\qquad 60.372\times(0.3+1.9)=469.33(\text{kN}\cdot\text{m})$$

$$M_{\text{P}_4}=364.5\times(1.9-0.85)=382.73(\text{kN}\cdot\text{m})$$

$$M_{\text{P}_5}=407.92\times(1.9-1.442)=186.83(\text{kN}\cdot\text{m})$$

$$M'_{\text{P}_5}=-115.37\times(1.155-0.2)=-110.18(\text{kN}\cdot\text{m})$$

$$\sum M=269.51+10.08+469.33+382.73+186.83-110.18$$
$$\qquad =1208.30(\text{kN}\cdot\text{m})$$

$$\sum P_{1-5}=695.46+407.92+115.37=1218.75(\text{kN})$$

$$\sum M_{\text{P}_0}=1570.17\times(1.9-0.99)=1428.85(\text{kN}\cdot\text{m})$$

截面4—4：

$$\sum P_{1-7}=1218.75+747.33+978=2944.08(\text{kN})$$

$$\sum M_{1-5}=1208.30+1218.75\times(2.7-2.4)=1573.93(\text{kN}\cdot\text{m})$$

$$M_{\text{P}_7}=-258.03\times(1.756-0.5)+53.86\times(2.7-0.225)+390.87\times(2.7-1.913)+273.52\times(1-0.957)$$
$$\qquad =128.15(\text{kN}\cdot\text{m})$$

$$M=1573.93+128.15=1702.08(\text{kN}\cdot\text{m})$$

3）可变荷载对肋板产生的反力

由表4-45可知，双列非对称布置时，边肋板的反力最大。

$$G_1=690.26\text{kN}$$

4)可变荷载对台墙产生的弯矩(表 4-50)

表 4-50 可变荷载偏心弯矩表

截面	1.00	2.00	3.00	4.00
G_1(kN)	690.26	690.26	690.26	690.26
x(m)	−0.14	0.40	0.91	1.21
M(kN·m)	−96.64	276.10	628.14	835.21

2. 水平力计算

1)由填土自重引起的土压力

$$\gamma = 18 \text{kN/m}^3$$
$$\varphi = 35°$$

(1)溜坡土压力。根据河道水流情况,溜坡不可能被冲毁,考虑按主动土压力计算。溜坡冲毁的验算从略。计算公式如下:

$$E = \frac{1}{2} B \mu \gamma H^2$$

$$B = 3 \times 1.0 = 3.0 \text{m}$$

$$\mu = \frac{\cos^2(\varphi-\alpha)}{\cos^2\cdot\cos(\alpha+\delta)[1+\sqrt{\frac{\sin(\varphi+\delta)\sin(\varphi-\beta)}{\cos(\alpha+\delta)\cos(\alpha-\beta)}}]^2}$$

$$\alpha = \arctan\frac{210}{428} = 26.1°, \delta = \frac{1}{2}\varphi = \frac{1}{2} \times 35° = 17.5°$$

$$\beta = -\arctan\frac{1}{1.5} = -33.7°$$

$$\mu = 0.284(计算过程略)$$

截面 2—2:

$$H = 1.54\text{m}$$

$$E = \frac{1}{2} \times 3 \times 0.284 \times 18 \times 1.54^2 = 18.19(\text{kN})$$

$$M = 18.19 \times (\frac{1}{3} \times 1.54 + 0.15) = 12.07(\text{kN·m})$$

截面 3—3:

$$H = 3.28$$

$$E = \frac{1}{2} \times 3 \times 0.284 \times 18 \times 3.28^2 = 82.5(\text{kN})$$

$$M = 82.5 \times (\frac{1}{3} \times 2.48 + 0.4) = 101.2(\text{kN·m})$$

承台部分:

$$q_1 = 18 \times 3.15 \times 0.284 = 16.10(\text{kN·m}^2)$$

$$q_2 = 18 \times 5.15 \times 0.284 = 26.33(\text{kN·m}^2)$$

$$E = \frac{1}{2} \times (16.10 + 26.33) \times 2.0 \times \frac{11.2}{3} = 158.41 (\text{kN})$$

$$\bar{y} = \frac{2.0}{3} \times \frac{16.10 \times 2 + 26.33}{16.10 + 26.33} = 0.920 (\text{m})$$

$$M = -\left[\frac{1}{2} \times 3 \times 0.284 \times 18 \times 3.15^2 \times \left(\frac{3.15}{3} + 2.0\right) + 158.41 \times 0.920\right]$$
$$= -537.58(\text{kN} \cdot \text{m})$$

(2) 后填土自重引起的土压力。

各截面单位土压力：

$$\mu = \frac{\cos^2\varphi}{\cos^2\delta\left[1 + \sqrt{\frac{\sin(\varphi+\delta)\sin\varphi}{\cos\varphi}}\right]^2} = \frac{\cos^2 35°}{\cos^2 17.5°\left[1 + \sqrt{\frac{\sin(35°+17.5°)\sin 35°}{\cos 17.5°}}\right]^2} = 0.246$$

截面 1—1：
$$q_1 = 4.428 \times 4.78 = 21.166(\text{kN} \cdot \text{m}^2)$$

截面 2—2：
$$q_2 = 4.428 \times 6.32 = 27.98(\text{kN} \cdot \text{m}^2)$$

截面 3—3：
$$q_3 = 4.428 \times 8.06 = 35.69(\text{kN} \cdot \text{m}^2)$$

截面 4—4：
$$q_4 = 4.428 \times 10.06 = 44.55(\text{kN} \cdot \text{m}^2)$$

台帽：
$$E_1 = \frac{1}{2} \times 21.66 \times 1.8 \times \frac{12.9}{3} = 81.89(\text{kN})$$

$$\bar{y}_1 = \frac{1}{3} \times 4.78 = 1.59(\text{m})$$

肋板中部：
$$E_2 = \frac{1}{2} \times (21.66 + 27.98) \times 1.54 \times 3 \times 1.0 = 113.53(\text{kN})$$

$$\bar{y}_2 = \frac{1.54}{3} \times \frac{27.98 + 2 \times 21.166}{27.98 + 21.116} = 0.734(\text{m})$$

肋板底：
$$E_3 = \frac{1}{2} \times (35.69 + 27.98) \times 1.74 \times 3 \times 1.0 = 166.18(\text{kN})$$

$$\bar{y}_3 = \frac{1.74}{3} \times \frac{2 \times 27.98 + 35.69}{27.98 + 35.69} = 0.835(\text{m})$$

承台：
$$E_4 = \frac{1}{2} \times (44.55 + 35.69) \times 2.0 \times \frac{11.2}{3} = 299.56(\text{kN})$$

$$\bar{y}_4 = \frac{2.0}{3} \times \frac{2 \times 35.69 + 44.55}{35.69 + 44.55} = 0.963(\text{m})$$

各截面土压力总和及其产生的弯矩如下。

截面 1—1：

$$M_1 = E_1 \overline{y_1} = 81.91 \times 1.59 = 130.24 (\text{kN} \cdot \text{m})$$

截面 2—2：
$$M_1 = E_1(\overline{y_1} + 1.54) = 81.91 \times (1.59 + 1.54) = 256.38 (\text{kN} \cdot \text{m})$$
$$M_2 = E_2 \overline{y_2} = 113.53 \times 0.734 = 83.33 (\text{kN} \cdot \text{m})$$
$$\sum E = 81.91 + 113.53 = 195.44 (\text{kN})$$
$$\sum M = 256.38 + 83.33 = 339.71 (\text{kN} \cdot \text{m})$$

截面 3—3：
$$M_1 = E_1(\overline{y_1} + 3.28) = 81.91 \times 4.87 = 398.90 (\text{kN} \cdot \text{m})$$
$$M_2 = E_2(\overline{y_2} + 1.74) = 113.53 \times 2.474 = 280.87 (\text{kN} \cdot \text{m})$$
$$M_3 = E_3 \overline{y_3} = 166.18 \times 0.835 = 97.01 (\text{kN} \cdot \text{m})$$
$$\sum E = 195.44 + 166.18 = 361.62 (\text{kN})$$
$$\sum M = 398.90 + 280.87 + 97.01 = 776.78 (\text{kN} \cdot \text{m})$$

截面 4—4：
$$M_1 = E_1(\overline{y_1} + 3.28 + 2) = 81.91 \times 6.87 = 562.72 (\text{kN} \cdot \text{m})$$
$$M_2 = E_2(\overline{y_2} + 3.74) = 113.53 \times 4.747 = 507.93 (\text{kN} \cdot \text{m})$$
$$M_3 = E_3(\overline{y_3} + 2) = 166.18 \times 2.835 = 471.12 (\text{kN} \cdot \text{m})$$
$$M_4 = E_4 \overline{y_4} = 299.56 \times 0.963 = 288.48 (\text{kN} \cdot \text{m})$$
$$\sum E = 361.62 + 299.56 = 661.18 (\text{kN})$$
$$\sum M = 562.72 + 507.93 + 471.12 + 288.48 = 1830.25 (\text{kN} \cdot \text{m})$$

2)可变荷载引起的水平土压力

当台后有车辆荷载，桥上无荷载时，由汽车荷载换算的等代均布土层厚度为：

$$h = \frac{\sum G}{b l_0 \gamma}$$

式中：l_0——破坏棱体长度，当台背为竖直时 $l_0 = H \tan\theta$，$H = 8.06 \text{m}$。

$$\tan\theta = -\tan\omega + \sqrt{(\tan\varphi + \tan\omega)\tan\omega}$$

而 $\omega = \varphi + \delta = 35° + 17° = 52°$，故：

$$\tan\theta = -1.303 + \sqrt{(1.428 + 1.303) \times 1.303} = -1.303 + 1.886 = 0.583$$
$$l_0 = 8.06 \times 0.583 = 4.70 (\text{m})$$

在破坏棱体长度范围只能放两个重轴，因为是双车道，故：

$$\sum G = 2 \times 280 = 560 (\text{kN})$$
$$h = \frac{560}{12.9 \times 4.70 \times 18} = 0.513 (\text{m})$$

单位土压力：

$$q = \mu \gamma h = 0.284 \times 18 \times 0.513 = 2.623 (\text{kN/m}^2)$$

(1)各部分土压力计算如下。

盖梁：

$$E_1 = 2.623 \times 1.8 \times \frac{12.9}{3} = 20.30 (\text{kN})$$

肋板中部：

$$E_2 = 2.623 \times 1.54 \times 3 \times 1.0 = 12.12 (\text{kN})$$

$$E_3 = 2.623 \times 1.74 \times 3 \times 1.0 = 13.69 (\text{kN})$$

$$\overline{y_3} = \frac{1.74}{3} \times \frac{2 \times 27.98 + 35.69}{27.98 + 35.69} = 0.835 (\text{m})$$

承台：

$$E_4 = 2.623 \times 2 \times \frac{11.2}{3} = 19.59 (\text{kN})$$

(2) 各截面水平土压力总和及弯矩计算如下。

截面 1—1：

$$M_1 = E_1 H_{1/2} = 20.30 \times \frac{1.8}{2} = 18.27 (\text{kN} \cdot \text{m})$$

截面 2—2：

$$M_1 = 20.30 \times \left(\frac{1.8}{2} + 1.54\right) = 49.53 (\text{kN} \cdot \text{m})$$

$$M_2 = 12.12 \times \frac{1.54}{2} = 9.33 (\text{kN} \cdot \text{m})$$

$$\sum E = 20.30 + 12.12 = 32.42 (\text{kN})$$

$$\sum M = 49.53 + 9.33 = 58.86 (\text{kN} \cdot \text{m})$$

截面 3—3：

$$M_1 = 20.30 \times \left(\frac{1.8}{2} \times 1.54 \times 1.74\right) = 84.85 (\text{kN} \cdot \text{m})$$

$$M_2 = 12.12 \times \left(\frac{1.54}{2} + 1.74\right) = 30.42 (\text{kN} \cdot \text{m})$$

$$M_3 = 13.69 \times \frac{1.74}{2} = 11.91 (\text{kN} \cdot \text{m})$$

$$\sum E = 32.42 + 13.69 = 46.11 (\text{kN} \cdot \text{m})$$

$$\sum M = 84.85 + 30.42 + 11.91 = 127.18 (\text{kN} \cdot \text{m})$$

截面 4—4：

$$M_1 = 20.30 \times \left(\frac{1.8}{2} + 1.54 + 1.74 + 2\right) = 125.45 (\text{kN} \cdot \text{m})$$

$$M_2 = 12.12 \times \left(\frac{1.54}{2} + 1.74 + 2\right) = 54.66 (\text{kN} \cdot \text{m})$$

$$M_3 = 13.69 \times \left(\frac{1.74}{2} + 2\right) = 39.29 (\text{kN} \cdot \text{m})$$

$$M_4 = 19.59 \times \frac{2.0}{2} = 19.59 (\text{kN} \cdot \text{m})$$

$$\sum E = 46.11 + 19.59 = 65.7 (\text{kN})$$

$$\sum M = 125.45 + 54.66 + 39.29 + 19.59 = 238.99(\text{kN} \cdot \text{m})$$

3) 地震水平力计算

桥台的水平地震力按下式计算：
$$E_{\text{hau}} = C_i C_Z K_h C_{\text{au}}$$

对于8度地震区：
$$C_i = 1.7$$
$$C_Z = 0.35$$
$$K_h = 0.2$$

式中：C_{au}——台身重力。
$$E_{\text{hau}} = 1.7 \times 0.35 \times 0.2 G_{\text{au}} = 0.119 G_{\text{au}}$$

(1) 各部水平地震力计算如下。

耳墙：
$$E_1 = 0.119 \times 90.01 = 10.71(\text{kN})$$
$$\overline{y_1} = 4.88 - \frac{1}{3} \times \frac{0.75^2 + 4.88^2 + 0.75 \times 4.88}{0.75 + 4.88} = 3.22(\text{m})$$

挡块：
$$E_2 = 0.119 \times 12.6 = 1.50(\text{kN})$$
$$\overline{y_2} = \frac{1}{2} \times 1.2 = 0.6(\text{m})$$

背墙：
$$E_3 = 0.119 \times 185.98 = 22.13(\text{kN})$$
$$\overline{y_3} = \frac{1}{2} \times 2.98 = 1.49(\text{m})$$

盖梁：
$$E_4 = 0.119 \times 364.5 = 43.38(\text{kN})$$
$$\overline{y_4} = \frac{1}{2} \times 1.8 = 0.9(\text{m})$$

肋板中部：
$$E_5 = 0.119 \times 131.79 = 15.68(\text{kN})$$
$$\overline{y_5} = \frac{1.24}{3} \times \frac{2 \times 1.7 + 2.75}{1.7 + 2.75} + 0.15 = 0.571(\text{m})$$

肋板底：
$$E_6 = 0.119 \times (407.92 - 131.79) = 32.86(\text{kN})$$
$$\overline{y_6} = \frac{1.24}{3} \times \frac{2 \times 2.75 + 3.8}{2.75 + 3.8} + 0.25 = 0.837(\text{m})$$

承台：
$$E_7 = 0.119 \times 747.33 = 88.93(\text{kN})$$
$$\overline{y_7} = \frac{1}{2} \times 2 = 1.0(\text{m})$$

(2)水平地震力对各截面产生的弯矩如下。

截面 1—1：

$$M_1 = E_1 \overline{y_1} = 10.71 \times 3.22 = 34.49 (\text{kN} \cdot \text{m})$$

$$M_2 = E_2(\overline{y_2} + 1.8) = 1.50 \times (0.6 + 1.8) = 3.6 (\text{kN} \cdot \text{m})$$

$$M_3 = E_3(\overline{y_3} + 1.8) = 22.13 \times (1.49 + 1.8) = 72.81 (\text{kN} \cdot \text{m})$$

$$M_4 = E_4 \overline{y_4} = 43.38 \times 0.9 = 39.04 (\text{kN} \cdot \text{m})$$

$$\sum E_{\text{hau}} = 10.71 + 1.5 + 22.13 + 43.38 = 77.72 (\text{kN})$$

$$\sum M = 34.49 + 3.6 + 72.81 + 39.04 = 149.94 (\text{kN} \cdot \text{m})$$

截面 2—2：

$$M_1 = E_1(\overline{y_1} + 1.54) = 10.71 \times (3.22 + 1.54) = 50.98 (\text{kN} \cdot \text{m})$$

$$M_2 = E_2(\overline{y_2} + 1.8 + 1.54) = 1.50 \times (0.6 + 3.34) = 5.91 (\text{kN} \cdot \text{m})$$

$$M_3 = E_3(\overline{y_3} + 1.8 + 1.54) = 22.13 \times (1.49 + 3.34) = 106.89 (\text{kN} \cdot \text{m})$$

$$M_4 = E_4(\overline{y_4} + 1.54) = 43.38 \times (0.9 + 1.54) = 105.85 (\text{kN} \cdot \text{m})$$

$$M_5 = E_5 \overline{y_5} = 15.68 \times 0.571 = 8.95 (\text{kN} \cdot \text{m})$$

$$\sum E_{\text{hau}} = 77.72 + 15.68 = 93.4 (\text{kN})$$

$$\sum M = 50.98 + 5.91 + 106.89 + 105.85 + 8.95 = 278.59 (\text{kN} \cdot \text{m})$$

截面 3—3：

$$M_1 = E_1(\overline{y_1} + 3.28) = 10.71 \times (3.22 + 3.28) = 69.62 (\text{kN} \cdot \text{m})$$

$$M_2 = E_2(\overline{y_2} + 1.8 + 3.28) = 1.50 \times (0.6 + 5.08) = 8.52 (\text{kN} \cdot \text{m})$$

$$M_3 = E_3(\overline{y_3} + 1.8 + 3.28) = 22.13 \times (1.49 + 5.08) = 145.39 (\text{kN} \cdot \text{m})$$

$$M_4 = E_4(\overline{y_4} + 3.28) = 43.38 \times (0.9 + 3.28) = 181.33 (\text{kN} \cdot \text{m})$$

$$M_5 = E_5(\overline{y_5} + 3.28) = 15.68 \times (0.571 + 3.28) = 60.38 (\text{kN} \cdot \text{m})$$

$$M_6 = E_6 \overline{y_6} = 32.86 \times 0.837 = 27.50 (\text{kN} \cdot \text{m})$$

$$\sum E_{\text{hau}} = 93.4 + 32.86 = 126.26 (\text{kN})$$

$$\sum M = 69.62 + 8.52 + 145.39 + 181.33 + 60.38 + 27.50 = 492.74 (\text{kN} \cdot \text{m})$$

截面 4—4：

$$M_1 = E_1(\overline{y_1} + 3.28 + 2) = 10.71 \times (3.22 + 5.28) = 91.04 (\text{kN} \cdot \text{m})$$

$$M_2 = E_2(\overline{y_2} + 1.8 + 3.28 + 2) = 1.50 \times (0.6 + 7.08) = 11.52 (\text{kN} \cdot \text{m})$$

$$M_3 = E_3(\overline{y_3} + 1.8 + 3.28 + 2) = 22.13 \times (1.49 + 7.08) = 189.65 (\text{kN} \cdot \text{m})$$

$$M_4 = E_4(\overline{y_4} + 3.28 + 2) = 43.38 \times (0.9 + 5.28) = 268.09 (\text{kN} \cdot \text{m})$$

$$M_5 = E_5(\overline{y_5} + 3.28 + 2) = 15.68 \times (0.571 + 5.28) = 91.74 (\text{kN} \cdot \text{m})$$

$$M_6 = E_6(\overline{y_6} + 2) = 32.86 \times (0.837 + 2) = 93.22 (\text{kN} \cdot \text{m})$$

$$M_7 = E_7 \overline{y_7} = 88.93 \times 1 = 88.93 (\text{kN} \cdot \text{m})$$

$$\sum E_{\text{hau}} = 126.26 + 88.93 = 215.19 (\text{kN})$$

$$\sum M = 91.04 + 11.52 + 189.65 + 268.09 + 91.74 + 93.22 + 88.93 = 834.19 (\text{kN} \cdot \text{m})$$

4)地震土压力计算

地震时作用于台背的主动土压力为：

$$E = \frac{1}{2}\gamma H^2 B K_A (1 + 3C_i C_z K_h \tan\varphi)$$

对于 8 度地震区：

$C_i = 1.7$

$C_z = 0.35$

$K_h = 0.2$

$K_A = \dfrac{\cos^2\varphi}{(1+\sin\varphi)^2} = \dfrac{\cos^2 35°}{(1+\sin 35°)^2} = 0.27$

$E = \dfrac{1}{2} \times 18 \times 0.27 \times (1 + 3 \times 1.7 \times 0.35 \times 0.2 \times \tan 35°) BH^2 = 3.037 BH^2$

其作用点在距计算截面的 $0.4H$ 处。

各截面地震土压力如下。

截面 1—1：

$E_1 = 3.037 \times \dfrac{12.9}{3} \times 4.78^2 = 298.38(\text{kN})$

$y_1 = 0.4 \times 4.78 = 1.912(\text{m})$

$M_1 = E_1 y_1 = 298.38 \times 1.912 = 570.50(\text{kN·m})$

截面 2—2：

$E_2 = 3.037 \times 3 \times 1.0 \times 1.54^2 = 21.61(\text{kN})$

$y_2 = 0.4 \times 1.54 = 0.616(\text{m})$

$M_2 = E_2 y_2 + E_1(y_1 + 1.54) = 21.61 \times 0.616 + 298.38 \times (1.912 + 1.54)$
$= 1043.32(\text{kN·m})$

$\sum E = E_2 + E_1 = 21.61 + 298.38 = 319.99(\text{kN})$

截面 3—3：

$E_3 = 3.037 \times 3 \times 1.0 \times 3.28^2 = 98.02(\text{kN})$

$y_3 = 0.4 \times 3.28 = 1.312(\text{m})$

$M_3 = E_3 y_3 + E_2(y_2 + 1.74) = 98.02 \times 1.312 + 21.61 \times (0.616 + 1.74)$
$= 179.52(\text{kN·m})$

$\sum E = E_3 + E_1 = 98.02 + 298.38 = 396.40(\text{kN})$

截面 4—4：

$E_4 = 3.037 \times \dfrac{11.2}{3} \times 2^2 = 45.35(\text{kN})$

$y_4 = 0.4 \times 2 = 0.8(\text{m})$

$M_4 = E_4 y_4 + E_3(y_3 + 2) + E_1(y_1 + 3.28 + 2)$
$= 45.35 \times 0.8 + 98.02 \times (1.312 + 2) + 298.38 \times (1.912 + 3.28 + 2)$
$= 2506.87(\text{kN·m})$

$\sum E = E_4 + E_3 + E_1 = 45.35 + 98.02 + 298.38 = 441.75(\text{kN})$

5) 支座摩阻力计算
$$F = \mu W = 0.06 \times 1570.17 = 94.21 \text{(kN)}$$
作用点距盖梁顶 0.028m。

各截面的弯矩如下。

截面 1—1：
$$M = 94.21 \times 1.828 = 172.22 \text{(kN·m)}$$

截面 2—2：
$$M = 94.21 \times 3.368 = 317.30 \text{(kN·m)}$$

截面 3—3：
$$M = 94.21 \times 5.108 = 481.23 \text{(kN·m)}$$

截面 4—4：
$$M = 94.21 \times 7.108 = 669.65 \text{(kN·m)}$$

内力汇总及组合见表 4-51。

3. 肋板截面验算

1) 盖梁底面（截面 1—1）

由于 $M_u = f_{td} W = 1.39 \times 10^6 \times (\frac{1}{6} \times 1.0 \times 1.7^2) = 669.52 \text{(kN·m)} > M_j$，$M_u$ 为素混凝土截面极限抵抗矩，M_j 为荷载组合设计弯矩，因此，盖梁底面只需按照构造配筋就可以满足要求。

2) 台墙中部（截面 2—2）

由于 $M_u = f_{td} W = 1.39 \times 10^6 \times (\frac{1}{6} \times 1.0 \times 2.65^2) = 2603 \text{(kN·m)} > M_j$，$M_u$ 为素混凝土截面极限抵抗矩，M_j 为荷载组合设计弯矩，因此，盖梁底面只需按照构造配筋就可以满足要求。

3) 台墙底部（截面 3—3）

由于 $M_u = f_{td} W = 1.39 \times 10^6 \times (\frac{1}{6} \times 1.0 \times 3.8^2) = 3345.27 \text{(kN·m)} > M_j$，$M_u$ 为素混凝土截面极限抵抗矩，M_j 为荷载组合设计弯矩，因此，盖梁底面只需按照构造配筋就可以满足要求。

（四）耳墙计算

按挡土墙土压力计算：
$$l_0 = (4.78 + 0.65) \times \frac{1}{2} \times \tan(45° - \frac{\varphi}{2})$$
$$= 2.715 \times \tan(45° - \frac{35°}{2}) = 1.41 \text{(m)}$$
$$b = l + a + H\tan 30°$$

式中：l——汽车前后轴轴距，取 $l = 12.8$m；

a——车轮着地长度，取 $a = 0.2$m；

H——耳墙高度，取平均高度 $H = 2.715$m。

表 4-51 内力汇总及组合表

编号	项目	1—1 截面 P(kN)	1—1 截面 H(kN)	1—1 截面 M(kN·m)	2—2 截面 P(kN)	2—2 截面 H(kN)	2—2 截面 M(kN·m)	3—3 截面 P(kN)	3—3 截面 H(kN)	3—3 截面 M(kN·m)	4—4 截面 P(kN)	4—4 截面 H(kN)	4—4 截面 M(kN·m)
1	上部构造	1570.17			1570.17		604.52	1570.17		1428.85	1570.17		1899.9
2	桥台	695.46		369.04	879.58		733.68	1218.75		1208.3	2944.08		1702.08
3	汽车	690.26			690.26		265.75	690.26		628.14	690.26		835.21
4	台前土压力					−18.19	12.07		−82.5	101.2		−158.41	−537.58
5	台后土压力		81.91	−130.24		195.44	−339.71		361.62	−776.78		661.18	−1830.25
6	台后汽车土压力		20.3	−18.27		32.42	−89.11		46.11	−127.18		65.7	−238.99
7	结构地震		77.72	149.94		93.4	278.59		126.26	492.74		215.19	834.19
8	地震土压力		±77.72	±149.94		±93.4	±278.59		±126.26	±492.74		±215.19	±834.19
8	地震土压力		298.38	−510.5		319.99	−1043.32		396.4	−179.52		441.75	−2506.87
9	支座摩阻力		94.21	172.22		94.21	317.3		94.21	481.23		94.21	669.65
9	支座摩阻力		±94.21	±172.22		±94.21	±317.30		±94.21	±481.23		±94.21	±669.65
组合Ⅰ	1+2+4+5+3	2955.89	81.91	238.8	3140.01	177.25	1276.31	3479.18	279.12	2589.71	5204.51	502.77	2069.36
组合Ⅰ	1+2+4+5+6	2265.63	102.21	220.53	2449.75	209.67	921.45	2788.92	325.23	1834.39	4514.25	568.47	995.16
组合Ⅱ	1+2+4+5+3+9	2955.89	176.12	411.02	3140.01	271.46	1593.61	3479.18	373.33	3070.94	5204.51	596.98	2739.01
组合Ⅱ	1+2+4+5+6+9	2265.63	196.42	392.75	2449.75	303.88	1238.75	2788.92	419.44	2315.62	4514.25	662.68	1664.81
组合Ⅲ	1+2+4+5+7+8	2265.63	458.01	−121.76	2449.75	590.64	245.83	2788.92	801.78	2274.79	4514.25	1159.71	−438.53

故：

$$b = 12.8 + 0.2 + 2.715\tan 30° = 14.57$$

$$h = \frac{\sum G}{bl_0\gamma} = \frac{560}{14.57 \times 1.41 \times 18} = 1.51(\text{m})$$

1. 水平土压力计算

根部（墙高 4.78m）：

$$E_1 = \frac{1}{2} \times 18 \times 4.78 \times (4.78 + 1.51) \times 0.284 = 76.85(\text{kN/m})$$

端部（墙高 0.65m）：

$$E_2 = \frac{1}{2} \times 18 \times 0.65 \times (0.65 + 1.51) \times 0.284 = 3.59(\text{kN/m})$$

总土压力：

$$E = \frac{1}{2} \times (76.85 + 3.59) \times 3.25 = 130.72(\text{kN})$$

重心：

$$\bar{y} = \frac{3.25}{3} \times \frac{2 \times 0.65 + 4.78}{0.65 + 4.78} = 1.213(\text{m})$$

$$M_E = 1.213 \times 130.72 = 158.57(\text{kN}\cdot\text{m})$$

$$M_j = 1.4 M_E = 1.4 \times 158.57 = 221.99(\text{kN}\cdot\text{m})$$

2. 截面计算

采用 ⏀12 与 ⏀18 钢筋，且：

$$h_0 = 30 - 4 = 26(\text{cm})$$

$$f_{cd} = 13.8\text{MPa}$$

$$f_{sd} = 330\text{MPa}$$

$$\gamma_0 = 1.1$$

$$\gamma_0 M_d = f_{cd} bx\left(h_0 - \frac{x}{2}\right)$$

则：

$$1.1 \times 221.99 \times 10^6 = 13.8 \times 4880 x(260 - 0.5x)$$

求解得：

$$x = 14.34\text{mm} = 1.434\text{cm} < 2 \times 4\text{cm}$$

令 $x = 2 \times 4 = 8\text{cm}$，则：

$$A_s = \frac{\gamma_0 M_d}{f_{sd}\left(h_0 - \frac{x}{2}\right)} = \frac{1.1 \times 221.99 \times 10^6}{330 \times (260 - 40)} = 3363(\text{mm}^2)$$

因为 $45\dfrac{f_{td}}{f_{sd}} = 45 \times \dfrac{1.39}{330} = 0.19 < \rho_{\min} = 0.2$，所以如果按最小配筋率计算：

$$A_s = \rho_{\min} bh_0 = 0.002 \times 488 \times 26 = 25.38(\text{cm}^2)$$

综合选用 22⏀12 和 4⏀18 钢筋（其中⏀18 钢筋布置在与盖梁接触的部分），$A_s = 35.02\text{cm}^2 > 33.63\text{cm}^2$，悬臂自重弯矩很小，验算从略。

第五节 支座及附属设施计算

一、支座计算

本桥在墩顶处采用板式橡胶支座,其设计按《公路钢筋混凝土及预应力混凝土桥涵设计规范》(JTG D62—2004)中 8.4 的要求进行。

(一)支座平面尺寸选定

橡胶支座的平面尺寸由橡胶板的抗拉强度和梁端或墩台顶混凝土的局部承压能力来确定。橡胶板应满足:

$$\sigma_j = \frac{N}{ab} \leqslant [\sigma_j]$$

考虑到支座处 T 梁梁肋宽度为 500mm,故从产品目录中初选 GJZ($350 \times 500 \times h$mm)系列的板式橡胶支座。该支座容许承载力 1750kN,将长边 500mm 取为横桥向,与梁肋平齐,纵桥向即为短边 350mm。

计算时最大支座反力为 $N_恒 = 802$kN,$N_汽 = 692.11/1.201 = 576.28$(kN),人群荷载引起支座反力相对恒载和汽车荷载较小,可忽略不计。

$$N = N_恒 + N_汽 + N_人 = 1374.27(\text{kN})$$

故:

$$\sigma_j = \frac{1374.27}{35 \times 50} = 0.785(\text{kN/cm}^2) = 7.85(\text{MPa}) < 10(\text{MPa})$$

查《公路桥梁板式橡胶支座规格系列》(JT/T 663—2006)表 1 可知,GIZ(300×500mm)型号的板式橡胶支座的形状系数 S 为 9.12。

在常温下,橡胶支座的剪应变模量 $G_e = 1.0$MPa,由此根据规范可计算得到橡胶支座的抗压弹性模量为:

$$E = 5.4 G_e S^2 = 5.4 \times 1.0 \times 9.12^2 = 449.14(\text{MPa})$$

(二)支座厚度确定

根据《公路钢筋混凝土及预应力混凝土桥涵设计规范》(JTG D62—2004)中 8.4 的规定,板式橡胶支座的橡胶层总厚度应从剪切变形和受压稳定两个方面进行考虑。

混凝土结构的线膨胀系数取 10^{-5}/℃。考虑到主梁的计算温差为 35℃,伸缩变形为两端支座均摊,则每一支座承担的水平位移为:

$$\Delta_1 = 0.5 \alpha \Delta T l' = 0.5 \times 10^{-5} \times 35 \times (38.86 + 0.50) \times 10^3 = 6.89(\text{mm})$$

由于汽车制动力也会引起水平力,因此对于橡胶支座剪切变形要求的考虑也需要计入制动力影响因素。制动力 $T = 168$kN(详见墩台水平力计算),有 6 根梁 12 个支座,每个支座所承受的水平制动力 $T = 14$kN。

由此可得橡胶支座橡胶层总厚度 t_e 应满足如下要求。

(1) 不计汽车制动力时:
$$t_e \geqslant 2\Delta_l = 2 \times 6.89 = 13.78(\text{mm}) = 1.378(\text{cm})$$

(2) 计入汽车制动力时:
$$t_e \geqslant 1.43\Delta_l = 1.43 \times 6.89 = 9.85(\text{mm}) = 0.985(\text{cm})$$

或 $t_e \geqslant \dfrac{\Delta_l}{0.7 - \dfrac{T}{2GA}} = \dfrac{0.689}{0.7 - \dfrac{14 \times 10^3}{2 \times 1.0 \times 350 \times 500}} = 1.044(\text{cm})$

(3) 受压稳定要求:

$\dfrac{l_a}{10} \leqslant t_e \leqslant \dfrac{l_b}{5}$,其中 l_a 为矩形支座短边尺寸,则有:$3.5\text{cm} \leqslant t_e \leqslant 7.0\text{cm}$。

选用 GJZ(350×500×54mm) 型号的板式橡胶支座,橡胶片的总厚度 $t_e = 3.8(\text{cm})$,支座总厚度 $t = 5.4(\text{cm})$。

(三) 支座偏转验算

板式橡胶支座竖向平均压缩变形为:
$$\delta_{c,m} = \frac{R_{ck}t_e}{A_c}\left(\frac{1}{E_e} + \frac{1}{E_b}\right) = \frac{(802 + 692.11) \times 10^3 \times 0.055}{0.35 \times 0.50} \times \left(\frac{10^{-6}}{449.14} + \frac{10^{-6}}{2\,000}\right) = 1.28 \times 10^{-3}(\text{m})$$

由结构力学可知,简支梁在均布荷载和跨中集中力作用下梁端转角分别为:$\dfrac{q_k l^3}{24EI}$,$\dfrac{P_k l^2}{16EI}$。

所以,梁端转角为:
$$\theta = \frac{P_k l^2}{16EI} + \frac{q_k l^3}{24EI}$$

设结构在自重作用下,主梁处于水平状态。按可变作用频遇值计算转角为:
$$\theta = \frac{P_k l^2}{16EI} + \frac{q_k l^3}{24EI} = \frac{337.72 \times 38.86^2}{16 \times 3.45 \times 10^{10} \times 0.8067} + \frac{10.5 \times 38.86^3}{24 \times 3.45 \times 10^{10} \times 0.8067}$$
$$= 2.07 \times 10^{-3}(\text{rad})$$

根据《公路钢筋混凝土及预应力混凝土桥涵设计规范》(JTG D62—2004)中 8.4.2 条的第 3 款规定,板式橡胶支座竖向平均压缩变形需满足以下条件:
$$\theta \frac{l_a}{2} \leqslant \delta_{c,m} \leqslant 0.07 t_e$$

其中:
$$\theta \frac{l_a}{2} = 2.07 \times 10^{-3} \times \frac{35}{2} = 0.036(\text{cm}) < \delta_{c,m} = 0.0881\text{cm}$$
$$0.07 t_e = 0.07 \times 3.8 = 0.266(\text{cm}) > \delta_{c,m} = 0.0881\text{cm}$$

符合规范要求。

(四) 支座抗滑稳定性验算

根据《公路钢筋混凝土及预应力混凝土桥涵设计规范》(JTG D62—2004)中 8.4.3 的规定,板式橡胶支座抗滑稳定性应符合下列规定。

不计汽车制动力时:

$$\mu R_{Gk} \geqslant 1.4 G_e A_g \frac{\Delta_l}{t_e}$$

计入汽车制动力时:

$$\mu R_{ck} \geqslant 1.4 G_e A_g \frac{\Delta_l}{t_e} + F_{bk}$$

式中:R_{Gk}——由结构自重引起的支座反力标准值(kN);

R_{ck}——由结构自重标准值和 0.5 倍汽车荷载标准值(计入冲击系数)引起的支座反力(kN);

F_{bk}——由汽车荷载引起的制动力标准值(kN);

A_g——支座平面毛截面(m^2);

μ——支座与混凝土表面的摩阻系数,取 0.3。

(1)不计汽车制动力时:

$$\mu R_{Gk} = 0.3 \times 802 = 240.6 (kN)$$

$$1.4 G_e A_g \frac{\Delta_l}{t_e} = 1.4 \times 1.0 \times 10^6 \times 0.35 \times 0.50 \times \frac{0.689}{3.8} = 44.42 (kN) < \mu R_{Gk} = 240.6 kN$$

(2)计入汽车制动力时:

$$\mu R_{ck} = 0.3 \times (802 + 0.5 \times 692.11) = 344.42 (kN)$$

$$1.4 G_e A_g \frac{\Delta_l}{t_e} + F_{bk} = 44.42 + 14 = 58.42 (kN) < \mu R_{ck} = 344.42 kN$$

均满足规范要求,支座不会发生相对滑动,最后决定用 GJZ(350×500×54mm)的板式橡胶支座。

二、栏杆计算

(一)栏杆构造及布置

本桥采用较为简单的钢筋混凝土栏杆,其构造布置见图 4-44。该栏杆由栏杆柱及上下扶手组成,栏杆柱间距为 2.7m。

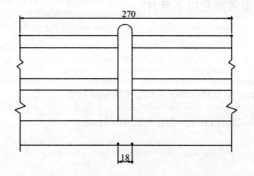
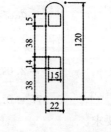

图 4-44 栏杆构造图(单位:cm)

(二)栏杆柱作用效应计算

以栏杆柱根部截面为例计算其作用效应。

1. 永久作用效应

扶手自重：
$$G_1 = 2 \times 0.15 \times 0.15 \times (2.70 - 0.18) \times 25 = 2.835 (\text{kN})$$

栏杆柱自重：
$$G_2 = 0.18 \times 0.22 \times 1.2 \times 25 = 1.188 (\text{kN})$$

栏杆柱根部截面以上永久作用产生的总轴向力：
$$G_3 = G_1 + G_2 = 2.835 + 1.188 = 4.023 (\text{kN})$$

2. 荷载效应

根据《公路桥涵设计通用规范》(JTG D60—2015)中 4.3.6 的第 4 款规定，计算人行道栏杆时，作用在栏杆柱顶上的水平推力标准值取 0.75kN/m，作用在栏杆扶手上的竖向力标准值取 1.0kN/m。

则荷载效应计算如下。

由于扶手两边对称，作用于扶手上的竖向力在栏杆根部产生轴向力 N_p，水平推力在栏杆根部截面形成剪力 V_p、弯矩 M_p，其大小为：

$$N_p = 1.0 \times 2.70 = 2.7 (\text{kN})$$
$$V_p = 0.75 \times 2.70 = 2.025 (\text{kN})$$
$$M_p = 0.75 \times 2.70 \times (1.2 - 0.15 - \frac{0.15}{2}) = 1.995 (\text{kN} \cdot \text{m})$$

3. 效应组合

栏杆柱根部截面 Ⅰ—Ⅰ 上，按承载能力极限状态基本组合的效应组合设计值为：

$$N_d = 1.2 \times 4.023 + 1.4 \times 2.7 = 8.608 (\text{kN})$$
$$V_d = 1.4 \times 2.025 = 2.835 (\text{kN})$$
$$M_d = 1.4 \times 1.995 = 2.793 (\text{kN} \cdot \text{m})$$

4. 栏杆柱的钢筋布置

栏杆柱采用 C30 混凝土，参照已有设计，栏杆柱受力钢筋采用 HPB300 热轧光圆钢筋 $\phi 12$，箍筋采用 HPB300 热轧光圆钢筋 $\phi 8$。

(三)栏杆柱承载能力复核

栏杆柱是一个偏心受压构件，其计算图式如图 4-45 所示。

按《公路钢筋混凝土及预应力混凝土桥涵设计规范》(JTG D62—2004)中 9.1.12 的规定，偏心受压构件全部纵向钢筋的配筋率不应小于 0.5%，一侧钢筋的配筋率不应小于 0.2%。在本示例栏杆柱中，全部纵向钢筋配筋率为：

$$\rho = \frac{4 \times \frac{\pi \times 12^2}{4}}{180 \times 220} = 1.14\% > 0.5\%$$

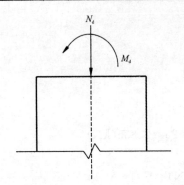 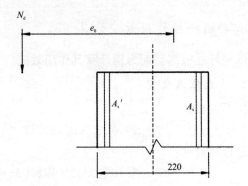

图 4-45 栏杆柱计算图式(单位:cm)

一侧钢筋的配筋率为：

$$\rho' = \frac{2 \times \frac{\pi \times 12^2}{4}}{180 \times 220} = 0.57\% > 0.2\%$$

均满足规范要求。

可先按大偏心受压构件计算。由所有的力对轴向力 N_d 作用点取距的平衡条件,得:

$$f_{cd}bx(e - h_0 + \frac{x}{2}) = \sigma_s A_s e - f'_{sd} A'_s e'$$

取 $\sigma_s = f_{sd}$,则公式为:

$$f_{cd}bx(e - h_0 + \frac{x}{2}) = f_{sd} A_s e - f'_{sd} A'_s e'$$

式中:f_{cd}——混凝土轴心抗压强度设计值,C30 混凝土 $f_{cd} = 13.8$ MPa;

A_s, A'_s——分别为受拉、受压钢筋面积,本示例采用对称配筋, $A_s = A'_s = 226.2$ mm²;

f_{sd}, f'_{sd}——分别为 A_s、A'_s 钢筋的抗拉强度、抗压强度设计值,本示例 A_s、A'_s 均采用 HPB300 钢筋, $f_{sd} = f'_{sd} = 250$ MPa。

$$e_0 = \frac{M_d}{N_d} = \frac{2.793 \times 10^6}{8.608 \times 10^3} = 324 \text{(mm)}$$

$$e = e_0 + \frac{h}{2} - a_s = 324 + 110 - 37 = 397 \text{(mm)}$$

$$e' = e_0 - \frac{h}{2} + a_s = 324 - 110 + 37 = 251 \text{(mm)}$$

$$h_0 = h - a_s = 220 - 37 = 183 \text{(mm)}$$

$$a_s = a'_s = 37 \text{(mm)}$$

$$b = 180 \text{(mm)}$$

将上述各项数值代入平衡式得:

$$13.8 \times 180 x (397 - 184 + \frac{x}{2}) = 250 \times 226.2 \times 397 - 250 \times 226.2 \times 251$$

整理得:

$$0.5x^2 + 213x - 3323.8 = 0$$

解得:

$$x = 15.07 \text{mm}$$

则：
$$\xi = \frac{x}{h_0} = \frac{15.07}{183} = 0.082 < \xi_b = 0.62$$

由于 $x < \xi_b h_0$，栏杆柱确实是大偏心构件。

同时，$x = 15.07 \text{mm} < 2a'_s = 2 \times 37 = 74 (\text{mm})$，说明受压钢筋离中和轴太近，构件破坏时受压钢筋的应力达不到抗拉强度设计值，这时正截面承载力可按下式近似计算得到：

$$\gamma_0 N_d e' \leq f_{sd} A_s (h_0 - a'_s)$$
$$f_{sd} A_s (h_0 - a'_s) = 250 \times 226.2 \times (183 - 37) = 8256.3 (\text{kN} \cdot \text{m}) > \gamma_0 N_d e'$$
$$= 1.1 \times 8.608 \times 251$$
$$= 2376.67 (\text{kN} \cdot \text{m})$$

计算结果表明，截面抗弯承载力是足够的。

（四）扶手计算

1. 扶手作用效应计算

按《公路桥涵设计通用规范》(JTG D60—2015)中4.3.6的第4款规定，计算人行道栏杆时，作用在扶手的水平推力标准值取0.75kN/m，作用在栏杆扶手上的竖向力标准值取1.0kN/m。

扶手可近似成两端简支在两根相邻栏杆柱上的简支梁，承受0.75kN/m水平推力产生的弯矩及1.0kN/m竖向力产生的竖向弯矩，是一个双向受弯的受弯构件。

简支在两根相邻栏杆柱上的扶手的计算跨径取栏杆柱间距，本算例为2.7m，见图4-46。则荷载产生的扶手跨中最大水平弯矩为：

$$M_{水} = \frac{0.75}{8} \times 2.7^2 = 0.6834 (\text{kN} \cdot \text{m}) = 68.34 \times 10^4 (\text{N} \cdot \text{mm})$$

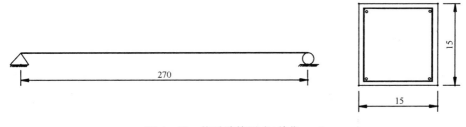

图4-46 扶手计算图式（单位：cm）

扶手跨中竖向弯矩为：
$$M_{竖} = \frac{1.0}{8} \times 2.7^2 = 0.9113 (\text{kN} \cdot \text{m}) = 91.13 \times 10^4 (\text{N} \cdot \text{mm})$$

扶手自重产生的跨中竖向弯矩为：
$$M_G = 0.15 \times 0.15 \times 1 \times 25 \times 2.7^2 / 8 = 0.5126 (\text{kN} \cdot \text{m}) = 51.26 \times 10^4 (\text{N} \cdot \text{mm})$$

效应组合如下。

扶手跨中竖向弯矩按承载能力极限状态基本组合的效应组合设计值为：

$$1.2\times51.26\times10^4+1.4\times91.13\times10^4=189.09\times10^4(\text{N}\cdot\text{mm})$$

扶手跨中水平弯矩按承载能力极限状态基本组合的效应组合设计值为：

$$1.4\times68.34\times10^4=95.68\times10^4(\text{N}\cdot\text{mm})$$

2. 扶手承载能力复核

本算例扶手设计成边长 0.15m 的正方形截面，材料为混凝土 C30。扶手承载能力应按竖向及水平方向分别予以复核，但由于扶手配筋在两个方向是相同的，所以只要就最不利的一个方向进行复核即可。

首先验算配筋率：

$$h_0=150-35=115(\text{mm})$$

$$A_s=2\times\frac{\pi\times12^2}{4}=226.2(\text{mm}^2)$$

$$b=150\text{mm}$$

$$\rho_{\min}=0.2\%\text{ 或 }\rho_{\min}=45\frac{f_{td}}{f_{sd}}=\frac{45\times1.39}{250}=0.25\%$$

$$\rho=\frac{A_s}{bh_0}=\frac{226.2}{150\times115}=0.0131=1.31\%>\rho_{\min}=0.2\%$$

混凝土受压高度：

$$x=\frac{f_{sd}A_s}{f_{cd}b}=\frac{250\times226.2}{13.8\times150}=27.32(\text{mm})<\xi_b h_0=0.62\times115=71.3(\text{mm})$$

截面能承受的弯矩设计值为：

$$M_{sd}=f_{cd}bx(h_0-\frac{x}{2})=13.8\times150\times27.32\times(115-\frac{27.32}{2})=573\times10^4(\text{N}\cdot\text{mm})$$

$$M_{ud}>\gamma_0 M_d=1.1\times189.09\times10^4=208.0\times10^4(\text{N}\cdot\text{mm})（竖向弯矩）$$

$$M_{ud}>\gamma_0 M_d=1.1\times95.68\times10^4=105.25\times10^4(\text{N}\cdot\text{mm})（水平向弯矩）$$

计算结果表明，扶手截面抗弯承载能力是足够的。

三、人行道板计算

该桥面人行道板采用预制板，每块板的尺寸为 123cm×100cm，板厚 0.08m，下缘配置直径 10mmHPB300 钢筋，间距为 20cm，混凝土等级为 C30。人行道的横断面构造见图 4-47。

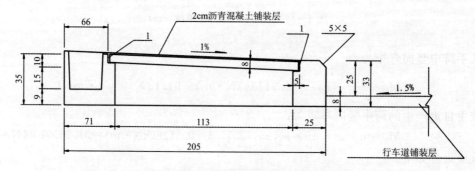

图 4-47 人行道横断面图（单位：cm）

(一)截面内力计算

1. 截面内力

先计算简支板的跨中和支点剪力。根据《公路钢筋混凝土及预应力混凝土桥涵设计规范》(JTG D62—2004)中的 4.1.2,简支板的计算跨径应为两支撑中心之间的距离,$l=1.21\text{m}$。

板自重:
$$g_1 = 25 \times 1.0 \times 0.08 = 2.0 (\text{kN} \cdot \text{m})$$

人行道铺装:
$$g_2 = 23 \times 1.0 \times 0.02 = 0.46 (\text{kN} \cdot \text{m})$$

合计:
$$g = g_1 + g_2 = 2.46 (\text{kN} \cdot \text{m})$$

由自重荷载产生的跨中截面的弯矩和支点剪力为:

$$M_G = \frac{1}{8} \times (g_1 + g_2) \times l^2$$
$$= \frac{1}{8} \times (2.0 + 0.46) \times 1.21^2$$
$$= 0.45 (\text{kN} \cdot \text{m})$$

$$V_G = \frac{1}{2} \times (g_1 + g_2) \times l$$
$$= \frac{1}{2} \times (2.0 + 0.46) \times 1.21$$
$$= 1.49 (\text{kN})$$

依据《公路桥涵设计通用规范》(JTG D60—2015)中 4.3.6 的第 3 款规定,人群荷载标准值取 4.0kN/m^2。

由人群荷载标准值产生的跨中截面的弯矩和支点剪力为:

$$M_Q = \frac{1}{8} q l^2 = \frac{1}{8} \times 4.0 \times 1.21^2 = 0.73 (\text{kN} \cdot \text{m})$$

$$V_Q = \frac{1}{2} q l = \frac{1}{2} \times 4.0 \times 1.21 = 2.42 (\text{kN})$$

2. 效应组合

荷载组合见表 4-52。

表 4-52 荷载组合表

组合	位置	跨中截面弯矩(kN·m)	支点剪力(kN)
组合	恒载	0.45	1.49
	活载	0.73	2.42
基本组合	1.2恒+1.4汽车	1.56	5.18
频遇组合	恒+0.7活载/(1+μ)	0.96	—
准永久组合	恒+0.4活载/(1+μ)	0.74	

(二)截面承载力验算

1. 截面抗弯承载力验算

人行道板的截面配筋如图 4-48 所示。

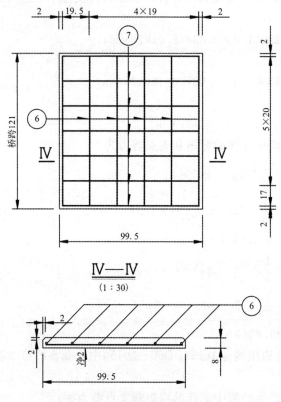

图 4-48 人行道配筋图(单位:cm)

取结构重要性系数 $\gamma_0 = 1.1$,则得:
$$\gamma_0 M_d = 1.72 \text{kN} \cdot \text{m}$$

按给定材料查得:$f_{cd} = 13.8\text{MPa}$,$f_{td} = 1.39\text{MPa}$,$f_{sd} = 250\text{MPa}$,$\xi_b = 0.62$,受拉钢筋直径为 10mm,间距 20cm,每米板宽范围内提供的钢筋截面面积 $A_s = 353.25\text{mm}^2$,板宽 $b = 1000\text{mm}$,板的有效高度 $h_0 = 80 - 20 = 60\text{mm}$。

截面的配筋率为:
$$\rho = A_s / bh_0 = 353.25/1000 \times 60 = 0.00589 > \rho_{\min} = 0.45 \times \frac{1.39}{250} = 0.0025$$

受压区高度为:
$$x = f_{sd} A_s / f_{cd} b = 250 \times 353.25/13.8 \times 1000 = 6.40 (\text{mm}) \leqslant \xi_b h_0 = 0.62 \times 60 = 37.2 (\text{mm})$$

截面所能承受的弯矩组合设计值为:
$$M_{du} = f_{cd} \times b \times x(h_0 - x/2) = 13.8 \times 1000 \times 6.40 \times (60 - 6.40/2) = 5.017 (\text{kN} \cdot \text{m})$$
$$> \gamma_0 M_d = 1.72 \text{kN} \cdot \text{m}$$

满足要求。

2. 截面抗剪承载力验算

根据《公路钢筋混凝土及预应力混凝土桥涵设计规范》(JTG D62—2004)中5.2.9和5.2.10的规定,截面有效高度$h_0=80-20=60$(mm)。

1)矩形截面设受弯构件,其抗剪应符合下列要求:

$$\gamma_0 V_d = 0.51 \times 10^{-3} \sqrt{f_{cu,k}} bh_0 (kN)$$

$$0.51 \times 10^{-3} \sqrt{f_{cu,k}} bh_0 = 0.51 \times 10^{-3} \sqrt{30} \times 1000 \times 60$$
$$= 167.60(kN) \geqslant \gamma_0 V_d = 1.1 \times 5.18 = 5.70(kN)$$

矩形截面抗剪满足要求。

2)矩形截面受弯构件,当符合$\gamma_0 V_d = 0.5 \times 10^{-3} \alpha_2 f_{td} bh_0$时,可不进行斜截面抗剪承载力的验算。若:

$$0.5 \times 10^{-3} \alpha_2 f_{td} bh_0 = 0.5 \times 10^{-3} \times 1 \times 1.39 \times 1000 \times 60$$
$$= 41.7(kN) \geqslant \gamma_0 V_d = 1.1 \times 5.18 = 5.70(kN)$$

则可不进行斜截面抗剪承载力的验算。

(三)裂缝宽度验算

人行道板的裂缝宽度允许值为0.2mm。按《公路钢筋混凝土及预应力混凝土桥涵设计规范》(JTG D62—2004)中6.4.3和6.4.4的规定,矩形截面混凝土受弯构件的最大裂缝宽度为:

$$W_{tk} = C_1 C_2 C_3 \frac{\sigma_{ss}}{E_s}\left(\frac{30+d}{0.28+10\rho}\right)$$

$$\rho = \frac{A_s}{bh_0}$$

$$\sigma_{ss} = \frac{M_s}{0.87 A_s h_0}$$

跨中截面(截面下缘每米配6φ10):

$$\sigma_{ss} = \frac{M_s}{0.87 A_s h_0} = \frac{0.96 \times 1000}{0.87 \times 353.25 \times 0.06} = 52.06 \text{MPa}$$

$$\rho = \frac{A_s}{bh_0} = \frac{353.25}{1000 \times 60} = 0.0059(且小于0.006,取0.006)$$

$$C_2 = 1 + 0.5 \frac{N_l}{N_s} = 1 + 0.5 \times \frac{0.74}{0.96} = 1.385$$

$$W_{tk} = C_1 C_2 C_3 \frac{\sigma_{ss}}{E_s}\left(\frac{30+d}{0.28+10\rho}\right)$$
$$= 1.4 \times 1.385 \times 1.15 \times \frac{52.06}{2 \times 10^5} \times \left(\frac{30+10}{0.28+10 \times 0.006}\right)$$
$$= 0.0683 \text{mm} \leqslant 0.2 \text{mm}$$

裂缝验算满足要求。

本章桥梁结构计算所需的主要图纸见图4-49~图4-55。

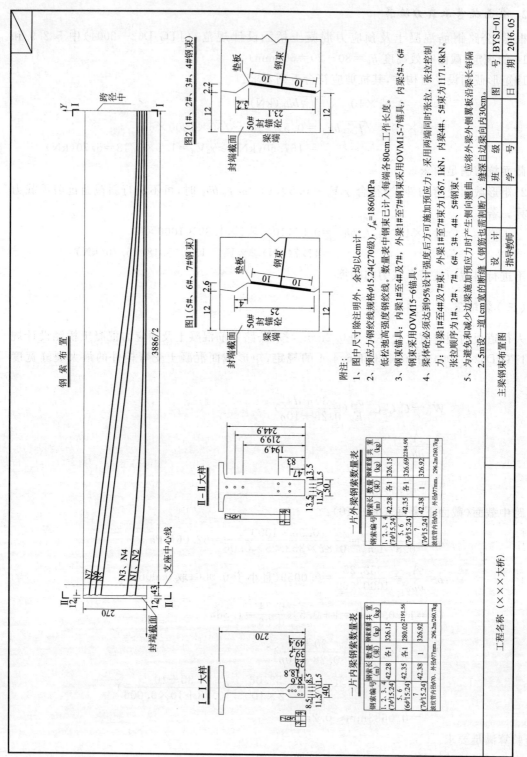

图 4-49 主梁钢束布置图

第四章 设计示例1:PC简支T梁桥设计

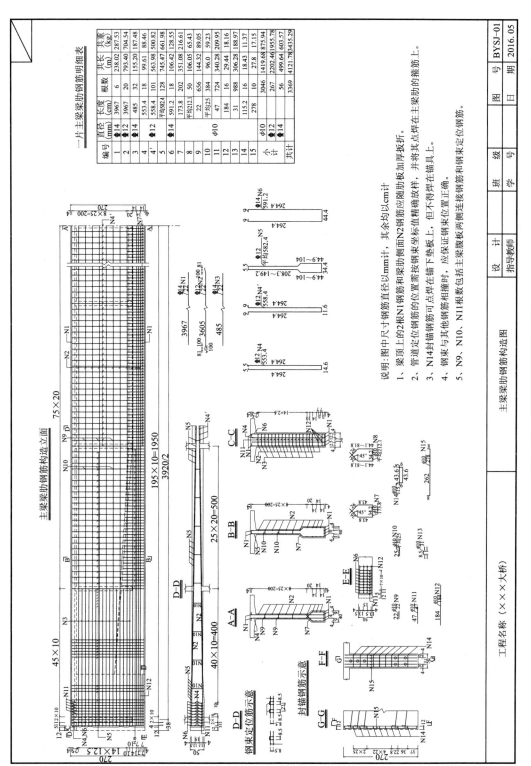

图 4-50 主梁梁肋钢筋构造图

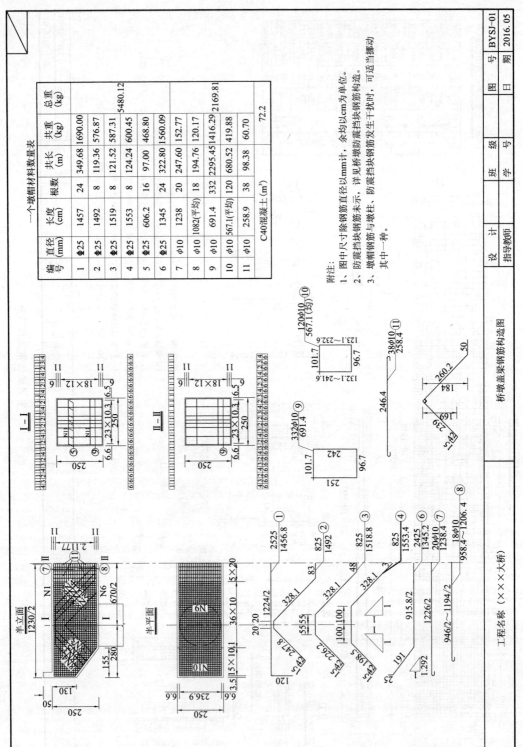

图 4-51 桥墩盖梁钢筋构造图

第四章 设计示例1:PC简支T梁桥设计

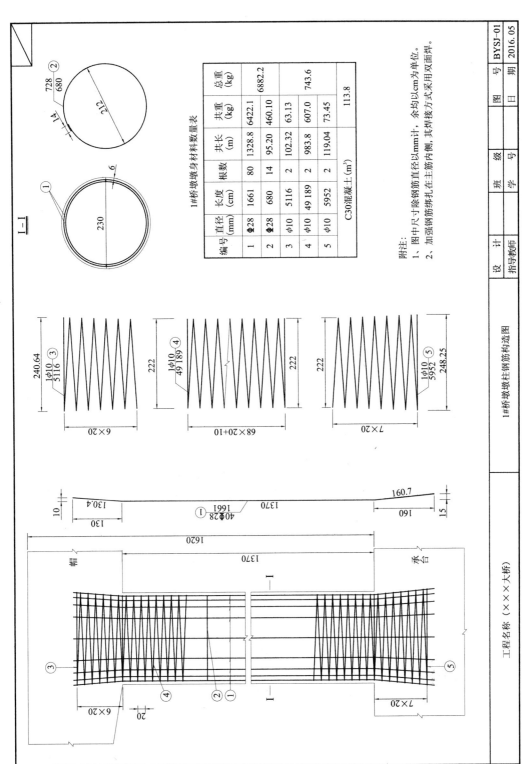

图4-52 1#桥墩墩柱钢筋构造图

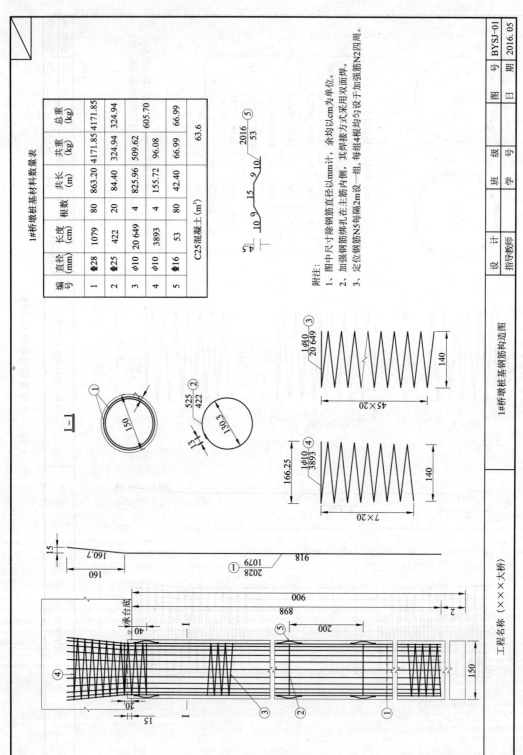

图 4-53 1#桥墩桩基钢筋构造图

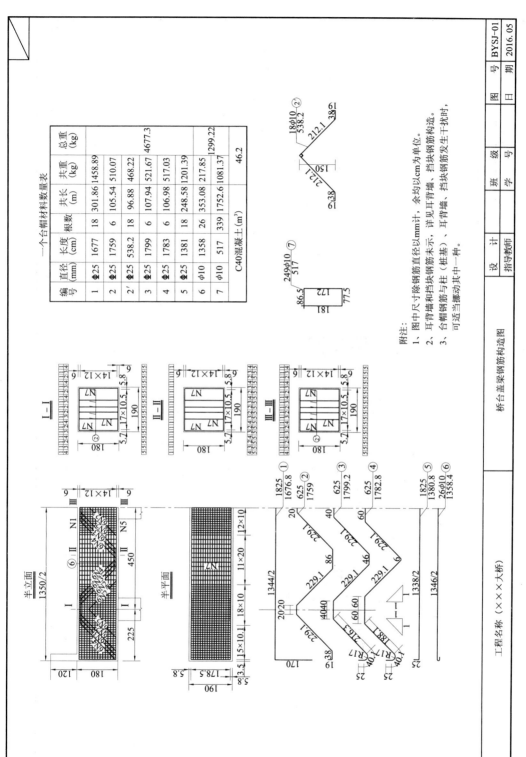

图 4-54 桥台盖梁钢筋构造图

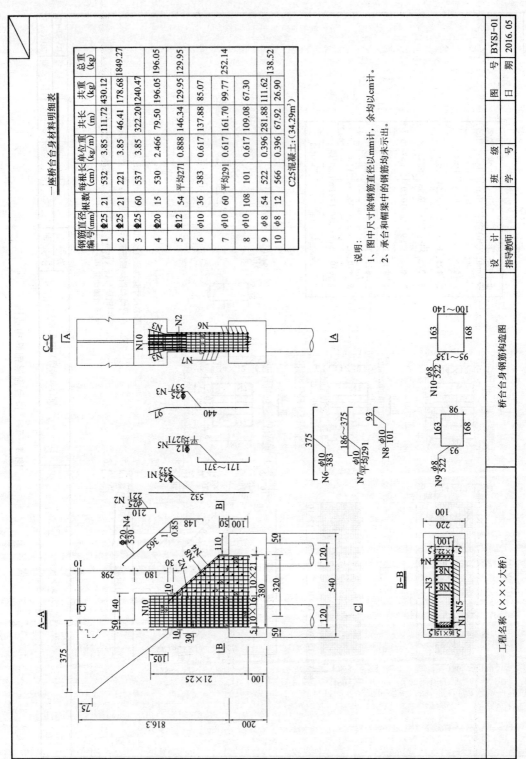

图 4-55 桥台台身钢筋构造图

第五章 设计示例 2:PC 连续箱梁桥设计

第一节 桥梁基本资料

一、设计资料

(一)地理位置及设计参数

该桥位于武汉市左岭至鄂州花湖公路葛店大道的一座分离式立体交叉桥,交叉桩号 K3+640.428,交叉角度为 83°,设计高程 30m。

该桥全长 78.5m,上部构造采用(22+27.5+22)m 一联预应力混凝土连续箱梁;下部构造桥墩采用双柱墩配钻孔桩基础,桥台采用肋板台配钻孔桩基础,桥孔按正交错孔布设。

(二)技术标准

(1)道路等级:高速公路。
(2)设计车速:100km/h。
(3)设计荷载:公路-Ⅰ级,人群 $3.0kN/m^2$。
(4)桥面宽度:2×[0.5m(防撞栏)+11.5m(路面宽)+0.75m(波形护栏杆)+0.25m(分隔带)]=26m。
(5)设计洪水频率:1/100。
(6)地震烈度:6 度,按 7 度设防。
(7)高程系统:黄海高程系统。
(8)坐标系统:北京坐标系统。
(9)环境类别:Ⅰ类。
(10)设计使用年限:100 年。

二、主要材料

(1)混凝土:C50 钢筋混凝土箱梁;C30 墩、台帽、肋板、耳背墙;C25 桩、系梁、承台、配筋扩大基础;C30 桥头搭板。

(2)普通钢筋:直径大于12mm者,采用Ⅲ级螺纹钢筋;直径小于12mm者,采用Ⅰ级圆钢筋,钢筋必须符合《钢筋混凝土用钢第1部分:热轧光圆钢筋》(GB 1499.1—2008)和《钢筋混凝土用钢第2部分:热轧带肋钢筋》(GB 1499.2—2007)的规定。

(3)支座及伸缩缝:0#桥台和3#桥台处各设一道D80伸缩缝;0#、3#桥台处(单幅)设置GPZ(Ⅱ)2DX和GPZ(Ⅱ)2SX支座各一个,1#桥墩处(单幅)设置GPZ(Ⅱ)4GD支座及GPZ(Ⅱ)4DX支座各一个,2#桥墩处(单幅)设置GPZ(Ⅱ)4DX支座及GPZ(Ⅱ)4SX支座各一个。

(4)预应力筋:使用低松弛高强钢绞线,其标准强度为1860MPa,直径为15.2mm,公称截面积为140mm^2,并采用OVM锚固体系。

三、设计规范

《公路工程技术标准》(JTG B01—2014)
《公路桥涵设计通用规范》(JTG D60—2015)
《公路钢筋混凝土及预应力混凝土桥涵设计规范》(JTG D62—2004)
《公路桥涵地基与基础设计规范》(JTG D63—2007)
《公路桥涵施工技术规范》(JTG/T F50—2011)
《公路桥梁抗风设计规范》(JTG-T D60-01-2004)
《公路工程抗震设计细则》(JTG/T B02-01-2008)
《公路桥梁板式橡胶支座》(JT/T 4—2004)
《公路桥梁伸缩装置》(JT/T 327—2004)

四、基本计算数据

上部结构基本计算数据见第四章表4-1。

第二节 桥型布置图

一、桥型的总体布置

根据基本设计资料,主桥采用(22+27.5+22)m一联预应力混凝土连续箱梁,桥面铺装10cm厚沥青混凝土,其下铺设防水层;下部结构桥墩采用双柱墩配钻孔桩基础,桥台采用肋板台配钻孔桩基础。所有墩台顶均设置盆式橡胶支座。其桥型立面布置如图5-1所示。

二、桥跨结构剖面图

桥梁全宽26m,横桥向为双幅单箱双室混凝土箱形截面,箱梁顶板宽度为12.75m,顶板厚

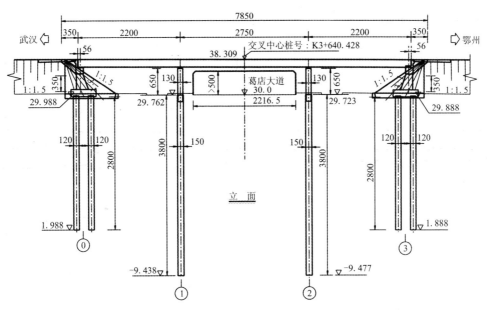

图 5-1 桥型立面布置图(单位:cm)

度考虑到桥面板横向弯矩要求(受横载、活载、日照温差等影响)和布置纵横预应力钢筋束要求的影响,跨中截面取 25cm,支点截面取 45cm。悬臂长度为 250cm,根部厚 40cm,端部厚 18cm。具体尺寸见图 5-2。

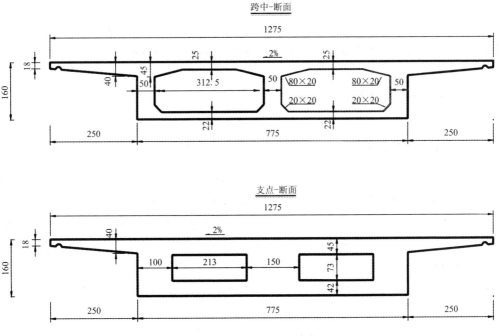

图 5-2 桥跨结构剖面图(单位:cm)

三、主梁立面图

主梁的半立面图如图 5-3 所示。

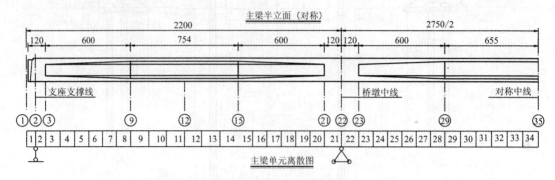

图 5-3　主梁立面及单元离散图（单位：cm）

本桥主梁为对称结构,本图只示意出一半,主梁单元共离散成 68 个单元,69 个节点,圆圈内数字表示节点编号,仅将验算截面处编号标示出来,与后续章节的验算表格中的验算结果对应。

第三节　上部结构计算

本章全部采用专业软件 MIDAS CIVIL 进行电算,主要内容是针对上部主梁进行结构内力分析及验算,下部结构及附属工程计算方法可参考第四章相关内容。

一、模型和施工段划分

（一）MIDAS 模型

预应力混凝土连续梁桥,属于超静定结构,要精确分析它的真实受力,如果采用人工手算,运算量相当大,并且精度很难达到要求,本次设计的内力分析计算采用 MIDAS/CIVIL 2015 完成。MIDAS 是一款桥梁分析专用有限元软件,用于施工阶段和使用阶段的模拟分析。通过此软件可进行恒载内力、活载内力等结构内力的计算,并可依据规范进行相应的结构验算。

1. 单元划分

根据该桥梁构造特点,共划分 68 个单元,其中边跨 2×21 个,中跨 1×26 个(图 5-4)。

2. 荷载信息

桥梁在建立的过程中,需输入施工荷载和使用荷载,以模拟实际桥梁受力状况。

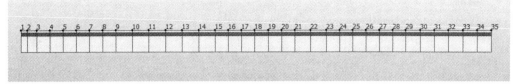

图 5-4 梁单元节点编号图(1/2 梁段)

1)施工荷载
(1)一期恒载:主要包括结构自重。
(2)二期恒载:包括桥面铺装、人行道板及栏杆等的重量。
(3)预应力:锚固于梁内的预应力钢束的张拉应力。
2)使用荷载
结构在使用阶段的荷载包括车道荷载(公路-Ⅰ级)、人群荷载、升温和降温温差、温度梯度、收缩徐变、支座不均匀沉降等。
根据建立的模型,利用 MIDAS/CIVIL 2015 对结构进行计算,可得到各截面内力值。

(二)施工阶段划分

表 5-1 施工阶段划分

阶段	所做工作	参与单元
1	箱梁浇筑(60d)	全部单元
2	预应力筋张拉(5d)	全部单元
3	二期恒载(20d)	全部单元
4	考虑收缩续变、温度和支座沉降影响(3000d)	全部单元

(三)建模过程

1. 定义材料和截面

1)定义材料
下面定义模型中所使用的混凝土和钢束的材料特性(图 5-5)。
- 【模型】/【材料和截面特性】/【材料】。
- 类型:混凝土。
- 规范:JTG04(RC)。
- 数据库:C50。
- 名称:C50。
- 单击回车键。
- 名称:钢绞线。

- 类型：钢材。
- 规范：JTG04(S)。
- 数据库：Strand1860。

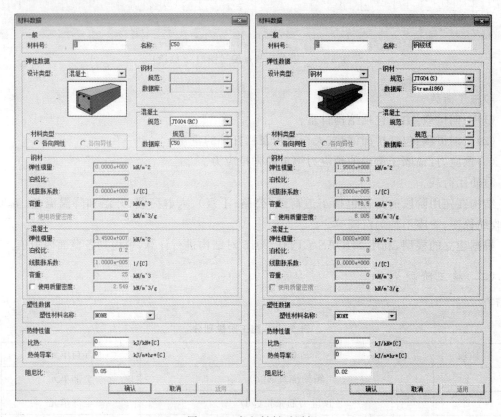

图 5-5 定义材料对话框

2)定义截面

本示例预应力混凝土连续梁采用的是箱形截面，可以使用截面数据库中的设计截面来定义。首先定义控制位置的一般截面，然后再使用一般截面定义变截面（图5-6～图5-9）。

- 【模型】/【材料和截面特性】/【截面/添加】。
- 【截面类型】/【设计截面】/【单箱双室】。
- 截面号：1。
- 名称：截面1。
- 根据已定义的等截面定义变截面。
- 【模型】/【材料和截面特性】/【截面/添加】。
- 【截面类型】/【变截面】/【单箱双室】。
- 截面号：3。
- 名称：1-2。
- 偏心：中—上部。
- 截面I、J端通过导入已经定义的跨中截面和支点截面来定义。

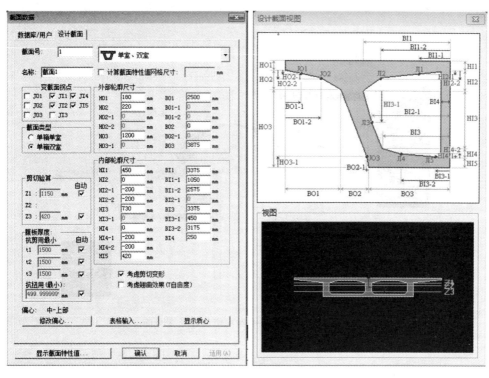

图 5-6 定义跨中位置处截面

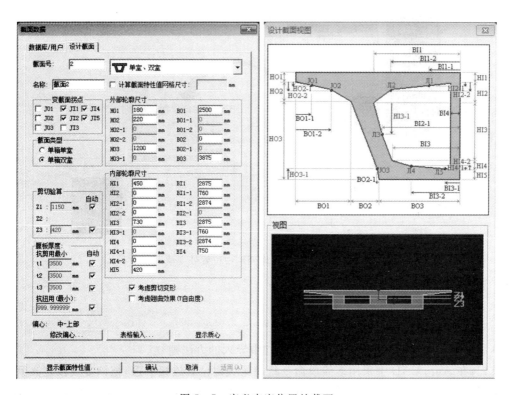

图 5-7 定义支座位置处截面

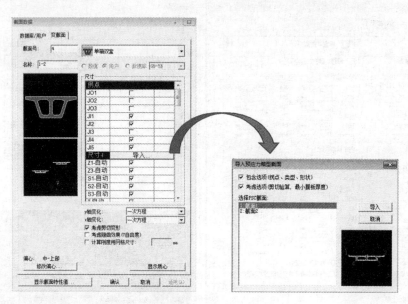

图 5-8 定义从跨中到支座位置处变截面

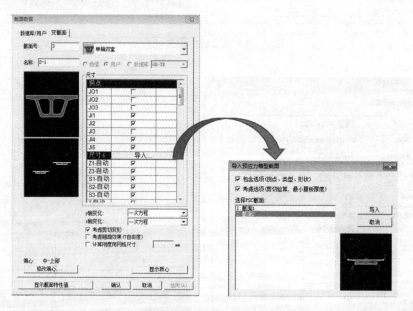

图 5-9 定义从支座到跨中位置处变截面

2. 建立结构模型

1) 节点和单元建立

本示例节点和单元采用从 AutoCAD 文件中导入的方法建立。

首先,在 AutoCAD 中采用多线段命令将箱梁关键位置连接一遍,把该多线段定义到一个新的图层(作者将它放在了 zl 图层),将坐标原点移至多线段起点,再将 AutoCAD 文件以 dxf 格式保存(注:MIDAS 只能导入 AutoCAD DXF 文件)。

在 MIDAS 中进行如下操作(图 5-10)。
- 【文件】/【导入】/【AutoCAD DXF 文件】。
- DXF 文件名:mx.dxf。
- 选择的层:zl。
- 【确认】。

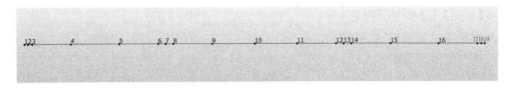

图 5-10　从 CAD 中导入的节点和单元

2)单元分配

将所对应的截面分配给相应的单元。

在右侧的树形菜单中选择相应截面,点击鼠标右键【选择】,在图形界面中选择对应的单元,再在右侧的树形菜单中选择刚才选择的截面,点击鼠标右键【分配】。

3)节点和单元的分割与重新编号

由于导入的单元部分尺寸较大,需要对它进行分割和重新编号,以保证结果更加精确(图 5-11、图 5-12)。

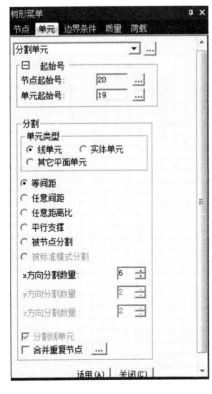

图 5-11　单元分割

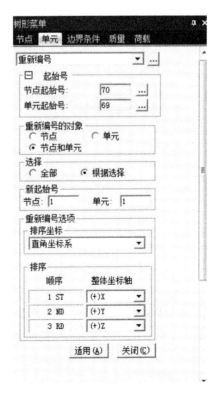

图 5-12　节点和单元重新编号

- 【单元】/【分割单元】。
- 单元类型:线单元。
- 等间距。
- X方向分割数量:6。
- 选择分割单元。
- 【适用】。
- 【单元】/【重编单元号】。
- 重新编号对象:节点和单元。
- 选择全部节点和单元。
- 【适用】。

3. 输入边界条件

本示例为连续梁桥,采用固定支座和活动支座两种类型(图5-13、图5-14)。

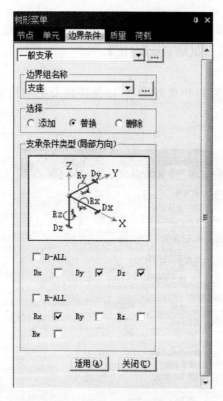
图5-13 一般支承类型1

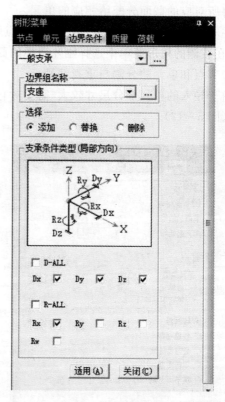
图5-14 一般支承类型2

- 【模型】/【边界条件】/【一般支承】。
- 边界组名称:支座(注:如果先前没有定义边界组,可点击边界组名称右侧【...】,添加边界组)。
- 选项:添加。
- 支承条件类型:Dy、Dz、Rx。

- 选择节点22。
- 【适用】。
- 支承条件类型:Dx、Dy、Dz、Rx。
- 选择节点2、48、68。
- 【适用】。

4. 输入非预应力钢筋

非预应力钢筋主要是在截面管理器中输入受力钢筋和抗剪钢筋数量,而钢筋的等级则在PSC设计材料中输入(图5-15)。

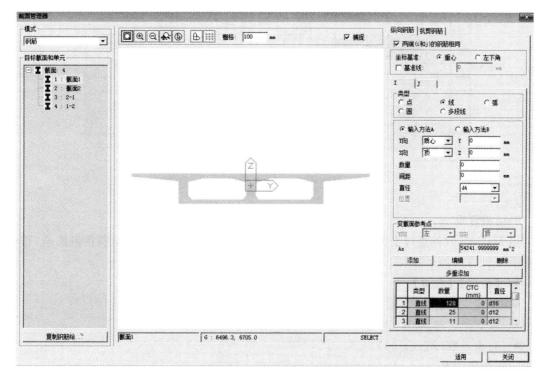

图5-15 非预应力钢筋输入

- 【模型】/【材料和截面特性】/【截面管理器】/【钢筋】。
- 【纵向钢筋】。
- 类型:线。
- 选择输入点位置,钢筋数量、间距和直径。
- 【添加】。
- 【抗剪钢筋】。
- 输入相应钢筋参数。

5. 输入静力荷载

1)定义荷载工况

在输入静力荷载前应先定义相应的荷载工况(图5-16)。

- 【荷载】/【静力荷载工况】。
- 填写荷载名称、工况、类型。
- 【添加】。

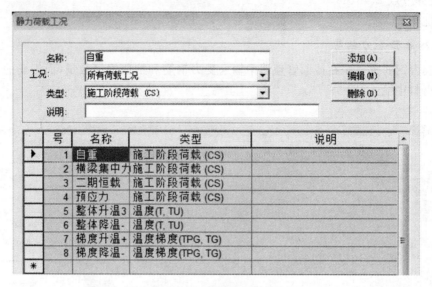

图 5-16　静力荷载工况

2)结构自重

用 MIDAS 软件进行受力分析时,程序会自动计算箱梁自重,为考虑钢筋重量影响,箱梁自重沿 Z 轴方向的系数取 1.04,使用自重功能输入自重荷载(图 5-17)。

- 【荷载】/【自重】。
- 荷载工况名称:自重。
- 荷载组名称:自重。
- 自重系数:$Z(-1.04)$。

3)横梁集中力

考虑到使用 MIDAS 软件在箱梁实心截面与空心截面接触位置会产生应力集中现象,故在箱梁实心截面采用空心截面代替,减少的截面自重用均布荷载等效替代(图 5-18)。

- 【荷载】/【梁单元荷载】。
- 荷载工况名称:横梁集中力。
- 荷载组名称:集中力。
- 选项:添加。
- 荷载类型:均布荷载。
- 偏心:关。
- 方向:整体坐标系 Z。
- 数值:相对值 $X1=0, X2=0, X3=-80.67 kN/m$。
- 选择单元:1、2、21、22、47、48、67、68。
- 【适用】。

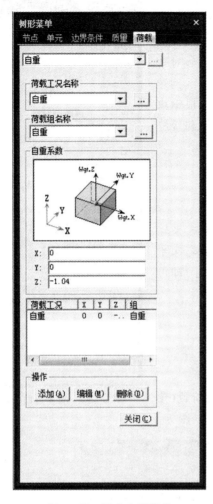

图 5-17 输入自重荷载

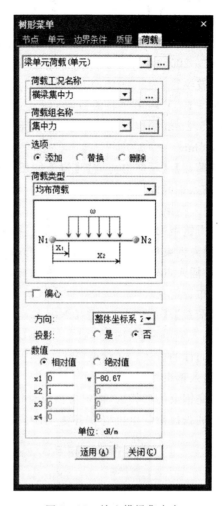

图 5-18 输入横梁集中力

4）二期恒载（图 5-19）
- 【荷载】/【梁单元荷载】。
- 荷载工况名称：二期恒载。
- 荷载组名称：二期恒载。
- 选项：添加。
- 荷载类型：均布荷载。
- 偏心：关。
- 方向：整体坐标系 Z。
- 数值：相对值 $X1=0, X2=0, X3=-43.27 \text{kN/m}$。
- 选择单元：1to68。
- 【适用】。

5)预应力

(1)输入钢束特征值。

根据《公路钢筋混凝土及预应力混凝土桥涵设计规范》(JTG D62—2004)中 6.2.2、6.2.3、6.2.6 的相关规定,对于预埋塑料波纹管 $k=0.0015$,对应钢绞线 $\mu=0.25$,本示例选取的 SBG-100Y 圆形塑料波纹管直径为 116mm,每根钢束由 19 根 15.2mm 的钢绞线组成,锚具变形、钢筋回缩和接缝压缩值取 6mm。

- 【荷载】/【预应力荷载】/【钢束特征值】。
- 输入钢绞线参数(图 5-20)。

(2)输入钢束形状。

预应力钢束布置可以通过二维或三维的输入方式来输入,通过输入钢束形状主要控制点坐标和预应力钢筋弯起半径,并输入插入点坐标(预应力钢筋坐标参考位置坐标)即可完成钢束布置定义。

- 【荷载】/【预应力荷载】/【钢束布置形状】。
- 输入钢束参数(图 5-21)。

依据同样的方法定义钢束形状。

(3)输入钢束预应力荷载。

定义完钢束的形状后,再定义预应力钢束的张拉荷载(预应力钢束的张拉荷载也可以在各施工阶段施加荷载)(图 5-

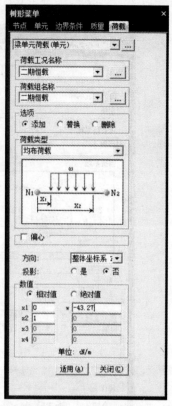

图 5-19 输入二期恒载

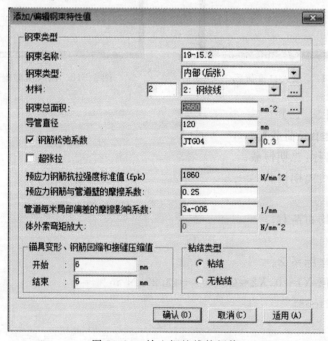

图 5-20 输入钢绞线特征值

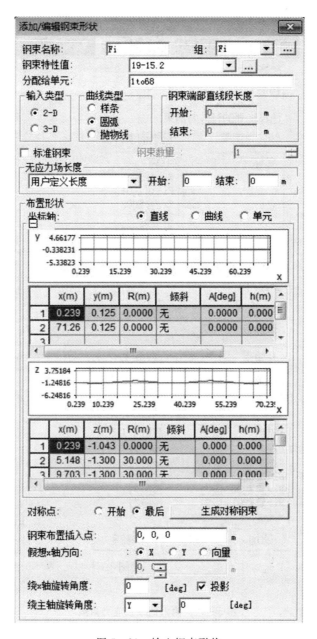

图 5-21 输入钢束形状

22)。按《公路钢筋混凝土及预应力混凝土桥涵设计规范》(JTG D62—2004)中 6.1.3 的规定采用,本示例张拉端锚下控制应力取 1395MPa。

- 【荷载】/【预应力荷载】/【钢束预应力荷载】。
- 输入各项参数(图 5-22)。

6)温度荷载

(1)系统温度(图 5-23、图 5-24)。

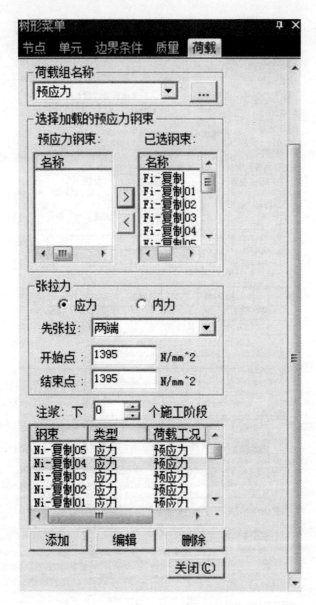

图 5-22 输入钢束预应力荷载

- 【荷载】/【温度荷载】/【系统温度】。
- 荷载工况名称：整体升温 30℃。
- 荷载组名称：整体升温。
- 最终温度：30℃。
- 【添加】。
- 按相同的方法定义整体降温。

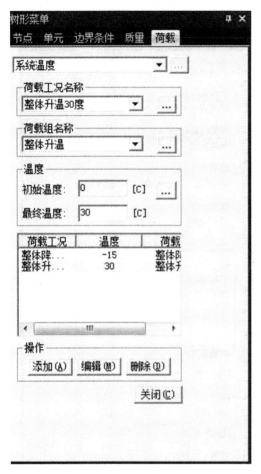

图 5-23 输入系统温度——整体升温 30℃

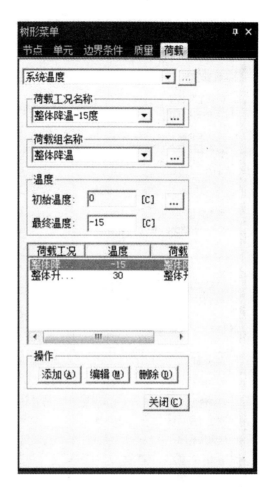

图 5-24 输入系统温度——整体降温 15℃

(2)局部温度效应(图 5-25、图 5-26)。
- 【荷载】/【温度荷载】/【梁截面温度】。
- 荷载工况名称:梯度升温 14℃。
- 荷载组名称:梯度升温。
- 选项:添加。
- 截面类型:PSC 截面。
- 参考:顶。
- B:截面。
- H1:0.1m。
- H2:0.4m。
- 【添加】。
- 按相同的方法定义梁截面降温。

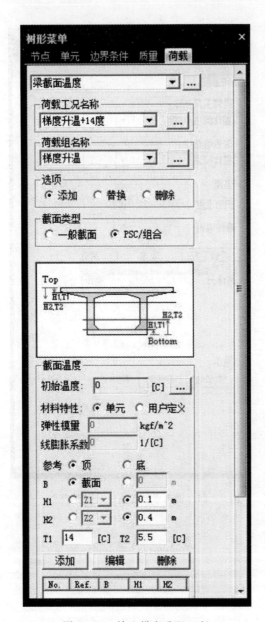

图 5-25 输入梯度升温 15℃   图 5-26 输入梯度降温 7℃

6. 输入移动荷载数据

1)选择移动荷载规范

MIDAS 中提供了很多国家的移动荷载规范,本示例采用中国规范。

- 【荷载】/【移动荷载数据分析】/【移动荷载规范/China】。

2)定义车道(图 5-27~图 5-29)

- 【荷载】/【移动荷载数据分析】/【车道】。
- 车道名称:左车道。

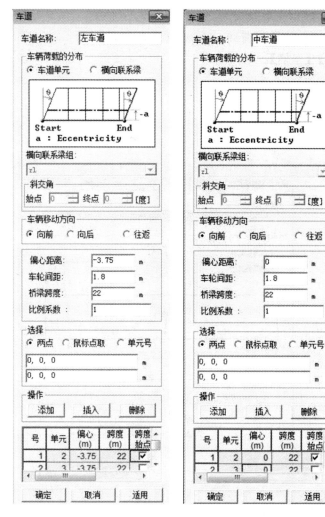

图 5-27 定义左车道   图 5-28 定义中车道   图 5-29 定义右车道

- 车道荷载的分布:车道单元。
- 车辆移动方向:向前。
- 偏心距离:-3.75m。
- 车轮间距:1.8m。
- 桥梁跨度:22m。
- 选择:两点(2,22)。
- 桥梁跨度:27.5m。
- 选择:两点(22,48)。
- 桥梁跨度:22m。
- 选择:两点(48,68)。
- 跨度始点:单元2(开)单元22(开)单元48(开)。
- 【添加】。
- 按相同方法定义中、右车道。

3) 定义车辆

在 MIDAS 中可以输入数据库中的标准车辆荷载 CH-CD(图 5-30)。

- 【荷载】/【移动荷载分析数据】/【车辆】。
- 【车辆】/【添加标准车辆】。
- 【定义标准车辆荷载】。
- 规范名称:公路工程技术标准(JTG B01—2014)。
- 车辆荷载名称:CH-CD。

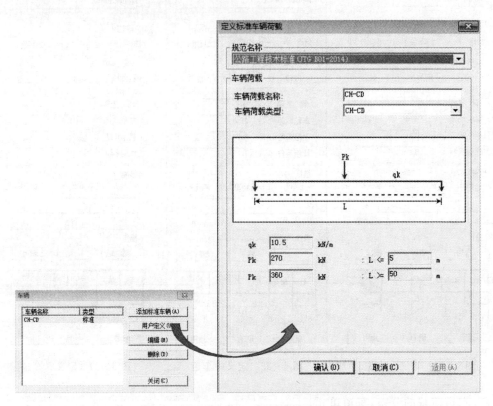

图 5-30 输入车辆荷载

4) 移动荷载工况

定义了车道和车辆荷载后,将车道与车辆荷载联系起来就是移动荷载工况定义。在移动荷载子工况中选择车辆类型和相应的车道,对于多个移动荷载子工况在移动荷载工况定义中选择作用方式(组合或单独),对于横向车道折减系数程序会自动考虑(图 5-31)。

- 【荷载】/【移动荷载数据分析】/【移动荷载工况】/【添加】。
- 荷载工况名称:公路-Ⅰ级。
- 规范类型:JTG B01—2014。
- 【子荷载工况】/【添加】。
- 车辆组:VL:CH-CD。
- 系数:0.78(荷载横向分布系数)。
- 可以加载的最小车道数:0。

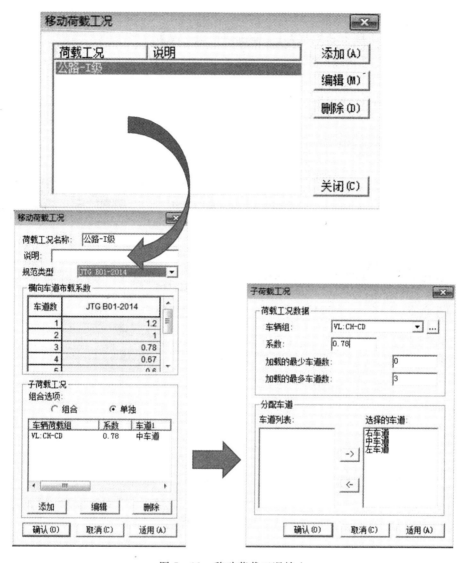

图 5-31 移动荷载工况输入

- 可以加载的最大车道数:3。
- 车道列表:左车道、中车道、右车道→选择的车道列表:左车道、中车道、右车道。

7. 输入支座沉降数据

1)定义支座沉降组

本示例定义了4个支座沉降组(图 5-32)。

- 【荷载】/【支座沉降分析数据】/【支座沉降组】。
- 组名称:1。
- 沉降量:-0.005m。
- 节点列表:22。
- 【添加】。

- 按上述方法定义其他支座沉降组。

2)定义支座沉降荷载工况(图5-33)
- 【荷载】/【支座沉降分析数据】/【支座沉降荷载工况】。
- 荷载工况名称：支座沉降1。
- 支座沉降组选择2。
- Smin:1;Smax:1。
- 【添加】。
- 按上述方法定义其他支座荷载工况。

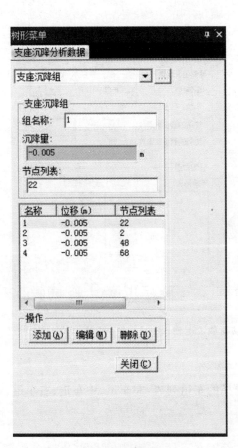

图5-32 支座沉降组定义

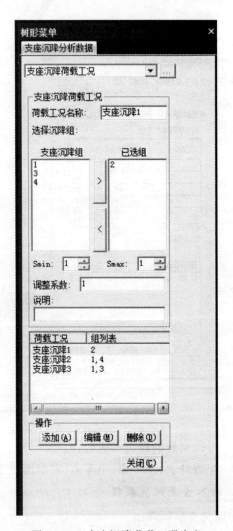

图5-33 支座沉降荷载工况定义

8. 运行结构分析

1)设置相关分析控制参数

(1)主控数据(图5-34)。

在执行分析前,必须考虑在主菜单分析下定义各项所需的分析控制数据。由于在截面内配有普通钢筋,需要在主控数据中勾选,并在PSC截面刚度计算中考虑普通钢筋。

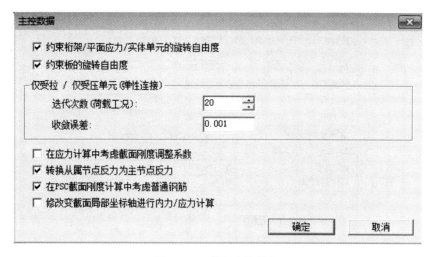

图5-34 分析主控数据

(2)移动荷载分析(图5-35)。
- 【分析】/【移动荷载分析】。
- 加载位置:影响线加载。
- 每个线单元上影响线点数量:3。
- 【计算位置】/【杆系单元】:内力(最大值+当前其他内力)(开)、应力(开)。
- 计算选项:反力、位移、内力(全部)(开)。
- 桥梁等级:公路-Ⅰ级。
- 【冲击系数】/规范类型:JTG D60—2004(注:MIDAS 2015还没有加入JTG D60—2015规范中)。
- 结构基频方法:用户输入。
- f:11.43Hz。

(3)施工阶段分析。

首先定义施工阶段(图5-36)。
- 【荷载】/【施工阶段分析数据】/【定义施工阶段】。
- 【添加】。
- 名称:施工阶段1。
- 持续时间:60d。
- 添加单元组:z1(作者定义了名为z1的结构组,将所有单元放在该组内)。
- 添加边界组:支座(作者定义了名为支座的边界组,将前面定义的4个支承放在该组内)。

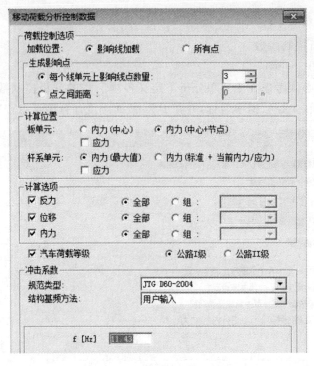

图 5-35 移动荷载分析选项

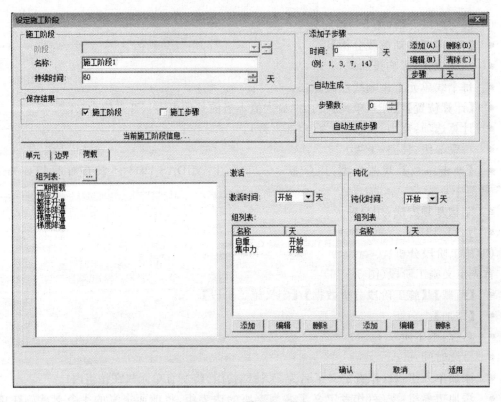

图 5-36 定义施工阶段

- 添加荷载组：自重、集中力。
- 【确认】。
- 其他施工阶段按上述方法定义（注：单元组、支座组添加一次后，后续施工阶段无需再添加）。

在定义完施工阶段后，要设置施工阶段分析控制数据，勾选考虑时变效应来选择徐变、收缩及弹性变形所引起的预应力损失（图 5-37）。

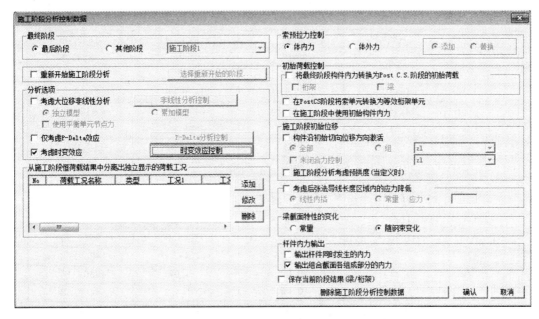

图 5-37 施工阶段分析控制

2）运行分析

模型数据全部输入结束后，运行结构分析。

二、主梁内力计算

（一）恒载内力计算

1. 一期恒载

用 MIDAS 软件进行受力分析时，程序会自动计算箱梁自重，为考虑钢筋重量影响，箱梁自重沿 Z 轴方向的系数取 1.04。

考虑到使用 MIDAS 软件在箱梁实心截面与空心截面接触位置会产生应力集中现象，故在箱梁实心截面采用空心截面代替，减少的截面自重用均布荷载等效替代，均布荷载取值为：$2.125 \times 0.73 \times 25 \times 2 = 80.67 (kN/m)$。

2. 二期恒载

（1）防撞护栏和栏杆。

(2)桥面铺装:采用 10cm 厚沥青混凝土。

二期恒载集度为:$g=0.1\times11.5\times23+(0.207+0.37+0.07)\times26=43.27(kN/m)$。

3. 恒载内力计算(表 5-2)

恒载引起的截面弯矩图和剪力图见图 5-38、图 5-39。

表 5-2 恒荷载内力计算

单元	位置	轴向(kN)	剪力(kN)	弯矩(kN·m)
2	I[2]	0.00	−2594.25	−60.33
	J[3]	0.00	−2255.41	1637.05
9	I[9]	0.00	−252.87	8828.68
	J[10]	0.00	94.19	8928.39
15	I[15]	−37.93	1829.10	2884.80
	J[16]	−43.58	2115.35	913.84
21	I[21]	0.00	3832.04	−13 766.58
	J[22]	0.00	4412.90	−18 713.54
22	I[22]	0.00	−4392.42	−18 713.54
	J[23]	0.00	−3811.56	−13 791.15
23	I[23]	−23.25	−3811.49	−13 791.15
	J[24]	−21.03	−3432.63	−10 170.42
29	I[29]	−1.25	−1809.02	2737.39
	J[30]	−1.25	−1507.53	4547.68
35	I[35]	0.00	−0.07	8662.17
	J[36]	0.00	301.42	8497.68

注:2、22 号为支座位置节点,9、15、21、23、29 号为变截面位置节点,35 号为跨中位置节点。

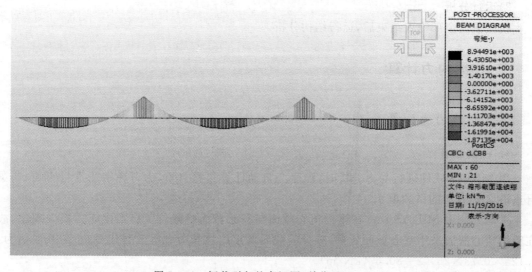

图 5-38 恒载引起的弯矩图(单位:kN·m)

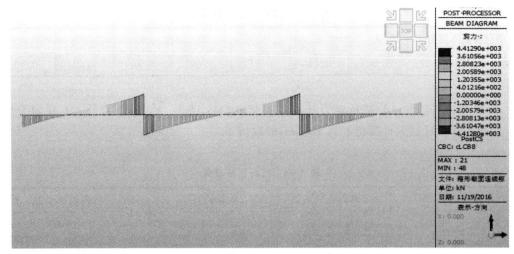

图 5-39　恒载引起的剪力图(单位:kN)

(二)汽车荷载内力计算

1. 冲击系数

桥梁结构的基频反映了结构的尺寸、类型、建筑材料等动力特性内容,它直接反映了冲击系数与桥梁结构之间的关系。不管桥梁的建筑材料、结构类型是否有差别,也不管结构尺寸与跨径是否有差别,只要桥梁结构的基频相同,在同样条件的汽车荷载下,就能得到基本相同的冲击系数。

桥梁的自振频率(基频)宜采用有限元方法计算,对于连续梁结构,当无更精确方法计算时,也可估算为:

$$f_1 = \frac{13.616}{2\pi l^2}\sqrt{\frac{EI_c}{m_c}}$$

$$f_2 = \frac{23.65l}{2\pi l^2}\sqrt{\frac{EI_c}{m_c}}$$

式中:l——结构的计算跨径(m);

E——结构材料的弹性模量(N/m^2);

I_c——结构跨中截面的截面惯矩(m^4);

m_c——结构跨中处的单位长度质量(kg/m),当换算为重力计算时,其单位应为($N \cdot s^2/m^2$);

G——结构跨中处延米结构重力(N/m);

g——重力加速度,$g = 9.81(m/s^2)$。

计算连续梁的冲击力引起的正弯矩效应和剪力效应时,采用 f_1;计算连续梁的冲击力引起的负弯矩效应时,采用 f_2。

μ 值计算方法为:当 $f < 1.5$ Hz 时,$\mu = 0.05$;当 1.5 Hz $\leq f \leq 14$ Hz 时,$\mu = 0.1767\ln f - 0.0157$;当 $f > 14$ Hz 时,$\mu = 0.45$。

2. 车道折减系数

(1)横向车道布载系数,《公路桥涵设计通用规范》(JTG D60—2015)中的 4.3.1 有如下规定(表 5-3)。本设计车道数为 3,故取值 0.78。

表 5-3 横向车道布载系数

横向布载车道数	2	3	4	5	6	7	8
横向车道布载系数	1.00	0.78	0.67	0.60	0.55	0.52	0.50

(2)纵向折减系数,《公路桥涵设计通用规范》(JTG D60—2015)中的4.3.1有如下规定(表5-4)。本设计最大计算跨经为27.5m,故取值1。

表 5-4 纵向折减系数

计算跨径 L_0(m)	纵向折减系数	计算跨径 L_0(m)	纵向折减系数
$150<L_0<400$	0.97	$800 \leqslant L_0<1000$	0.94
$400 \leqslant L_0<600$	0.96	$L_0 \geqslant 1000$	0.93
$600 \leqslant L_0<800$	0.95		

3. 汽车荷载内力计算(表 5-5)

汽车荷载引起的截面弯矩图和剪力图见图 5-40、图 5-41。

表 5-5 汽车荷载内力计算

单元	荷载	位置	轴向(kN)	剪力-z(kN)	弯矩-y(kN·m)	弯矩-z(kN·m)
2	公路-Ⅰ级(全部)	I[2]	0.00	−1303.56	−435.92	0.00
	公路-Ⅰ级(全部)	J[3]	0.00	−1242.92	760.08	4.34
9	公路-Ⅰ级(全部)	I[9]	0.00	−760.73	4753.19	41.50
	公路-Ⅰ级(全部)	J[10]	0.00	−669.96	5039.26	49.29
15	公路-Ⅰ级(全部)	I[15]	−15.58	991.46	4041.40	112.42
	公路-Ⅰ级(全部)	J[16]	−18.05	1055.47	3572.45	119.65
21	公路-Ⅰ级(全部)	I[21]	0.00	1353.83	−3608.06	125.38
	公路-Ⅰ级(全部)	J[22]	0.00	1418.89	−4145.02	132.81
22	公路-Ⅰ级(全部)	I[22]	−1446.50	−4145.02	132.81	
	公路-Ⅰ级(全部)	J[23]	0.00	−1384.20	−3145.19	127.62
23	公路-Ⅰ级(全部)	I[23]	−6.99	−1384.17	−3145.19	137.85
	公路-Ⅰ级(全部)	J[24]	−6.34	−1330.17	−2749.33	135.51
29	公路-Ⅰ级(全部)	I[29]	1.17	−1038.52	3617.88	117.46
	公路-Ⅰ级(全部)	J[30]	1.17	−971.54	4112.50	116.25
35	公路-Ⅰ级(全部)	I[35]	0.00	−638.55	5282.53	110.13
	公路-Ⅰ级(全部)	J[36]	0.00	703.57	5234.68	111.33

注:2、22号为支座位置节点,9、15、21、23、29号为变截面位置节点,35号为跨中位置节点。

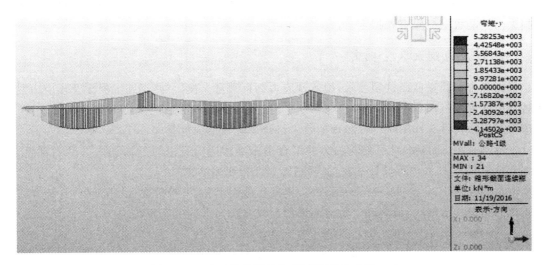

图 5-40　汽车荷载引起的弯矩图(单位:kN·m)

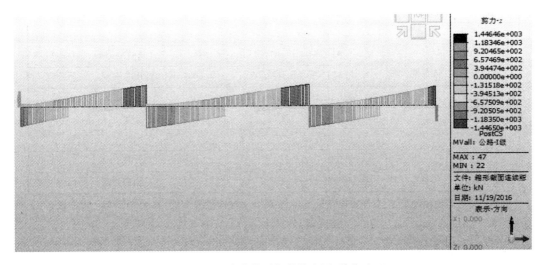

图 5-41　汽车荷载引起的剪力图(单位:kN)

三、预应力钢束的估算与布置

预应力混凝土截面配筋,是根据正常使用阶段荷载作用下截面应力的要求和承载能力极限状态下的截面强度的要求,确定截面受力性质,分为轴拉、轴压、上缘受拉偏压、下缘受拉偏压、上缘受拉受弯和下缘受拉受弯 6 种类型,再分别按照相应的钢筋估算公式进行计算。估算结果为截面上缘配筋和截面下缘配筋,若为截面最小配筋,为安全起见可根据经验适当放宽。

需要说明的是,之所以称为钢束"估算",是因为计算中使用的组合结果并不是桥梁的真实受力。确定钢束时需要知道各截面的计算内力,而布置好钢束前又不可能求得桥梁的真实受力状态,故只能称为"估算"。此时与真实受力状态的差异由以下 4 个方面引起:①未考虑预加力的作用;②未考虑预加力对徐变、收缩的影响;③未考虑(钢束)孔道的影响;④各钢束的预应力损失值只能根据经验事先拟定。

(一)预应力钢束数量确定

根据各个截面正截面抗裂要求,确定预应力钢束数量。按《公路钢筋混凝土及预应力混凝土桥涵设计规范》(JTG D62—2004)中6.3.1 的规定,正截面抗裂应满足下列条件要求:A 类预应力混凝土构件在作用(或荷载)短期效应组合下应满足规范要求。

本示例采用 MIDAS 计算结构内力并组合出未加预应力钢束时的结构内力最不利组合,并将弯矩值提高15%进行设计估算,此项估算是非常粗略的。

本示例采用 19-15.24 规格的钢绞线,根据各截面上缘、下缘最大、最小钢束,并结合施工和钢束的布置构造情况,最终确定各截面采用的纵向预应力钢束面积(表5-6)。

表5-6 预应力钢束面积估算表   单位:mm^2

结点号	配筋	
	上缘	下缘
2	5.54E+02	0
9	1.61E+04	1.46E+04
15	2.52E+03	2.05E+04
21	1.83E+04	0
22	2.31E+04	0
23	1.78E+04	0
29	2.58E+03	2.20E+04
35	1.05E+04	2.21E+04

注:2、22 号为支座位置节点,9、15、21、23、29 号为变截面位置节点,35 号为跨中位置节点。

(二)预应力束布置

1. 预应力钢筋的布置

根据《公路钢筋混凝土及预应力混凝土桥涵设计规范》(JTG D62—2004)的规定,预应力梁应满足使用阶段的应力要求和承载能力极限能力状态的强度要求,满足梁端锚固和张拉的要求,同时预应力管道布置应符合《公路钢筋混凝土及预应力混凝土桥涵设计规范》(JTG D62—2004)中的相关构造要求。为了方便张拉操作,腹板钢束都锚固在梁端,支座负弯矩钢束在入孔处张拉。对于锚固端截面,钢束布置考虑两个方面:一是预应力钢束群重心尽可能靠近截面形心,使截面均匀受压;二是考虑锚头布置的可能性,以满足张拉操作方便等要求。

2. 保护层厚度的选取

(1) I 类环境梁受力钢筋在 30mm 以上,箍筋在 20mm 以上。

(2)后张法混凝土预应力锚具的最小保护层厚度在 45mm 以上。

(3)后张法预应力直线行钢筋不应小于管道直径的 1/2,且应满足条件(1)中的要求。

3. 波纹管外径的尺寸

参照《预应力混凝土桥梁用塑料波纹管》(JT-T 529—2004)中 4.1.2 的规定,圆形塑料波纹管的性质如表 5-7 所示。

表 5-7 圆形塑料波纹管的规格

型 号	内径 d(mm)		外径 D(mm)		壁厚 S(mm)		不圆度
	标称值	偏差	标称值	偏差	标称值	偏差	
SBG-50Y	50	±1.0	53	±1.0	2.5	±0.5	6%
SBG-60Y	60		63		2.5		
SBG-75Y	75		78		2.5		
SBG-90Y	90		103		2.5		
SBG-100Y	100	±2.0	116	±2.0	3.0		
SBG-115Y	115		131		3.0		
SBG-130Y	130		146		3.0		

本示例选择 SBG-100Y 圆形塑料波纹管。

4. 钢束布置

全桥预应力钢束布置情况可参考本示例后面附图,现选取箱梁部分横截面,画出钢束布置图(图 5-42)。

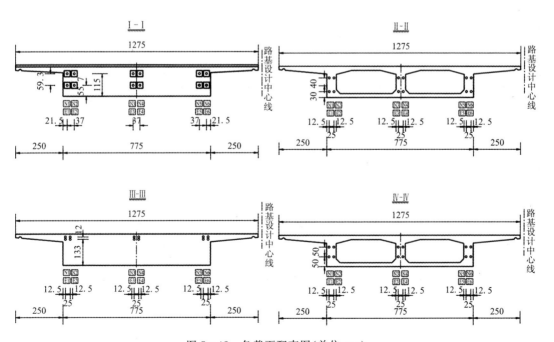

图 5-42 各截面配束图(单位:cm)

四、预应力损失计算

由于施工中预应力钢束的张拉采用后张法,故按《公路钢筋混凝土及预应力混凝土桥涵设计规范》(JTG D62—2004)中 6.2.1 的规定,应计算以下各项预应力损失:

(1) 预应力钢筋与管道之间的摩擦 σ_{l1};
(2) 锚具变形、钢筋回缩和接缝压缩 σ_{l2};
(3) 混凝土弹性压缩 σ_{l4};
(4) 预应力钢筋的应力松弛 σ_{l5};
(5) 混凝土的收缩和徐变 σ_{l6}。

本设计预应力损失采用 MIDAS/CIVIL 2015 计算,表 5-8 和表 5-9 给出部分典型钢束各截面的预应力损失值,并以图 5-43 表示整根钢束的有效预应力沿长度方向的分布。

表 5-8 钢束 Ni 的预应力损失   单位:MPa

单元	位置	应力(考虑瞬时损失)$\sigma_{con}-\sigma_{l1}-\sigma_{l2}$	弹性变形损失 σ_{l4}	徐变/收缩损失 σ_{l6}	松弛损失 σ_{l5}	σ_{peI}	σ_{peII}
2	I	1221.80	1.22	−48.74	−29.90	1223.02	1144.38
	J	1224.73	1.12	−48.42	−30.27	1225.85	1144.91
9	I	1267.32	2.59	−72.59	−35.85	1269.91	1156.28
	J	1272.39	2.61	−72.73	−36.54	1275.00	1160.52
15	I	1300.96	2.40	−72.48	−40.48	1303.36	1185.61
	J	1297.06	2.33	−71.15	−39.93	1299.39	1183.64
21	I	1268.31	4.67	−65.96	−35.99	1272.98	1161.69
	J	1256.57	5.38	−66.00	−34.42	1261.95	1150.77
22	I	1256.57	5.38	−66.00	−34.42	1261.95	1150.77
	J	1252.06	4.52	−64.98	−33.82	1256.58	1148.73
23	I	1252.06	4.54	−65.79	−33.82	1256.60	1147.91
	J	1241.54	3.88	−65.04	−32.44	1245.42	1140.18
29	I	1213.71	1.96	−71.08	−28.88	1215.67	1111.79
	J	1209.73	1.85	−70.00	−28.38	1211.58	1109.50
35	I	1174.59	2.11	−70.05	−24.10	1176.70	1078.34
	J	1178.45	2.13	−70.15	−24.56	1180.58	1081.62

表 5-9　钢束 Fi 的预应力损失　　　　　　　　　　　　单位:MPa

单元	位置	应力(考虑瞬时损失)$\sigma_{con}-\sigma_{l1}-\sigma_{l2}$	弹性变形损失 σ_{l4}	徐变/收缩损失 σ_{l6}	松弛损失 σ_{l5}	σ_{peI}	σ_{peII}
2	I	1216.88	1.39	−51.55	−29.28	1218.27	1137.44
	J	1219.81	1.65	−52.80	−29.65	1221.46	1139.01
9	I	1262.38	6.75	−95.13	−35.19	1269.13	1138.81
	J	1268.77	6.86	−95.59	−36.05	1275.63	1143.99
15	I	1289.48	3.02	−74.72	−38.88	1292.50	1178.90
	J	1285.61	2.41	−70.13	−38.34	1288.02	1179.55
21	I	1266.39	3.69	−61.07	−35.73	1270.08	1173.28
	J	1234.33	4.55	−62.54	−31.51	1238.88	1144.83
22	I	1234.33	4.55	−62.54	−31.51	1238.88	1144.83
	J	1203.61	3.53	−60.04	−27.62	1207.14	1119.48
23	I	1203.61	3.55	−60.82	−27.62	1207.16	1118.72
	J	1199.99	2.75	−58.55	−27.17	1202.74	1117.02
29	I	1182.05	2.72	−73.25	−24.99	1184.77	1086.53
	J	1178.17	3.25	−75.78	−24.52	1181.42	1081.12
35	I	1134.00	4.78	−82.06	−19.40	1138.78	1037.32
	J	1137.72	4.77	−82.23	−19.82	1142.49	1040.44

注:2、22 号为支座位置节点,9、15、21、23、29 号为变截面位置节点,35 号为跨中位置节点。

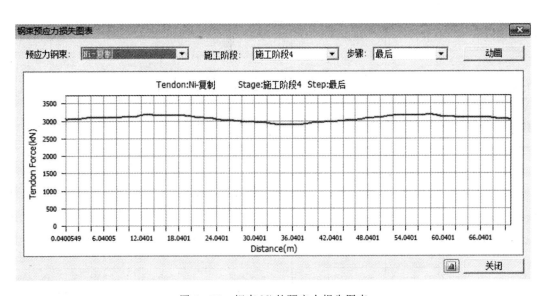

图 5-43　钢束 Ni 的预应力损失图表

五、次内力计算

桥梁结构在各种内外因素的综合影响下,会受到强迫的挠曲或轴向伸缩变形的影响。对于超静定结构来说,在多余约束处将产生多余的约束力,从而引起结构附加内力,这部分附加内力一般统称为结构次内力(或称为二次力)。外部因素有预加力、墩台基础沉降、温度变形等,内部因素有混凝土材料的徐变与收缩、结构布置与配筋形式等。

本示例采用 MIDAS/ CIVIL 2015 建模计算,主要计算的次内力有预加力产生的次内力、徐变收缩次内力、温度次内力及墩台支座不均匀沉降引起的次内力。

(一)徐变次内力

混凝土徐变主要与应力的性质和大小、加载时混凝土的龄期及荷载的持续时间有密切的关系,还与混凝土的组成材料及其配合比,周围环境的温度、湿度、构件的截面形式以及混凝土养护条件、混凝土的龄期有关。一般来说,混凝土的徐变对结构的变形、结构的内力分布和结构截面的应力分布会产生影响。这些影响可归纳为:

(1)结构在受压区的徐变会增大挠度;

(2)徐变会增大偏压柱的弯曲,由此增大初始偏心,降低其承载力;

(3)预应力混凝土构件中,徐变会导致预应力损失;

(4)如果结构构件截面为组合截面,徐变将导致截面上应力重分布;

(5)对于超静定结构,混凝土徐变将导致结构内力重分布,即引起结构的徐变次内力。

通过 MIDAS/CIVIL 2015 计算,可得各截面的徐变次内力,详细计算结果如表 5-10 所示,徐变产生的次内力弯矩图和剪力图见图 5-44、图 5-45。

表 5-10 徐变次内力

单元	位置	轴向(kN)	剪力-z(kN)	弯矩-y(kN·m)	弯矩-z(kN·m)
2	I[2]	0.00	-9.44	0.00	0.00
	J[3]	0.00	-9.44	6.61	-0.01
9	I[9]	0.00	-9.44	63.23	-0.13
	J[10]	0.00	-9.44	75.09	-0.16
15	I[15]	0.17	-9.44	134.40	-0.28
	J[16]	0.17	-9.44	143.83	-0.30
21	I[21]	0.00	-9.44	191.02	-0.40
	J[22]	0.00	-9.44	202.35	-0.43
22	I[22]	0.00	0.00	202.35	-0.43
	J[23]	0.00	0.00	202.35	-0.43

续表 5-10

单元	位置	轴向(kN)	剪力-z(kN)	弯矩-y(kN·m)	弯矩-z(kN·m)
23	I[23]	0.00	0.00	202.35	-0.43
	J[24]	0.00	0.00	202.35	-0.43
29	I[29]	0.00	0.00	202.34	-0.43
	J[30]	0.00	0.00	202.34	-0.43
35	I[35]	0.00	0.00	202.33	-0.44
	J[36]	0.00	0.00	202.32	-0.44

注:2、22号为支座位置节点,9、15、21、23、29号为变截面位置节点,35号为跨中位置节点。

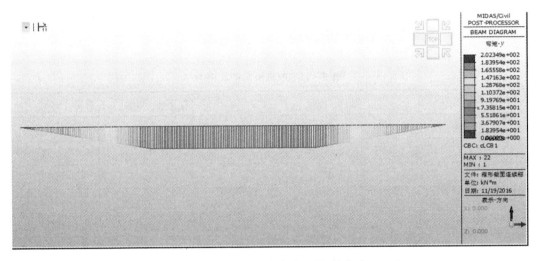

图 5-44 徐变产生的次内力弯矩图(单位:kN·m)

图 5-45 徐变产生的次内力剪力图(单位:kN)

(二) 收缩次内力

混凝土由于蒸发失水而收缩。收缩变形与混凝土中的应力情况无关。混凝土收缩后,吸收水分又会膨胀,收缩在很大范围内是可逆的现象。混凝土的收缩主要与混凝土的组成材料及其配合比,周围环境的温度、湿度、构件的截面形式与混凝土养护条件、混凝土的龄期有关系。由于连续刚构的超静定,收缩变形同样要产生次内力,称为收缩次内力。一般来说,混凝土的收缩对结构的变形、结构的内力分布和结构截面的应力分布会产生影响。这些影响可归纳为:

(1)结构在受压区的收缩会增大挠度;
(2)预应力混凝土构件中,收缩会导致预应力损失;
(3)混凝土收缩会使较厚构件的表面开裂。

通过 MIDAS/CIVIL 2015 计算,可得各截面的收缩次内力,详细计算结果如表 5-11 所示,收缩产生的次内力弯矩图和剪力图见图 5-46、图 5-47。

表 5-11 收缩引起的次内力

单元	位置	轴向(kN)	剪力-z(kN)	弯矩-y(kN·m)	弯矩-z(kN·m)
2	$I[2]$	0.00	0.01	0.00	0.00
	$J[3]$	0.00	0.01	−0.01	0.00
9	$I[9]$	0.00	0.01	−0.05	0.00
	$J[10]$	0.00	0.01	−0.06	0.00
15	$I[15]$	0.00	0.01	−0.11	0.00
	$J[16]$	0.00	0.01	−0.11	0.00
21	$I[21]$	0.00	0.01	−0.15	0.00
	$J[22]$	0.00	0.01	−0.16	0.00
22	$I[22]$	0.00	0.00	−0.16	0.00
	$J[23]$	0.00	0.00	−0.16	0.00
23	$I[23]$	0.00	0.00	−0.16	0.00
	$J[24]$	0.00	0.00	−0.16	0.00
29	$I[29]$	0.00	0.00	−0.16	0.00
	$J[30]$	0.00	0.00	−0.16	0.00
35	$I[35]$	0.00	0.00	−0.16	0.00
	$J[36]$	0.00	0.00	−0.16	0.00

注:2、22 号为支座位置节点,9、15、21、23、29 号为变截面位置节点,35 号为跨中位置节点。

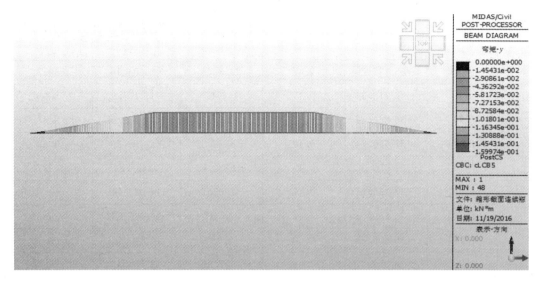

图 5-46 收缩产生的次内力弯矩图(单位:kN·m)

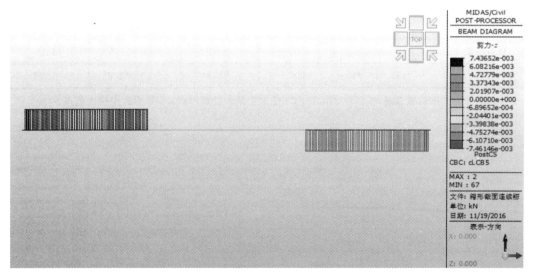

图 5-47 收缩产生的次内力剪力图(单位:kN)

(三)预加力引起的次内力

本设计采用 MIDAS/CIVIL 2015 来计算预加力引起的次内力,预加力引起的次内力的详细计算结果如表 5-12 所示,预加力产生的次内力弯矩图和剪力图见图 5-48、图 5-49。

表 5-12 预加力引起的次内力

单元	位置	轴向(kN)	剪力-y(kN)	剪力-z(kN)	弯矩-y(kN·m)	弯矩-z(kN·m)
2	I[2]	−36 368.06	0.47	2049.65	−2076.35	0.00
	J[3]	−36 437.29	0.47	2053.28	−3494.16	−0.32
9	I[9]	−36 712.34	0.47	144.62	−12 177.93	8.96
	J[10]	−36 863.12	0.47	72.91	−12 406.63	8.43
15	I[15]	−37 659.74	0.47	−3233.93	−2798.13	5.83
	J[16]	−37 636.58	0.47	−3232.62	346.78	4.37
21	I[21]	−37 339.21	0.47	−1908.78	14 037.44	−9.33
	J[22]	−36 809.73	0.47	144.65	14 849.45	−9.88
22	I[22]	−36 809.73	0.00	0.14	14 849.45	−9.88
	J[23]	−36 276.87	0.00	1557.59	13 575.87	−9.88
23	I[23]	−36 242.55	0.00	1769.28	13 560.94	−9.88
	J[24]	−36 064.60	0.00	2163.98	11 585.88	−9.88
29	I[29]	−35 057.41	0.00	2443.74	−2796.95	1.63
	J[30]	−34 931.39	0.00	2434.12	−5392.39	1.58
35	I[35]	−33 833.37	0.00	0.12	−10 051.21	1.20
	J[36]	−33 936.04	0.00	0.12	−10 072.23	1.23

注:2、22号为支座位置节点,9、15、21、23、29号为变截面位置节点,35号为跨中位置节点。

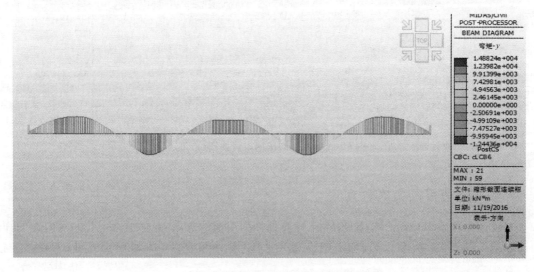

图 5-48 预加力产生的次内力弯矩图(单位:kN·m)

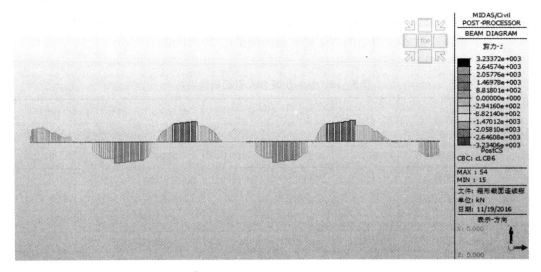

图 5-49 预加力产生的次内力剪力图(单位:kN)

(四)温度次内力

与其他物体一样,热胀冷缩也是桥梁结构的固有属性之一。桥梁是置于大气的结构。温度毫不例外地对桥梁产生影响。温度影响包括年温差影响与局部温度影响。年温差影响指气温随季节变化对结构所起的作用,一般假定温度沿结构物截面高度方向均匀变化。对无水平约束的连续梁桥,年温差只引起结构的均匀收缩,而不产生温度次应力。局部温差一般指日照温差或混凝土水化热影响。水化热影响较为复杂,且在施工中可通过温度控制来调节。因此温度应力一般不包括此项。日照受多种因素影响,使桥面与内部因对流和热传导方式形成不均匀分布,即产生结构的温度场。温度场的确定是结构温度效应的关键。桥梁设计中通常分温度沿梁高线性变化和非线性变化。在线性温差变化情况下,梁式结构将产生挠曲变形,且梁在变形后仍然服从平截面假定。因此,在静定梁式结构中,线性变化的温度梯度只引起结构的位移而不产生次内力;在连续梁结构中,它不但引起结构的位移,且由于多余约束的影响,产生结构温度次内力。线性温度梯度下梁的挠曲变形与平截面假定一致,纵向纤维几乎不受约束,因而温度次应力很小,可忽略不计。而线性变化以外的都属于非线性温度梯度形式,在此类非线性温差分布的情况下,静定结构因要服从平截面假定,导致纵向纤维的伸缩受到约束,从而产生纵向约束应力。这部分在截面上自相平衡的约束应力称为温度自应力。而在超静定梁式结构中除了温度自应力外,还有多余约束产生的次应力。温度应力对预应力混凝土梁桥的危害在近年来越来越受到重视。

理论分析和实验研究证明温度应力在超静定结构中,可以达到甚至超出活载应力,已被认为是预应力混凝土连续刚构产生裂缝的主要原因。

本设计中主要考虑了系统温度(年温差)和局部温度(局部温差)的影响,采用 MIDAS/CIVIL 2015 来分析计算。

1. 系统温度

本设计考虑结构整体升降温 30℃。由于整体升温与整体降温对结构的影响相似,只是所引起的内力方向相反,所以下面只列举整体升温作用下结构所产生的内力,详细计算结果如表 5-13 所示。整体升温 30℃引起的弯矩图和剪力图见图 5-50、图 5-51。

表 5-13 整体升温 30℃引起的次内力

单元	荷载	位置	轴向(kN)	剪力-y (kN)	剪力-z (kN)	弯矩-y (kN·m)	弯矩-z (kN·m)
2	整体升温 30℃	I[2]	0.00	0.00	-0.01	0.00	0.00
	整体升温 30℃	J[3]	0.00	0.00	-0.01	0.01	0.00
9	整体升温 30℃	I[9]	0.00	0.00	-0.01	0.10	0.00
	整体升温 30℃	J[10]	0.00	0.00	-0.01	0.12	0.00
15	整体升温 30℃	I[15]	0.00	0.00	-0.01	0.21	0.00
	整体升温 30℃	J[16]	0.00	0.00	-0.01	0.23	0.00
21	整体升温 30℃	I[21]	0.00	0.00	-0.01	0.30	0.00
	整体升温 30℃	J[22]	0.00	0.00	-0.01	0.32	0.00
22	整体升温 30℃	I[22]	0.00	0.00	0.00	0.32	0.00
	整体升温 30℃	J[23]	0.00	0.00	0.00	0.32	0.00
23	整体升温 30℃	I[23]	0.00	0.00	0.00	0.32	0.00
	整体升温 30℃	J[24]	0.00	0.00	0.00	0.32	0.00
29	整体升温 30℃	I[29]	0.00	0.00	0.00	0.32	0.00
	整体升温 30℃	J[30]	0.00	0.00	0.00	0.32	0.00
35	整体升温 30℃	I[35]	0.00	0.00	0.00	0.32	0.00
	整体升温 30℃	J[36]	0.00	0.00	0.00	0.32	0.00

注:2、22 号为支座位置节点,9、15、21、23、29 号为变截面位置节点,35 号为跨中位置节点。

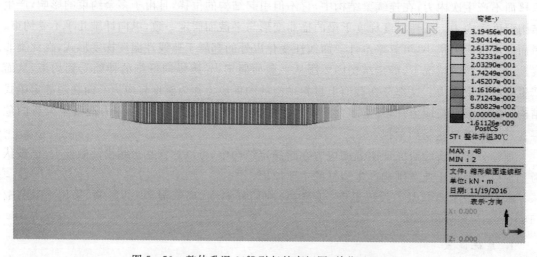

图 5-50 整体升温 30℃引起的弯矩图(单位:kN·m)

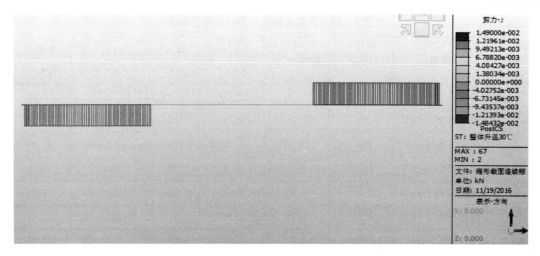

图 5-51 整体升温 30℃引起的剪力图(单位:kN)

2. 局部温度效应

根据《公路桥涵设计通用规范》(JTG D60—2015)中 4.3.12 的规定,温度梯度曲线如图 5-52所示。

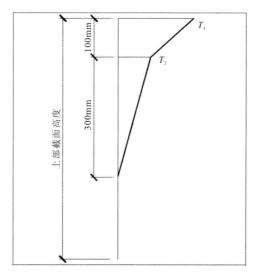

图 5-52 温度梯度曲线

根据本桥选取的 100mm 沥青混凝土铺装层,参照上述规范和桥梁的梁高,梁截面升温 T_1 取 14℃,T_2 取 5.5℃,梁截面降温 T_1 取 −7℃,T_2 取 −2.75℃。

由于温度梯度为非线性变化,这样结构梁截面将不仅在次内力的作用下产生次应力,而且梁截面纵向的内部约束将产生自应力。

在 MIDAS 中以梁截面温度荷载形式输入温度梯度曲线,上述两种应力将自动考虑,此处只列出梁截面升温的计算结果。详细计算结果如表 5-14 所示。梁截面梯度升温引起的弯矩图和剪力图见图 5-53、图 5-54。

表 5-14 梁截面梯度升温引起的次内力

单元	荷载	位置	轴向(kN)	剪力-y (kN)	剪力-z (kN)	弯矩-y (kN·m)	弯矩-z (kN·m)
2	梯度升温+14℃	I[2]	0.00	0.00	−226.26	0.00	0.00
	梯度升温+14℃	J[3]	0.00	0.00	−226.26	158.38	0.00
9	梯度升温+14℃	I[9]	0.00	0.00	−226.26	1515.94	0.00
	梯度升温+14℃	J[10]	0.00	0.00	−226.26	1800.28	0.00
15	梯度升温+14℃	I[15]	4.10	0.00	−226.22	3221.94	0.00
	梯度升温+14℃	J[16]	4.10	0.00	−226.22	3448.20	0.00
21	梯度升温+14℃	I[21]	0.00	0.00	−226.26	4579.50	0.00
	梯度升温+14℃	J[22]	0.00	0.00	−226.26	4851.02	0.00
22	梯度升温+14℃	I[22]	0.00	0.00	−0.01	4851.02	0.00
	梯度升温+14℃	J[23]	0.00	0.00	−0.01	4851.03	0.00
23	梯度升温+14℃	I[23]	0.00	0.00	−0.01	4851.03	0.00
	梯度升温+14℃	J[24]	0.00	0.00	−0.01	4851.04	0.00
29	梯度升温+14℃	I[29]	0.00	0.00	−0.01	4851.09	0.00
	梯度升温+14℃	J[30]	0.00	0.00	−0.01	4851.10	0.00
35	梯度升温+14℃	I[35]	0.00	0.00	−0.01	4851.16	0.00
	梯度升温+14℃	J[36]	0.00	0.00	−0.01	4851.17	0.00

注：2、22 号为支座位置节点，9、15、21、23、29 号为变截面位置节点，35 号为跨中位置节点。

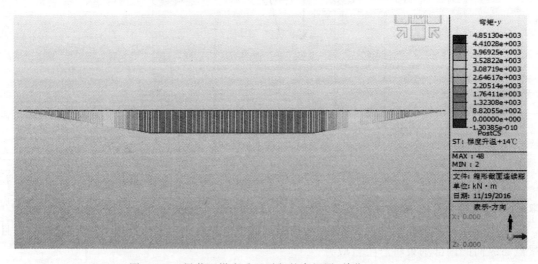

图 5-53 梁截面梯度升温引起的弯矩图（单位：kN·m）

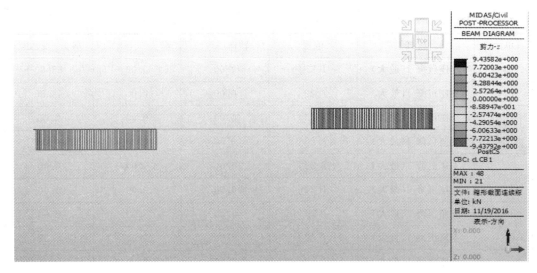

图 5-54 梁截面梯度升温引起的剪力图(单位:kN)

(五)支座不均匀沉降引起的次内力

连续梁墩台基础沉降与地基土壤的物理力学特性有关,一般是随时间而递增的,要经过相当长的时间才接近沉降终极值。其基本表达式为:

$$\Delta_d(t) = \Delta_d(\infty)[1 - e^{-p(t-x)}]$$

式中:$\Delta_d(t)$——t 时刻的墩台基础沉降值;

$\Delta_d(\infty)$——t_∞ 时刻的墩台基础沉降极值;

p——墩台沉降增长速度,它应根据实地土壤的实验资料确定。

本示例模型中,设置 4 个沉降组,每个沉降组考虑 5mm 的沉降。为考虑最不利的支座沉降,在 MIDAS 建模中定义了 3 个支座沉降荷载工况,计算每个荷载工况下引起的结构内力,列出 3 个支座沉降荷载工况所引起的结构最大内力,其中支座沉降 1 荷载工况为 22 节点支座向下沉降 5mm,支座沉降 2 荷载工况为 2 节点和 68 节点支座向下沉降 5mm,支座沉降 3 荷载工况为 2 节点和 48 节点支座向下沉降 5mm。

详细计算结果如表 5-15~表 5-17 所示。支座沉降引起的次内力弯矩图和剪力图如图 5-55~图 5-60 所示。

表 5-15 支座沉降 1 引起的次内力

单元	荷载	位置	轴向(kN)	剪力-y(kN)	剪力-z(kN)
2	支座沉降 1(最大)	I[2]	0.00	0.00	68.80
	支座沉降 1(最大)	J[3]	0.00	0.00	68.80
9	支座沉降 1(最大)	I[9]	0.00	0.00	68.80
	支座沉降 1(最大)	J[10]	0.00	0.00	68.80
15	支座沉降 1(最大)	I[15]	0.00	0.00	68.79
	支座沉降 1(最大)	J[16]	0.00	0.00	68.79

续表 5-15

单元	荷载	位置	轴向(kN)	剪力-y(kN)	剪力-z(kN)
21	支座沉降1(最大)	I[21]	0.00	0.00	68.80
	支座沉降1(最大)	J[22]	0.00	0.00	68.80
22	支座沉降1(最大)	I[22]	0.00	0.00	0.00
	支座沉降1(最大)	J[23]	0.00	0.00	0.00
23	支座沉降1(最大)	I[23]	0.00	0.00	0.00
	支座沉降1(最大)	J[24]	0.00	0.00	0.00
29	支座沉降1(最大)	I[29]	0.09	0.00	0.00
	支座沉降1(最大)	J[30]	0.09	0.00	0.00
35	支座沉降1(最大)	I[35]	0.00	0.00	0.00
	支座沉降1(最大)	J[36]	0.00	0.00	0.00

注：2、22 号为支座位置节点，9、15、21、23、29 号为变截面位置节点，35 号为跨中位置节点。

表 5-16 支座沉降 2 引起的次内力

单元	荷载	位置	轴向（kN）	剪力-z(kN)	弯矩-y(kN·m)
2	支座沉降2(最大)	I[2]	0.00	0.00	0.00
	支座沉降2(最大)	J[3]	0.00	0.00	96.41
9	支座沉降2(最大)	I[9]	0.00	0.00	922.77
	支座沉降2(最大)	J[10]	0.00	0.00	1095.84
15	支座沉降2(最大)	I[15]	2.49	0.00	1961.23
	支座沉降2(最大)	J[16]	2.49	0.00	2098.95
21	支座沉降2(最大)	I[21]	0.00	0.00	2787.59
	支座沉降2(最大)	J[22]	0.00	0.00	2952.86
22	支座沉降2(最大)	I[22]	0.00	176.39	2952.86
	支座沉降2(最大)	J[23]	0.00	176.39	2741.19
23	支座沉降2(最大)	I[23]	0.96	176.39	2741.19
	支座沉降2(最大)	J[24]	0.96	176.39	2564.80
29	支座沉降2(最大)	I[29]	0.00	176.39	1682.83
	支座沉降2(最大)	J[30]	0.00	176.39	1490.27
35	支座沉降2(最大)	I[35]	0.00	176.39	527.47
	支座沉降2(最大)	J[36]	0.00	176.39	334.90

注：2、22 号为支座位置节点，9、15、21、23、29 号为变截面位置节点，35 号为跨中位置节点。

表 5-17 支座沉降 3 引起的次内力

单元	荷载	位置	轴向(kN)	剪力-z(kN)	弯矩-y(kN·m)
2	支座沉降3(最大)	I[2]	0.00	88.52	0.00
	支座沉降3(最大)	J[3]	0.00	88.52	96.41
9	支座沉降3(最大)	I[9]	0.00	88.52	922.77
	支座沉降3(最大)	J[10]	0.00	88.52	1095.84
15	支座沉降3(最大)	I[15]	2.49	88.50	1961.23
	支座沉降3(最大)	J[16]	2.49	88.50	2098.95
21	支座沉降3(最大)	I[21]	0.00	88.52	2787.59
	支座沉降3(最大)	J[22]	0.00	88.52	2952.86
22	支座沉降3(最大)	I[22]	0.00	176.39	2952.86
	支座沉降3(最大)	J[23]	0.00	176.39	2741.19
23	支座沉降3(最大)	I[23]	0.96	176.39	2741.19
	支座沉降3(最大)	J[24]	0.96	176.39	2564.80
29	支座沉降3(最大)	I[29]	0.24	176.39	1682.83
	支座沉降3(最大)	J[30]	0.24	176.39	1490.27
35	支座沉降3(最大)	I[35]	0.00	176.39	527.59
	支座沉降3(最大)	J[36]	0.00	176.39	720.16

注:2、22 号为支座位置节点,9、15、21、23、29 号为变截面位置节点,35 号为跨中位置节点。

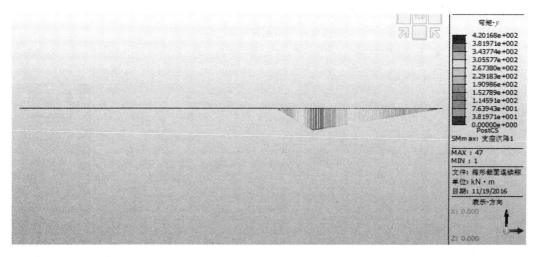

图 5-55 支座沉降 1 引起的弯矩图(单位:kN·m)

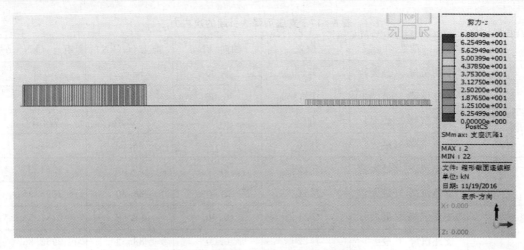

图 5-56 支座沉降 1 引起的剪力图（单位:kN）

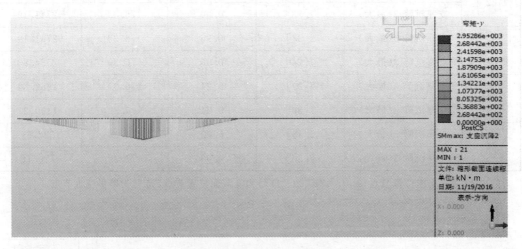

图 5-57 支座沉降 2 引起的弯矩图（单位:kN·m）

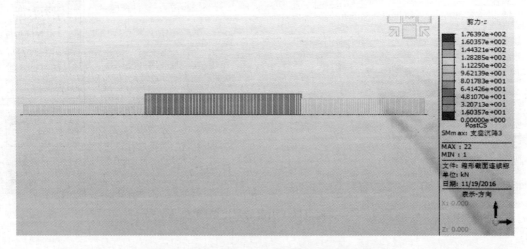

图 5-58 支座沉降 2 引起的剪力图（单位:kN）

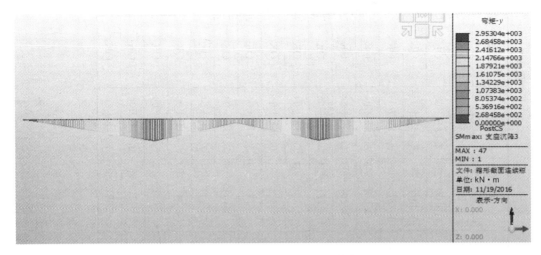

图 5-59 支座沉降 3 引起的弯矩图(单位:kN·m)

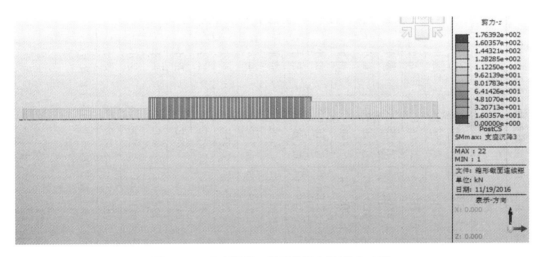

图 5-60 支座沉降 3 引起的剪力图(单位:kN)

六、主梁截面验算

(一)持久状况承载能力极限状态验算

1. 正截面抗弯验算

本示例采用 MIDAS/CIVIL 2015 的 PSC 设计功能来进行承载能力极限状态下正截面抗弯承载力验算,详细验算结果如表 5-18 所示。

2. 斜截面抗剪验算

本示例采用 MIDAS/CIVIL 2015 的 PSC 设计功能来进行承载能力极限状态下斜截面抗剪承载力验算,详细验算结果如表 5-19 所示。

表 5−18 正截面抗弯承载力验算

单位:kN·m

单元	位置	最大/最小	组合名称	γMu	Mn	最大/最小	组合名称	γMu	Mn	验算
2	I[2]	最大	cLCB37	−5.53E+01	3.63E+04	最小	cLCB19	−7.38E+02	3.63E+04	OK
	J[3]	最大	cLCB23	3.12E+03	2.88E+04	最小	cLCB60	5.80E+02	2.88E+04	OK
9	I[9]	最大	cLCB23	1.84E+04	3.46E+04	最小	cLCB60	4.38E+03	3.46E+04	OK
	J[10]	最大	cLCB23	1.92E+04	3.47E+04	最小	cLCB60	3.78E+03	3.47E+04	OK
14	I[14]	最大	cLCB23	1.51E+04	2.71E+04	最小	cLCB60	−2.63E+03	3.75E+04	OK
	J[15]	最大	cLCB23	1.23E+04	1.88E+04	最小	cLCB30	−5.24E+03	5.83E+04	OK
21	I[21]	最大	cLCB40	−6.51E+03	5.92E+04	最小	cLCB30	−2.75E+04	5.92E+04	OK
	J[22]	最大	cLCB40	−1.07E+04	6.06E+04	最小	cLCB30	−3.42E+04	6.06E+04	OK
22	I[22]	最大	cLCB40	−1.07E+04	6.06E+04	最小	cLCB30	−3.42E+04	6.06E+04	OK
	J[23]	最大	cLCB40	−6.28E+03	5.94E+04	最小	cLCB30	−2.71E+04	5.94E+04	OK
23	I[23]	最大	cLCB53	−6.28E+03	7.91E+04	最小	cLCB30	−2.71E+04	7.91E+04	OK
	J[24]	最大	cLCB53	−2.81E+03	7.73E+04	最小	cLCB22	−2.24E+04	7.73E+04	OK
29	I[29]	最大	cLCB23	1.24E+04	1.69E+04	最小	cLCB52	−6.34E+03	6.01E+04	OK
	J[30]	最大	cLCB23	1.49E+04	1.85E+04	最小	cLCB56	−4.44E+03	5.82E+04	OK
35	I[35]	最大	cLCB27	2.07E+04	3.01E+04	最小	cLCB56	2.31E+02	3.01E+04	OK
	J[36]	最大	cLCB27	2.06E+04	3.01E+04	最小	cLCB56	−9.99E+01	3.37E+04	OK

注:2、22 号为支座位置节点,9、15、21、23、29 号为变截面位置节点,35 号为跨中位置节点。

表 5-19 斜截面抗剪承载力验算

单位:kN

单元	位置	最大/最小	组合名称	γV_d	V_n	最大/最小	γV_d	V_n	验算	截面验算
2	I[2]	最大	cLCB60	-1.79E+03	8.78E+03	最小	-5.07E+03	8.78E+03	OK	OK
	J[3]	最大	cLCB60	-1.48E+03	7.92E+03	最小	-4.60E+03	7.92E+03	OK	OK
9	I[9]	最大	cLCB60	8.26E+02	4.49E+03	最小	-1.66E+03	4.49E+03	OK	OK
	J[10]	最大	cLCB30	1.32E+03	4.55E+03	最小	-1.18E+03	4.55E+03	OK	OK
15	I[15]	最大	cLCB30	3.88E+03	5.68E+03	最小	1.00E+03	5.68E+03	OK	OK
	J[16]	最大	cLCB30	4.29E+03	5.77E+03	最小	1.34E+03	5.77E+03	OK	OK
21	I[21]	最大	cLCB30	6.64E+03	9.46E+03	最小	3.21E+03	9.46E+03	OK	OK
	J[22]	最大	cLCB30	7.38E+03	7.93E+03	最小	3.74E+03	7.93E+03	OK	OK
22	I[22]	最大	cLCB56	-3.72E+03	7.93E+03	最小	-7.16E+03	7.93E+03	OK	OK
	J[23]	最大	cLCB56	-3.19E+03	9.13E+03	最小	-6.42E+03	9.13E+03	OK	OK
23	I[23]	最大	cLCB56	-3.19E+03	9.43E+03	最小	-6.42E+03	9.43E+03	OK	OK
	J[24]	最大	cLCB56	-2.84E+03	9.37E+03	最小	-5.92E+03	9.37E+03	OK	OK
29	I[29]	最大	cLCB56	-1.12E+03	5.67E+03	最小	-3.69E+03	5.67E+03	OK	OK
	J[30]	最大	cLCB56	-7.61E+02	5.94E+03	最小	-3.25E+03	5.94E+03	OK	OK
35	I[35]	最大	cLCB26	1.08E+03	4.05E+03	最小	-1.08E+03	4.05E+03	OK	OK
	J[36]	最大	cLCB26	1.51E+03	4.05E+03	最小	-7.06E+02	4.05E+03	OK	OK

注:2,22 号为支座位置节点,9,15,21,23,29 号为变截面位置节点,35 号为跨中位置节点。

(二)持久状况正常使用极限状态验算

1. 使用阶段正截面抗裂验算

本示例采用 MIDAS/CIVIL 2015 的 PSC 设计功能来进行正常使用极限状态下的使用阶段正截面抗裂验算,详细验算结果如表 5-20 所示。

表 5-20 正截面抗裂验算　　　　　　　　　　　单位:MPa

单元	位置	组合名称	短期/长期	验算	最大拉应力值	允许值
2	I[2]	cLCB80	短期	OK	1.4891	-1.855
	J[3]	cLCB90	短期	OK	1.4705	-1.855
9	I[9]	cLCB90	短期	OK	2.1013	-1.855
	J[10]	cLCB90	短期	OK	2.0137	-1.855
15	I[15]	cLCB83	短期	OK	2.857	-1.855
	J[16]	cLCB83	短期	OK	2.084	-1.855
21	I[21]	cLCB83	短期	OK	0.9723	-1.855
	J[22]	cLCB90	短期	OK	0.6292	-1.855
22	I[22]	cLCB90	短期	OK	0.6292	-1.855
	J[23]	cLCB83	短期	OK	0.9676	-1.855
23	I[23]	cLCB83	短期	OK	0.9664	-1.855
	J[24]	cLCB83	短期	OK	0.7117	-1.855
29	I[29]	cLCB83	短期	OK	2.1477	-1.855
	J[30]	cLCB82	短期	OK	2.3075	-1.855
35	I[35]	cLCB86	短期	OK	1.9973	-1.855
	J[36]	cLCB86	短期	OK	1.9408	-1.855

注:2、22 号为支座位置节点,9、15、21、23、29 号为变截面位置节点,35 号为跨中位置节点。

2. 使用阶段斜截面抗裂验算

本示例采用 MIDAS/CIVIL 2015 的 PSC 设计功能来进行正常使用极限状态下的使用阶段斜截面抗裂验算,详细验算结果如表 5-21 所示。

表 5-21 斜截面抗裂验算　　　　　　　　　　　单位:MPa

单元	位置	组合名称	验算	最大拉应力值	允许值
2	I[2]	cLCB83	OK	-0.0461	-1.325
	J[3]	cLCB83	OK	-0.0273	-1.325
9	I[9]	cLCB83	OK	-0.0622	-1.325
	J[10]	cLCB83	OK	-0.0322	-1.325
15	I[15]	cLCB83	OK	-0.315	-1.325
	J[16]	cLCB83	OK	-0.1963	-1.325

续表 5-21

单元	位置	组合名称	验算	最大拉应力值	允许值
21	I[21]	cLCB89	OK	-0.0906	-1.325
	J[22]	cLCB89	OK	-0.4046	-1.325
22	I[22]	cLCB89	OK	-0.4395	-1.325
	J[23]	cLCB87	OK	-0.158	-1.325
23	I[23]	cLCB87	OK	-0.137	-1.325
	J[24]	cLCB87	OK	-0.0784	-1.325
29	I[29]	cLCB83	OK	-0.1379	-1.325
	J[30]	cLCB85	OK	-0.1812	-1.325
35	I[35]	cLCB89	OK	-0.03	-1.325
	J[36]	cLCB85	OK	-0.0605	-1.325

注：2、22号为支座位置节点，9、15、21、23、29号为变截面位置节点，35号为跨中位置节点。

(三) 持久状况和短暂状况主梁截面应力验算

1. 使用阶段正截面压应力验算

本示例采用 MIDAS/CIVIL 2015 的 PSC 设计功能来进行持久状况下预应力混凝土正截面压应力验算，详细验算结果如表 5-22 所示。

表 5-22 使用阶段正截面压应力验算　　　　　单位：MPa

单元	位置	组合名称	验算	顶板应力值	底板应力值	最大压应力值	允许应力值
2	I[2]	cLCB131	OK	5.9142	4.4785	5.9142	16.2
	J[3]	cLCB125	OK	6.1537	4.1862	6.1537	16.2
9	I[9]	cLCB125	OK	8.3806	4.2911	8.3806	16.2
	J[10]	cLCB125	OK	8.5619	4.0702	8.5619	16.2
15	I[15]	cLCB125	OK	10.2089	1.9481	10.2089	16.2
	J[16]	cLCB125	OK	10.0917	1.3198	10.0917	16.2
21	I[21]	cLCB125	OK	8.9275	0.7253	8.9275	16.2
	J[22]	cLCB125	OK	8.199	1.519	8.199	16.2
22	I[22]	cLCB125	OK	8.1991	1.5189	8.1991	16.2
	J[23]	cLCB125	OK	8.7634	0.7179	8.7634	16.2
23	I[23]	cLCB125	OK	8.7405	0.7164	8.7405	16.2
	J[24]	cLCB125	OK	9.2379	0.3868	9.2379	16.2
29	I[29]	cLCB125	OK	10.1017	1.1948	10.1017	16.2
	J[30]	cLCB125	OK	9.8912	1.4785	9.8912	16.2
35	I[35]	cLCB129	OK	9.4926	1.7023	9.4926	16.2
	J[36]	cLCB129	OK	9.5028	1.7218	9.5028	16.2

注：2、22号为支座位置节点，9、15、21、23、29号为变截面位置节点，35号为跨中位置节点。

2. 使用阶段斜截面主压应力验算

本示例采用 MIDAS/CIVIL 2015 的 PSC 设计功能来进行持久状况下预应力混凝土斜截面主压应力验算,详细验算结果如表 5-23 所示。

表 5-23 使用阶段斜截面主压应力验算　　　　　　　　单位:MPa

单元	位置	组合名称	验算	最大压应力值	允许值
2	I[2]	cLCB123	OK	5.9175	19.44
	J[3]	cLCB125	OK	6.1567	19.44
9	I[9]	cLCB125	OK	8.3839	19.44
	J[10]	cLCB125	OK	8.565	19.44
15	I[15]	cLCB125	OK	10.2116	19.44
	J[16]	cLCB125	OK	10.0939	19.44
21	I[21]	cLCB125	OK	8.9295	19.44
	J[22]	cLCB125	OK	8.2015	19.44
22	I[22]	cLCB125	OK	8.2019	19.44
	J[23]	cLCB125	OK	8.7657	19.44
23	I[23]	cLCB125	OK	8.7429	19.44
	J[24]	cLCB125	OK	9.2401	19.44
29	I[29]	cLCB125	OK	10.1048	19.44
	J[30]	cLCB125	OK	9.8942	19.44
35	I[35]	cLCB129	OK	9.4956	19.44
	J[36]	cLCB129	OK	9.5058	19.44

注:2、22 号为支座位置节点,9、15、21、23、29 号为变截面位置节点,35 号为跨中位置节点。

3. 施工阶段正截面法向应力验算

本示例采用 MIDAS/CIVIL 2015 的 PSC 设计功能来进行短暂状况下预应力混凝土正截面法向应力验算,详细验算结果如表 5-24 所示。

表 5-24 施工阶段正截面法向应力验算　　　　　　　　单位:MPa

单元	位置	最大/最小	阶段	验算	最大压应力	允许值
2	I[2]	最大	施工阶段2	OK	4.0644	18.144
	J[3]	最大	施工阶段2	OK	4.1468	18.144
9	I[9]	最大	施工阶段2	OK	7.6551	18.144
	J[10]	最大	施工阶段2	OK	7.7284	18.144

续表 5-24

单元	位置	最大/最小	阶段	验算	最大压应力	允许值
15	I[15]	最大	施工阶段2	OK	5.4532	18.144
	J[16]	最大	施工阶段2	OK	5.271	18.144
21	I[21]	最大	施工阶段2	OK	4.838	18.144
	J[22]	最大	施工阶段2	OK	4.1835	18.144
22	I[22]	最大	施工阶段2	OK	4.1835	18.144
	J[23]	最大	施工阶段2	OK	4.626	18.144
23	I[23]	最大	施工阶段2	OK	4.6252	18.144
	J[24]	最大	施工阶段2	OK	4.9142	18.144
29	I[29]	最大	施工阶段2	OK	5.0275	18.144
	J[30]	最大	施工阶段2	OK	5.5953	18.144
35	I[35]	最大	施工阶段2	OK	6.2498	18.144
	J[36]	最大	施工阶段2	OK	6.3165	18.144

注：2、22号为支座位置节点，9、15、21、23、29号为变截面位置节点，35号为跨中位置节点。

4. 受拉区钢筋的拉应力验算

本示例采用 MIDAS/CIVIL 2015 的 PSC 设计功能来进行持久状况下受拉区预应力钢筋的最大拉应力验算，详细验算结果如表 5-25 所示。

表 5-25 受拉区钢筋的拉应力验算　　　　　　　　　　　　单位：MPa

钢束编号	验算	Sig_DL	Sig_LL	Sig_ADL	Sig_ALL
Fi-1	OK	1215.537	1189.591	1395	1209
Fi-2	OK	1215.537	1189.588	1395	1209
Fi-3	OK	1215.537	1189.588	1395	1209
Fi-4	OK	1215.537	1189.591	1395	1209
Fi-5	OK	1215.537	1189.593	1395	1209
Fi-6	OK	1215.537	1189.594	1395	1209
Ni-1	OK	1220.756	1194.982	1395	1209
Ni-2	OK	1220.756	1194.979	1395	1209
Ni-3	OK	1220.756	1194.979	1395	1209
Ni-4	OK	1220.756	1194.982	1395	1209
Ni-5	OK	1220.756	1194.984	1395	1209
Ni-6	OK	1220.756	1194.984	1395	1209

注：2、22号为支座位置节点，9、15、21、23、29号为变截面位置节点，35号为跨中位置节点。

在表 5-25 中：

(1) DL 指的是施工阶段扣除短期预应力损失后的预应力钢筋锚固端的有效预应力；

(2) LL 指的是扣除全部预应力损失并考虑使用阶段作用标准值引起的钢束应力变化后的预应力钢筋的拉应力；

(3) ADL 指的是施工阶段预应力钢筋锚固端张拉控制应力容许值；

(4) ALL 指的是使用阶段预应力钢筋拉应力容许值，按《公路钢筋混凝土及预应力混凝土桥涵设计规范》(JTG D62—2004) 中的 7.1.5(第 2 款) 取用。

七、主梁端部局部承压验算

后张预应力混凝土梁的端部，由于锚头集中力的作用，锚下混凝土将承受很大的局部应力，它可能使梁端产生纵向裂缝。设计时，除了在锚下设置钢垫板和钢筋网符合《公路钢筋混凝土及预应力混凝土桥涵设计规范》(JTG D62—2004) 中 9.4.1 规定的构造要求外，还应验算它在预应力作用下的局部承压强度和局部承压区截面尺寸。

(一) 局部承压区的截面尺寸验算

本示例采用 OVM15-19 锚具，该锚具的垫板与后面的喇叭管形成整体。锚垫板尺寸为 320mm×310mm，锚具板 $\phi E=280$mm，$F=65$mm，螺旋筋 $\phi G=300$mm，$\phi H=18$mm，$I=60$mm，喇叭管尾端接内径 100mm 的波纹管。代入数据：

$$A_{ln}=320\times310-\frac{\pi}{4}\times100^2=91\ 346(\text{mm}^2)$$

$$A_l=320\times310=99\ 200(\text{mm}^2)$$

$$A_b=(3\times280)^2\times\frac{\pi}{4}=554\ 177(\text{mm}^2)$$

$$\beta=\sqrt{\frac{A_b}{A_l}}=\sqrt{\frac{554\ 177}{99\ 200}}=2.364$$

张拉时混凝土强度为设计强度的 90%，近似取 $0.9\times22.4=20.16$(MPa)

$$1.3\eta_s\beta f_{cd}A_{ln}=1.3\times1.0\times2.364\times20.16\times91\ 346=5.66\times10^6(\text{N})$$

$$\gamma_0 F_{ld}=1.0\times1.2(\sigma_{con}-\sigma_{l2})A_p=1.2\times1302\times3448=5.39\times10^6(\text{N})<1.3\eta_s\beta f_{cd}A_{ln}$$

所以，主梁局部受压区的截面尺寸满足规范要求。

(二) 局部抗压承载力验算

根据《公路钢筋混凝土及预应力混凝土桥涵设计规范》(JTG D62—2004) 中 5.7.2 的规定，对锚下设置间接钢筋的局部承压构建，进行局部抗压承载力验算：

$$\gamma_0 F_{ld}\leqslant0.9(\eta_s\beta f_{cd}+k\rho_v\beta_{cor}f_{sd})A_{ln}$$

$$\beta_{cor}=\sqrt{\frac{A_{cor}}{A_l}}$$

由计算所得的参数数值为：

$$\eta_s=1.0$$

$$f_{cd}=20.16\text{MPa}$$
$$\beta=2.364$$
$$k=2, A_{ln}=91\,346\text{mm}^2$$
$$A_l=99\,200\text{mm}^2$$
$$A_b=554\,177\text{mm}^2$$
$$\rho_v=\frac{4A_{ss1}}{d_{cor}s}=\frac{4\times 18^2\times\frac{\pi}{4}}{300\times 60}=0.057$$
$$A_{cor}=300^2\times\pi/4=70\,650\text{mm}^2<A_l=99\,200\text{mm}^2,\text{取}A_{cor}=99\,200\text{mm}^2$$

所以：
$$\beta_{cor}=\sqrt{\frac{A_{cor}}{A_l}}=\sqrt{\frac{99\,200}{99\,200}}=1$$
$$0.9(\eta_s\beta f_{cd}+k\rho_v\beta_{cor}f_{sd})A_{ln}=0.9\times(1.0\times 2.364\times 20.16+2\times 0.057\times 1\times 250)\times 91\,346$$
$$=6.26\times 10^6(\text{N})>5.38\times 10^6(\text{N})$$

因此，主梁端部的局部抗压承载力满足规范要求。

八、主梁变形验算

结构的挠度验算是为了保证结构具有一定的刚度，使它在长期使用过程中不致因变形过大而造成不良后果。例如，对于简支梁，跨中挠度过大将使梁端转角大，引起行车冲击，破坏伸缩缝和桥面；连续梁挠度过大，也会使桥面起伏，不利于高速行车；变形过大还会使结构次应力增大。

根据《公路钢筋混凝土及预应力混凝土桥涵设计规范》(JTG D62—2004)中 6.5.3 的规定，预应力混凝土受弯构件在使用阶段的挠度可乘以挠度长期增长系数 η_θ，对于 C50 级混凝土，挠度长期增长系数 η_θ 为 1.425。

预应力混凝土受弯构件计算的长期挠度值在消除结构自重产生的长期挠度后，梁式桥主梁的最大挠度处不应超过计算跨径的 1/600。各项挠度详细验算结果如表 5-26 所示。

表 5-26 挠度验算结果　　　　　　　　单位：mm

项目	荷载短期效应组合下的挠度值	自重作用下的挠度值	长期静活载挠度值	允许值	是否合格
边跨	3.567	−3.896	3.343	36	合格
中跨	2.864	−5.827	2.602	44	合格

主要参考文献

车国文. 土木工程专业毕业设计指南——桥梁工程篇[M]. 武汉:武汉大学出版社,2014.
范立础. 桥梁工程(上册)[M]. 2版. 北京:人民交通出版社,2012.
李国平. 预应力混凝土结构设计原理[M]. 2版. 北京:人民交通出版社,2009.
廖朝华. 公路桥涵设计手册——墩台与基础[M]. 2版. 北京:人民交通出版社,2013.
刘效尧,徐岳. 公路桥涵设计手册——梁桥[M]. 2版. 北京:人民交通出版社,2011.
邵旭东. 桥梁工程[M]. 3版. 北京:人民交通出版社,2014.
盛洪飞. 桥梁墩台与基础工程[M]. 北京:人民交通出版社,2014.
向中富. 桥梁工程毕业设计指南[M]. 北京:人民交通出版社,2010.
易建国. 混凝土简支梁(板)桥[M]. 3版. 北京:人民交通出版社,2006.
袁伦一,鲍卫刚. 公路钢筋混凝土及预应力混凝土桥涵设计规范(JTG D62—2004)条文应用算例[M]. 北京:人民交通出版社,2005.
赵青,李海涛. 土木工程专业毕业设计指南——道路桥梁工程方向[M]. 武汉:武汉大学出版社,2014.
中华人民共和国行业标准. CJJ_11—2011 城市桥梁设计规范[S]. 北京:人民交通出版社,2011.
中华人民共和国行业标准. JTG C30—2015 公路工程水文勘测设计规范[S]. 北京:人民交通出版社,2015.
中华人民共和国行业标准. JTG TD60-01—2004 公路桥梁抗风设计规范[S]. 北京:人民交通出版社,2004.
中华人民共和国行业标准. JTGT B02-01—2008 公路桥梁抗震设计细则[S]. 北京:人民交通出版社,2008.
中华人民共和国行业标准. JTG D60—2015 公路桥涵设计通用规范[S]. 北京:人民交通出版社,2015.
中华人民共和国行业标准. JTG D61—2005 公路圬工桥涵设计规范[S]. 北京:人民交通出版社,2005.
中华人民共和国行业标准. JTG D62—2004 公路钢筋混凝土及预应力混凝土桥涵设计规范[S]. 北京:人民交通出版社,2004.
中华人民共和国行业标准. JTG D63—2007 公路桥涵地基与基础设计规范[S]. 北京:人民交通出版社,2007.
中华人民共和国行业标准. JTG/T F50—2011 公路桥涵施工技术规范[S]. 北京:人民交通出版社,2011.